快慢之间有中读

岁时茶山记

陈重穆

徐千懿

⊙ 著

图书在版编目（CIP）数据

岁时茶山记/陈重穆，徐千懿著. 一北京：
生活·读书·新知三联书店，2022.10 （2024.11 重印）
（三联生活周刊·中读文丛）
ISBN 978 - 7 - 108 - 07435 - 5

Ⅰ．①岁…　Ⅱ．①陈…②徐…　Ⅲ．①茶文化－中国
Ⅳ．① TS971.21

中国版本图书馆 CIP 数据核字（2022）第 071983 号

特邀编辑　赵　翠
责任编辑　赵庆丰　王　竞
装帧设计　刘　洋
责任校对　张国荣
责任印制　董　欢
出版发行　**生活·讀書·新知** 三联书店
　　　　　（北京市东城区美术馆东街 22 号　100010）
网　　址　www.sdxjpc.com
经　　销　新华书店
印　　刷　天津裕同印刷有限公司
版　　次　2022 年 10 月北京第 1 版
　　　　　2024 年 11 月北京第 5 次印刷
开　　本　720 毫米 × 1020 毫米　1/16　印张 24.5
字　　数　240 千字　图 213 幅
印　　数　17,001 - 20,000 册
定　　价　98.00 元
（印装查询：01064002715；邮购查询：01084010542）

三联中读文丛
总　序

李鸿谷

杂志的极限何在？

这不是有标准答案的问题，而是杂志需要不断拓展的边界。

中国媒体快速发展二十余年之后，网络尤其智能手机的出现与普及，使得媒体有了新旧之别，也有了转型与融合。这个时候，传统媒体《三联生活周刊》需要检视自己的核心竞争力，同时还要研究如何持续。

这本杂志的极限，其实也是"他"的日常，是记者完成了90%以上的内容生产。这有多不易，我们的同行，现在与未来，都可各自掂量。

这些日益成熟的创造力，下一个有待突破的边界在哪里？

新的方向，在两个方面展开：

其一，作为杂志，能够对自己所处的时代提出什么样的真问题。

有文化属性与思想含量的杂志，重要的价值，是"他"的时代感与问题意识。在此导向之下，记者以他们各自寻找的答案，创造出一篇一篇文章，刊发于杂志。

其二，设立什么样的标准，来选择记者创造的内容。

杂志刊发，是一个结果，这个过程的指向，《三联生活周刊》期待那些被生产出来的内容，能够称为知识。以此而论，在杂志上发表不是终点，这些文章，能否发展成一本一本的书籍，才是检验。新的极限在此！挑战在此！

　　书籍才是杂志记者内容生产的归属，源自《三联生活周刊》一次自我发现。2005年，周刊的抗战胜利系列封面报道获得广泛关注，我们发现，《三联生活周刊》所擅不是速度，而是深度。这本杂志的基因是学术与出版，而非传媒。速度与深度，是两条不同的赛道，深度追求，最终必将导向知识的生产。当然，这不是一个自发的结果，而是意识与使命的自我建构，以及持之以恒的努力。

　　生产知识，对于一本有着学术基因，同时内容主要由自己记者创造的杂志来说，似乎自然。我们需要的，是建立一套有效率的杂志内容选择、编辑的出版转换系统。但是，新媒体来临，杂志正在发生的蜕变与升级，能够持续，并匹配这个新时代吗？

　　我们的"中读"APP，选择在内容升级的轨道上，研发出第一款音频产品——"我们为什么爱宋朝"。这是一条由杂志封面故事、图书、音频节目，再结集成书、视频的系列产品链，也是一条艰难的创新道路，所幸，我们走通了。此后，我们的音频课，基本遵循音频—图书联合产品的生产之道。很显然，所谓新媒体，不会也不应当拒绝升级的内容。由此，杂志自身的发展与演化，自然而协调地延伸至新媒体产品生产。这一过程结出的果实，便是我们的"行读"。所谓行读，即与行动者一起，探寻思想的疆域。

　　杂志还有"中读"的内容，变成了一本一本图书，它们是否就等同创造了知识？

　　这需要时间，以及更多的人来验证，答案在未来……

　　说到这本《岁时茶山记》，则是三联的一个联合产物，它是由三联中读与三联爱茶共同推出的一档精品茶播客衍生而来。

　　地大物博之中国，风土各异之山川，雨雾湿润之气候，如何生长出一杯好茶？三联爱茶的研发总监陈重穆一个个山场跑下来，看天观茶琢磨工艺，行思之间，有了"茶山记"。茶之历史演变至今，中国茶的"传统"，他说：刚刚开始。这种发现，知而后识，何止洞见。

目 录

茶罐

锡鲁善茗
浪花花月磨咸
全枞阃居藏

锡製

高三寸五分
径寸八分

记岁时茶事

　　因为工作的关系，我们经常出差到各个茶产地访茶制茶。时间久了，也收获了不少茶与茶山上的故事。茶山上的故事五味杂陈，有令人高兴的，有令人感到忧伤的，也有非常荒谬、令人无语的。在这里，以《岁时茶山记》为题，按照节气的时序来分享一些我们在茶山上的所见所闻，以及访茶、制茶、喝茶的小心得。

　　岁时记事的方法由来已久，《礼记·月令》便是按照一年十二个月的顺序记述国家的时令、礼仪、行政及相关事务等。不过那是从官方的角度来记录的，主要关注国家大事的时令要节，与人们的日常生活不算亲近。南北朝时期，宗懔创作《荆楚岁时记》，按照月份、节气的时序记录了古代荆楚地区人们的生活与时俗，也是宗懔对自身及其家族亲历的社会生活的记录，其中许多习俗至今仍在城乡之间流传。另有一种实用书籍，按照岁时之序记录一年之中的农事要点，可以说是一部农人的"工作日志"，代表性的有唐代韩鄂的《四时纂要》。在古代农业社会，这类书籍十分实用，也很能反映当时农人的生活。

在这几类岁时记事的书籍中，《荆楚岁时记》算是比较风雅，也更便于反映一地风土人情的了。这类书籍往往读来口齿噙香，像是展开了一幅幅古代日常生活的长卷画轴，引人遐思。类似的记事方式在宋元之间颇为流行，南宋孟元老《东京梦华录》、宋末元初周密《武林旧事》和陈元靓《岁时广记》等都是代表性的作品。《东京梦华录》记录了北宋都城汴京（今开封）的一草一木，包括哪个城门、哪条街、街上有什么、拐个弯又是哪条街、有什么好吃的好玩的，就像是汴京城导游指南一样；《武林旧事》追忆了南宋都城临安（今杭州）的繁华景貌，包含朝廷典礼、山川景物、民情风俗、市肆节物、教坊乐部等。它们对于不同的季节、月份、节气、节日，人们主要有哪些民俗活动或是生活习俗等内容，都记录翔实，其中关于茶事的描写更是烟火气十足，不少细节令人捧腹。《岁时广记》是其中的集大成者，它广征博引，内容翔实，几乎包罗了南宋之前岁时节日的大部分资料，是当代人们研究岁时节日民俗绕不开的文献。《岁时茶山记》便是受了这些书籍的启发，尝试按照节气的时序来梳理茶与茶山的生活。

如今，得益于现代交通的发达与当代茶类的丰富，做茶成了一件一年四季都可以做的事了，并不是只局限在春、秋两季。这在古代几乎是不可想象的。一个人一年之内足迹遍布大江南北各个茶叶主产区，特别是在农忙的时节不耽误工作，在不同的地方、不一样的海拔高度做不同的茶类，或者做窨制茶，搭配不同季节各地的特产香花、水果来窨制。在古代的交通条件下，怎么可能做到呢？可如今，我们就有这样的机会，一年四季在不同的茶山上工作。也正因此，才有了这本《岁时茶山记》。

而之所以选取二十四节气的时序，是有感于人们对于自然的远离。如今我们大多住在钢筋混凝土的高楼大厦里，有空调、暖气、除湿机、加湿器等各种设备，只要我们愿意，可以一辈子双脚不沾泥土，一辈子生活在自己想要的温度湿度里。在这样的生活状态下，传统的年节可以照过，一年十二个月也有和农历相仿佛的排序，而流行数千年的二十四节气却似乎只剩下符号了……

但是，二十四节气绝不仅仅是符号。它不是放在故纸堆里的研究，而是可以在日常生活中践行的生活方式。它反映了自然的律动、四季的关节，乃至天地变化之几微。它属于，也将永远属于那些不愿意远离苍穹与大地、不愿意疏离春风和秋月的活泼泼的生活。

春有百花秋有月，夏有凉风冬有雪。

岁时有茶山，四季有茶务。诸般闲茶事，人间好时节。

中国茶的传统在哪里？

许多人在讲茶的时候，往往喜欢与传统沾边。特别是从茶叶销售的角度来看，只要讲到"传统"两个字，消费者就特别买账。"传统"这两个字，它代表的不再是古板、老气，而是新的商业契机。但是，茶真的有传统吗？或者说，什么算是中国茶的"传统"呢？

现在人写诗，谈起律诗、绝句，一定推崇唐代，唐代是公认的近体诗的传统；填词，也一定推崇宋代，宋代是公认的词的传统。所谓传统，往往是后代再也无人能超越，或者至少是非常难以超越的，才有资格被称为传统。但是，是不是所有的东西都有传统呢？如果我们从历史的长河中来看茶，从诸多文献里来严谨地梳理茶史，会发现一个当代人应该正视的事实——中国茶的"传统"似乎还没有到来。

为什么这么说呢？

首先，在茶叶历史的大半时期，都是绿茶一家独大。当代划分的"六大茶类"，至少到清末甚至民国才开始渐渐成形。而如今一泡好茶所带给我们的高峰体验，绝非绿茶这一单一茶类所能囊括。撇开绿茶这一历史最悠久的茶类不谈，许多制茶工艺的信史还很短。换句话说，许多茶还很年轻，未来有很多上升空间。实际上，茶叶历史的发展也是人类制茶工艺不断精进的过程。我们看古代许多显赫一时的名茶，例如北苑贡茶、松萝茶、罗岕茶等，在当时被认为是工艺特别超前、品饮感受特别好的茶，现在在哪里呢？还有当年的味道吗？或者即使它们还有当年的味道，那样的味道放到市场上还具备足够的竞争力吗？根据我们的走访与部分工艺的恢复和试制，这些都是要打上问号的。

其次，在工艺之外，一泡好茶的天花板取决于其生长环境。过去，受限于交通水平，许多深山老林的好山场并未真正开发。像老牌名茶如四川的蒙山茶，安徽的祁门茶、松萝茶，浙江的顾渚紫笋、西湖龙井，福建的北苑贡茶、武夷茶等，其得以扬名，除了一定的山场基底与制茶工艺水平之外，都有着水陆交通便利的优势。如今，我们走访许多新兴茶区，有的近一二十年才成名，有的开发没几年，还没成名，有的甚至刚刚才开始开发。它们的制茶历史可能很短，甚至制茶工艺还有待优化，但其山场环境的水平却很高，甚至超越绝大部分传统茶区。我相信，这些新兴茶区未来的前景十分可期。当然，有些产区已经成名，如云南的刮风寨、薄荷塘一类。在云南之外，华夏大地之上，好山场还有很多，它们正在一点一点地被发掘。这些茶区所出产的茶树鲜叶，只要配合以得当的工艺，便可以撑高中国茶的天花板。在这天花板被撑高之前，我们又怎么可以轻易断言中国茶的传统已经到来了呢？

再次，还有一个容易被人忽略却十分重要的因素，它限制着茶叶历史曾经的发展，那就是国家的政策。在中国古代很长的历史时期内，茶税是国家财政的重要收入，要拿它贴补国库、充盈军费，茶叶用来赏赐少数民族，撑起具有战略性质的茶马贸易。大航海之后也有很长的时间，政府要拿茶叶换外汇，振兴中华。因为这样的重要性，茶叶经常是官办专卖，统购统销，或至少是税收严明的。直到改革开放以后，经济形势改变，茶叶在国家财政中不再占据从前那样重要的地位，政策的管制变得相对宽松，茶叶才真正有了独立的地位。而伴随着人民生活水平的提高，普通老百姓对于好茶的需求也日益增多，并呈现多元化的趋势。在这样的形势之下，部分真正高品质的茶叶开始抬头，并一点点塑造、丰富着中国茶的传统。

　　总而言之，我们认为，中国茶的发展还一直处在上升阶段，谁也不知道真正的高峰什么时候会到来。若是要谈起真正的"传统"，应该是高峰过去之后，人们去回顾那段无法超越的历史，才能有所总结的。即使是要对过往有所梳理，总结现有的"传统"，那也必须要在茶的品质有所保证的前提下讲才有意义。如果脱离了高品质的内核，所有回顾历史所宣称的"传统"，大多是经不起推敲的。与其说是传统，倒不如说是"古旧""原始"，相对更贴切一些。

"专治一经，触类旁通"

　　有人说学茶很容易，有人说学茶很难。有人只信任从业数十年的老师傅，有人又愿意听从出道不久的年轻人。到底怎样学茶才得门径，又如何判断从业者的良劣呢？

　　记得刚开始读博时，导师曾勉励我们，做学问要"专治一经，触类旁通"。在硕士阶段专治一经没有问题，如果读到博士了，还只在一门相对狭窄的领域里死命探索，不懂得触类旁通、相互借鉴，那很有可能做出来的学问是死的，也不可能真正地把那"一经"做好。当然，反过来看，触类旁通也不是件容易的事情。倘若没有专治一经的深入，那么所谓的"触类旁通"很有可能就成了打酱油。看似博学，实则蜻蜓点水、走马观花。

　　其实，做茶、喝茶也是一样，也要"专治一经，触类旁通"。茶产业发展到如今，已经不再是"产地怎么喝""茶农怎么喝"的时代了。因为产地或者地方上的茶农，乃至于地方上做茶的大师傅，他们的圈子往往仅限于当地。如果只探讨当地的茶，局限在他们所熟悉的山头、原料、工艺，他们固然比外人专业。但是，在视野上、情感上却很容易出现难以触类旁通的局限。还有一种情况是，有的人对于自家产区的茶研究得差不多了，便到外地去飘了一圈，总结出不少其他产区的毛病，安慰地告诉自己："还是我们这儿的茶比较牛！"这种囿于先见、不能真正虚心接纳的情况，可能是只触了类，却称不上有所旁通。至于那些抱着"博采众善"的心思，东家记一点，西家学一点，南边摸两下，北边住三天，从来不肯真正潜心研究哪怕一种茶类的情况，则是连专治一经都做不到，更遑论触类旁通了。

品茶、做茶和读书一样，重要的是讲究治学方法。掌握了要领，在既有的基础上举一反三，便没有那么困难了。但若是不得门径，即使是从业多年的老师傅，那再多的年限又能代表什么呢？

零壹

立春

2月3日或4日立春。

一年之计在于春。立春是节气之首，地位不容小觑。立春有时在春节前，有时在春节后。若是哪个农历年赶上全年没有立春，便被称为"无春年""寡年"。

立者，住也。住者，驻也。所谓立春，春已驻，虽仍在寒日，但已见春之消息。

陆羽《顾渚山记》载，顾渚山中有一种苍黄色的小鸟，长得像八哥，但比八哥小。这种鸟儿每到正月、二月，便作声云："春起也。"至三月、四月，又作声云："春去也。"采茶人呼为"报春鸟"。

陆羽在世时，与皎然、朱放等人论茶，以顾渚为第一。顾渚山在太湖西岸，浙江湖州与江苏宜兴的交界。唐时，北边产阳羡茶，南边产顾渚紫笋，都是显赫一时的贡茶。相传此山之所以叫顾渚，源于吴王夫差。夫差曾顾望，欲以此地为都。湖州山灵水秀，吴王虽未以此为都，茶圣陆羽却以此为终老之所。

如今的立春，不知顾渚山间是否还有声声"春起也"的鸟鸣呢？

零贰

雨
水

2月19日前后雨水。

雨水："东风既解冻，则散而为雨水矣。"

当代梅花品种繁多，花期较古代为长，然多有杂交，太早或太晚，都不是梅花的正日。最能代表梅花气质的，大约是传统单瓣的江梅。

雨水，正是江梅初展的时节。"疏影横斜水清浅，暗香浮动月

黄昏。"江梅是那种凑近闻不怎么香，适当站远些便自有暗香袭来的主儿。若是微风乍起，横斜的老枝稍稍浮动，一树的花儿便骤然鲜活起来，巧笑倩兮，美目盼兮，宛如庄姜再世，美不胜收。

古人从来不满足于让这样的美丽只停留在枝头。梅花汤饼、蜜渍梅花、汤绽梅、梅粥，宋代便是山家清供。明代还有一种吃法：于梅花将开时，清晨连着花蒂摘取半开花骨朵儿放入瓷瓶之中，每一两花配合炒盐一两撒之，用数重厚纸密封，放在阴凉之处。等到春夏时节打开，取两三朵花骨朵儿放到茶盏中，配上蜂蜜，用沸水冲泡，梅花自然绽放，如枝头那般栩栩如生，名之曰"暗香汤"。

梅花不仅可以用来泡水，还能窨茶。我喜欢绿萼，家里阳台上养着一大林绿萼梅，仍觉不够。过年在家，重穆用新鲜的绿萼窨茶，满室梅香，让人不由想起宋人赞美北苑贡茶的词句："风味恬淡，清白可爱。"

工艺繁复的北苑贡茶，哪里有梅花茶沁人肌骨，真清白可人呢？

蒙顶黄芽：川茶的传统在哪里？

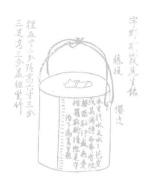

子注

中国茶中，成名最早的大概非四川茶莫属了。从王褒《僮约》的"武阳买茶"，到孙楚《出歌》的"姜桂茶荈出巴蜀"、张载《登成都白菟楼》诗的"芳茶冠六清，溢味播九区"，再到《华阳国志》的《巴志》《蜀志》等，这些早期的材料都不约而同地记载了四川、重庆地区茶叶的生产。虽然学界普遍认为茶树起源于云南边境，然而鉴于早期的云南没有四川开化早，也不如四川富庶，故而就茶文化的传播、茶叶商品化的程度来看，还是四川更有代表性。

如今的四川茶一般在惊蛰前后就能陆续采收。故而，若是惊蛰出动，我们常常第一站就是到四川。当然，说惊蛰时节只是个笼统的概括，也还得分产区。海拔偏高的、山场气温偏低的，或者是老品种的茶树，采摘时间会再晚一些。总体来说，川、贵地区的茶产量大、上市早，属于中国早春绿茶市场上的第一梯队。川贵茶满世界跑的时候，江、浙一带的名优茶如西湖龙井、洞庭碧螺春等压根儿还没什么动静。当然，若是不小心买到来自四川、贵州的"江浙"名优茶，也是不无可能的。

茶史悠悠的蒙顶山

四川茶最早成名的是蒙顶茶。蒙顶指雅安的蒙顶山。蒙顶山的茶现在的声名算不上响亮，蒙顶甘露、蒙顶石花、蒙顶黄芽的名字，大概也不太容易听见了。可能对于常喝茶的人来说，甘露还相对有点名气，就是佳作比较难得。然而，蒙顶茶在唐代前中期，一直都是受人追捧的名茶。史载，在唐宪宗元和年间（806—820）以前，"束帛不能易一斤先春蒙顶"[1]，用捆为一束的五匹丝织品也换不来一斤早春的蒙顶茶，可见价格十分昂贵。

核心区的价格上来了，自然带动周边开山，种茶逐渐发展成规模产业。当时蒙顶山附近有个著名的新安茶区，用现在的话说，就是专门山寨蒙顶茶的。在新安的茶叶交易市场上，山寨的蒙顶茶"岁出千万斤"，产量巨大。白居易的诗句"不寄他人先寄我，应缘我是别茶人"[2]，说的大概率就是新安茶。茶行业的发展就是这样，当一款茶开始在市场上被大量山寨时，就说明它的名气足够大、核心竞争力足够强了。但是山寨久了之后，可能是商业利益的驱使，可能是为了迎合市场的需求，也可能是地方政府出于政策或税收的考量，所谓的核心产区往往也会随之扩大，最终前后的品质高低就不好一概而论了。

现在蒙顶山一带的茶叶上市甚早，但古代却未必。唐代宰相杨嗣复有诗言："石上生芽二月中，蒙山顾渚莫争雄。"[3]因为涉及蒙顶和顾渚两个跨度颇大的产区，姑且不管"二月中"指的是整个农历二月还是二月中旬，按节气来看，大概都在春分前后。到了北宋，蒙顶茶的生产时间则又往后推了推，《事

---

[1] 杨晔《膳夫经手录》。
[2] 白居易《谢李六郎中寄新蜀茶》，载《白氏文集》，卷16。
[3] 杨嗣复《谢寄新茶》，载《全唐诗》，卷464。唐末五代毛文锡《茶谱》记载蒙顶茶"以春分之先后，多构人力，俟雷之发声，并手采摘"，说的也是春分前后。

石上生芽二月中

类赋》记录其"先火而造，乘雷以摘"[1]，说宋代的蒙顶茶产自"火前"，也就是寒食节禁火之前，差不多是清明节前。范镇则有不同意见，他认为蒙顶茶"其生最晚，常在春夏之交"[2]。不论是春分、火前（明前），还是春夏之交，和现在川贵一带的绿茶在惊蛰之际便可大量上市的情况，还是大相径庭的。

老川茶

蒙顶山的茶，在当代比较有特色、出了四川省还颇具竞争力的，应数蒙顶黄芽。

要做出高品质的蒙顶黄芽，一般需要使用老川茶的茶树品种。老川茶是四川茶的原生品种，以茶籽种出来的群体种茶树，有些地方称为"土茶"。老川茶的发芽时间比较晚，但是内质丰厚，扛得住黄芽茶工艺"三炒三闷"的

[1] 吴淑《事类赋》，卷17。
[2] 范镇《东斋记事》，卷4。

中岗山的知青屋

折腾。如果选用内质比较弱的茶青原料，往往经过三炒三闷之后，茶基本上就淡然无味了。即使做得好，也不过甜水而已。黄芽茶对原料的要求很高，选料很关键。但很可惜的是，曾经辉煌荣耀的蒙顶山区，现在基本被闽东一系的品种给攻陷了，大面积扦插芽头齐整、颜值高的福鼎大白、福云6号、福选9号等新选育的"良种"。它们不仅好看，还有早产、高产的特点，经济价值满满。当其他茶都还在养精蓄锐的时候，它们便已经收割了一拨早春茶的市场了。

我们在蒙顶山现场寻求好的老川茶原料时，曾在大蒙顶山茶区的中岗山和一位老农聊天，得知山上还保留不少知青下乡时种植的老川茶。当年知青住过的老木屋也还在，只是现在作为临时摊放茶青的房舍使用。中岗山一带也经历过品种更新，一部分茶农因考虑到茶树新种的三年内不能采摘，没有收入，因而保存了老川茶。然而，就现在的茶青行情来说，老川茶虽然质厚，价格比后期的新品种也略高一些，但产量低、发芽迟，总体收入仅为新品种的一半多。好的茶青带给人的享受绝不仅仅是杯中的茶味，在摊青间里随意捧出一抔鲜叶，都是满满的香气，吸一口，就好像拥有了整个春天。"老川茶哪个都想吃，就是产量低，挣不到钱"，在听到我们赞美老川茶后，一位茶农忍不住叹惜。没有经济的驱动力，老品种的种植面积一再萎缩。

好山场的老川茶被说得这么好，究竟是什么味道呢？不管做成绿茶的蒙顶甘露，还是黄茶的蒙顶黄芽，乃至黑茶的雅安藏茶，都带有一股天然的竹香，有点像把竹子纵向剖开，水从竹子内膜上流过的那种味道。不过，做成绿茶的时候，它会比较像新鲜的竹子；做成黄茶则有点像竹筒饭的竹子熟香；做成黑茶的情况相对复杂，后面"桂、皖黑茶"那章会详谈。当地人说，高水准的川茶应有甘蔗甜香，也有人戏称为"大熊猫的味道"。这可能和雅安一带的风土有关，种子繁殖的茶树与当地风土经过长时间的磨合、自我调适，最终自然呈现出来、专属于当地的品种香和地域香。我们在读茶的时候会比较关注这类味道，因为只有这样的味道才能体现出一地之名茶的独特性和不可替代性。

黄茶之难

可能是做黄茶的要求比较高，闷黄的工艺也不好掌握，市面上好的黄茶十分难找。甚至有的老牌黄茶产区对这一品类几乎处于放弃状态，如安徽的霍山黄芽——现在"霍山黄芽"的地方标准规定的制作工艺已经变成绿茶工艺了。即使是专门做的黄茶产品，大多喝起来也不怎么"黄"。

有一种说法，说当代黄茶在明代万历年间就有了，依据是明代许次纾《茶疏》。《茶疏》曾经批评六安茶工艺不行：

> 顾彼（按：指六安茶）山中不善制造，就于食铛大薪炒焙，未及出釜，业已焦枯，讵堪用哉？兼以竹造巨笱，乘热便贮，虽有绿枝紫笋，辄就萎黄，仅供下食，奚堪品斗？[1]

[1] 许次纾《茶疏·产茶》。

炒茶

六安茶的主产区在安徽六安,当代名茶六安瓜片、霍山黄芽便是出自这一带。当年的六安茶应是采用炒青工艺——还是放在炒菜锅("食铛")里大火炒的,只是掌握不好火候容易炒焦,而且"乘热便贮",茶刚出锅还没凉就着急收起来,原本就炒得不太好的茶,被热气一闷,很快就萎黄掉了。所以许次纾很感慨,表示这种五大三粗的做法,就算有"绿枝紫笋"这么好的原料,被这么一折腾也废掉,只能拿来佐餐消食了。

《茶疏》约成书于明万历二十五年(1597)前后,正是"炒青绿茶鼻祖"松萝茶开始流行的时间。在这个时段之前,中国茶大多数还是采用传统的蒸青工艺(蒸汽杀青),只有休宁松萝等少数几个茶类开始尝试炒青法。可能当时的六安茶正处在工艺转型的阶段,只是制作粗糙,掌握不了炒青技术的关键。而"辄就萎黄"在许次纾看来,就是一种加工过程中难以接受的缺陷,顶多是做坏掉的绿茶,不能说是黄茶。若是以此来联系当代的黄茶,大概有点看轻了黄茶的工艺。不过,如果说这是六安一带黄大茶的前身,倒也勉强有那么几分相似。

回到蒙顶黄芽。蒙顶黄芽处在一个比较尴尬的位置,闷黄工艺不好掌握,市场也一直不温不火。我们在雅安的茶叶市场考察了一下,有的黄芽闷黄做得不到位,前两泡有点黄茶的意思,后期便现了原形,都是绿茶的味道;有的黄芽闷得不均匀,甚至闷过头了,喝起来不是暖暖的甘蔗甜香,而是妥妥的闷味,甚或是闷味夹杂着大宗绿茶的青味;还有闷黄不足,用高温烤黄做出锅巴味来假装自己是黄茶的,不由得令人想到许次纾的"乘热便贮";当然,也有工艺到位、闷得不错的,可惜品种选得不行,成茶不过是没什么气力的甜水而已……也许是因为市场上的黄茶不容易取得,早年间有些茶艺培训班甚至干脆拿过期的绿茶进微波炉转几圈,伪装成黄茶当教材使用。种种乱象,不及备载。

现在在雅安当地,能掌握好黄茶加工技术的师傅似乎不多了。问起黄茶的风味和工艺,更是一人说一套,没个准儿。如果聊聊外来的品种如何加工、怎么做出几可乱真的各地名优茶,不少师傅反而可以侃侃而谈,手上功夫也是精准到位,看来还确实是花过一番心思钻研过的。

颜值党的执拗

蒙顶山在雅安，雅安是四川茶，或者说中国茶的大产区之一。为了因应大市场的需要，种的外地品种也多。除了雅安，乐山也是四川茶的重要产区，知名度较高。盛产竹叶青的峨眉山，以及产四川茉莉花茶的犍为都在乐山市。也许是竹叶青的名气大、价格好，乐山一带的绿茶多效仿竹叶青的方式加工：单芽采摘，快速杀青，一粒粒碧绿的芽头放进玻璃杯，直挺挺地站立在水中，赏心悦目。然而，这种过于快速的杀青做法，虽然保留下茶芽鲜嫩的香气，却常伴有茶青的刺激性，挑战肠胃的耐受程度。

喝绿茶，颜值党还是占据着相当的市场的，而且黏性很强。家里的一位长辈很喜欢喝绿茶，竹叶青就长年在他茶单靠前的位置。川茶的颜值高是业内公认的，而竹叶青的精挑细选似乎又成就了颜值的优中选优，加上号称"杀青时间最短的绿茶"的工艺，极大程度地保留了茶叶鲜绿的色泽。这样的茶叶放到玻璃杯中，根根竖立，翩翩起舞，颇能满足那位长辈"赏心悦目"的精神需求。我们拿头采的狮峰龙井、东山核心区的洞庭碧螺春，乃至精心制作的各种小众高端绿茶，都不足以打动他。

千懿有时候会不死心，觉得如果连自己的亲近之人都不能说服，怎么能够说自己在研究茶、立志要为真正的好茶发声呢？于是很认真地向这位长辈解释："茶芽整齐肥壮可以通过品种选择、茶园管理，乃至各种药物辅助来达到，大自然自由生长的东西是没那么整齐的，而且一般都是不整齐的。绿茶如果色泽过于鲜绿，茶汤青白，刺激性的内含物质转化不足，长期饮用容易造成身体负担，类似狮峰龙井的黄绿油润、传统黄山毛峰的象牙白，才比较接近健康的茶色。"

到后来，她甚至开始谋划到长辈熟悉的领域来"触类旁通"——长辈是中国画家，颇看不上吴冠中的画作。她便举了吴冠中的例子："品茶太执着于颜值，就像看画迷恋吴冠中一样，只是停留于表面。"长辈立马不服气地反驳："吴冠中的画不是真美，看久了就不美了，在我看来一点都不美！"千懿马上紧跟道："你喜欢的整齐鲜绿小嫩芽也不是真美，看久了就不美了，在我看来也一点都不美！"

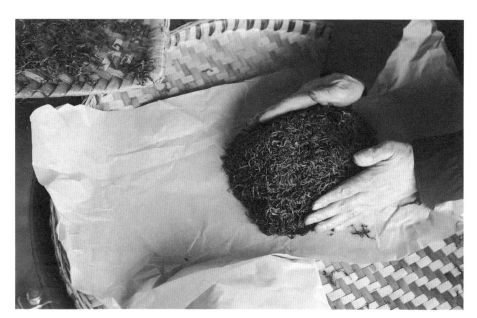

制作中的蒙顶黄茶

老川茶鲜叶

周公山老川茶

其他颜色的茶

除了峨眉山，乐山市的沐川、马边都是茶产区，但这一带的茶与雅安的情况类似，大多为其他产区的茶贴牌，产业发展相对滞后一些。或许是因为滞后，马边多数茶园的生态环境相对良好，还保留下许多老川茶品种的茶园。不过这里的老川茶似乎没有被妥善加工，我们所接触到的马边茶，尚未发现非常好的风味表现。可能是我们见识不够，也可能是当地茶叶的加工方法还有探索的空间。

沐川与马边相邻，沐川当地有一茶企发现一株紫茶，不只嫩芽、嫩叶色紫，就连当年新生的枝条都是紫色的。这株紫色的茶树在科研人员的协助下，以无性繁殖的方法培育，命名"紫嫣"。紫嫣应该属于老川茶系谱里的品种，与云南的"紫娟"虽同为紫茶，两者的风味却截然不同。我曾经用紫嫣品种采一芽一叶试制过一些花香红茶，做出来的干茶色泽乌紫，茶汤呈金黄色，花香十分绵柔可人。茶厂同时拿出他们做的紫娟红茶对比，紫娟红茶自带鲜明的云南茶的滋味，甚是浓强，与紫嫣的风味表现南辕北辙。紫嫣的紫应该是花青素含量较高导致，当地茶厂用紫嫣以竹叶青的方式做成绿茶，干茶、茶汤都是紫

紫嫣鲜叶

色的，香、味也较特殊，不太像我们理解中的"茶"。

　　除了紫茶，沐川也有老川茶自然变异出来的"白茶"，只是这种白化老川茶的数量不多。我们偶然碰到一些，用龙井茶（扁形绿茶）的工艺试制。不知道是不是茶叶结构不同、角质层比较厚，或者是其他原因，这款白化的老川茶居然能耐得住高温。为了测试茶青对高温的耐受度，我选用高于普通龙井茶的杀青温度杀青，辉锅也相应提高一些锅温，炒制过程中茶青不断发生爆响，炒出来的干茶色泽黄润、带有爆点，而泡开后的叶底，居然是一朵朵完整的嫩叶抱芽，爆点微乎其微，香气、滋味鲜爽清纯，似乎不太受到高火功的影响，甚是神奇。要知道，同样的炒制方式若是换成其他绿茶的原料，早已是焦痕累累了。

川茶的传统

　　再回到前面的话题——传统。按四川产区的现状来说，什么是川茶的传统？唐代的蒙顶茶似乎不太能作为当代川茶的传统了。那时还是蒸青工艺，把茶叶压成饼穿成串，现在这么做大概未必有市场。传统的要义在于好的代表作，而且是好到足以成为典范、供后世学习传承的作品。在这之中，"旧的"

并非应有之义，不必执着于过去的老方法。

那么，什么是好的呢？

我们认为，这"好"主要在于两点——地道的品质、道地的风味。

一款茶，如果色香味俱全，茶气十足，便是拥有了地道的品质。但若是仅止于此，不过好茶而已，还不足以称为一方之名茶，更不足以成为传统。要成为一方之名茶、成就传统，在地道的品质的基础上，还需要有自己的特点，最大程度发挥自己的长处，要有只属于自己、别人没有的好的特点，即所谓道地的风味。这就好比帅哥美女，帅和美是重要的，但还要有辨识度，否则便没有记忆点，成不了明星。又像诗词文章，写得好固然重要，但还要有自己的风格，否则也没办法在文学史中占据一席之地。

就风土而言，四川茶绝对有成就地道的品质的基底，而若要保有道地的风味，除了良好的山场环境、得当的工艺等来保证之外，还离不开"老川茶"这一原生的优良品种，即使是选育良种也应从老川茶的基因库中选育。人们常说，民族的才是世界的，其实缩小而言也是如此——地方的才是全国的。如果一味跟风追外地的品种，模仿外地的工艺，赚点辛苦钱，虽也是谋生之道，但终归是为他人作嫁衣，永远不可能成就真正的自己，也不可能有真正的核心竞争力。

简而言之，从做茶的角度来说，只要能在原生品种的基础上，选用合适的工艺精确掌握，把茶做出专属于当地的、具有识别度的好风味，就可以算得上是一泡具有传统意义的好茶了。

所谓"传统"，不就是要在好味道的基础上才有意义吗？

零叁

惊蛰

3月5日或6日惊蛰。

　　惊蛰，最初名叫"启蛰"，因为避汉景帝刘启的讳而被改为惊蛰。这一改，反而更是生动了。一个"惊"字，惊醒了天地间蛰伏的万物，当然也包括窝在家里的我们。

　　惊蛰，茶山里的万物都开始活动，最要小心的是各种蛇类。茶山里常见有菜花蛇、蟒蛇、眼镜蛇、五步蛇、竹叶青等。其中眼镜蛇、五步蛇、竹叶青这几类有剧毒，每次遇到，我都吓得立即躲开三五米远。要想清楚地知道蛇的样子，往往是事后从照片端详，或者听同行人的描述。重穆不同，他的第一反应总是担心蛇被同行的本地朋友打死。如果有要打蛇的迹象，他就会采用各种方式赶蛇

走，避免悲剧发生。

当然，打不打蛇有时候真的是两难。如果深究，这简直是个哲学问题。毒蛇不打，春天它们藏在叶丛中，采茶人一伸手可能就被咬了。万一没看清蛇的样子，辨别不了品种、选不好血清，继而耽误了救治，没准儿就是一条人命。但若是真打，又有些不忍，毕竟蛇命也是命。每次遇到类似的抉择，我总有这样的感觉，那就是茶山里的人真的是天地间的一部分，和茶树、和杂草、和茶园里的蛇虫鼠蚁似乎没什么本质区别。人在这个生态链里，不管是打蛇还是不打蛇，只要不做得太过分，让蛇全没了生存空间，或许总还是符合自然的吧。

言归正传，惊蛰起，蛇就开始活动了。到清明、谷雨，蛇都多，夏天更多。如果走生态比较好的茶园，最好不要随意往草丛里钻。实在要钻，要记得拣根棍子，四处敲敲打打，小心看路。万一被毒蛇咬了，一定要第一时间拍照、记录下蛇的样子，以便对症下药，迅速解毒。

惊蛰，惊的不只是小动物们，还有茶树。从惊蛰起，一些纬度、海拔相对低的茶山便开始出茶了。当然，当代有很多选育的早发品种可能还先于惊蛰，不过它们不属于我们的重点讨论对象。《岁时茶山记》还是更关注那些传统的茶树品种。

零肆

春分

3月20或21日春分。

《说文》："分，别也。从八，从刀，刀以分别物也。"分是分别之意，像用刀把东西从中间划开一样，引申则有均分、一半之意。春分、秋分，也是像用刀一样把昼夜从中间划开似的，昼夜时长均分，各占一半。从春分到秋分，是昼长夜短的半年，也是农人们劳作的半年。

唐代韩鄂《四时纂要》云："二月种茶、收茶子。"古代茶树是种子繁殖，农历二月种茶，便大致在春分时节。

春分不但是茶树播种的时节，还是茶叶开始收获的季节。宋代王观国《学林》曰："茶之佳品，摘造在社前；其次则火前，谓寒食前也；其下则雨前，谓谷雨前也。""火前"和"明前"相近，指寒食、清明前的茶叶，"雨前"指谷雨前，而"社前"则是指春社

日（立春之后的第五个戊日）以前——春社这个时间和春分就比较接近了。

《说文》："社，地主也。"社是土地之主，即社神、土神，俗称土地神。古代土地与粮食为重中之重。土神曰"社"，谷神曰"稷"，都是君主祭祀的重点对象。久而久之，"社稷"便被用来指代国家了。春秋两季都要祭祀土神，称为"春祈秋报"，春社是为了祈祷一年风调雨顺，秋社则是在收获之后报答神功。

不过，王观国推崇"社前茶"，大约是因为宋代流行福建茶。福建纬度相对低，茶树发芽早，社前可得。若是以江浙绿茶而言，不计算"乌牛早"这类专门选育的早发品种，排除掉从四川、贵州等地运来的贴牌茶，"社前"的老品种茶大概是很难有的。春分、春社，只是一年茶事刚刚开始的时节，好的还在后面，急不来。

建水

終南禪師銘 程四寸高一寸六分 汗納

川、贵一带的茶，是中国众多茶区中较早萌芽，也较早上市的。之所以这么早，除了地理环境因素，最主要的是那些地方已广泛种植外来的早产、高产的茶树品种。这些品种基本是由科研人员选育出来的，也可以说是高经济价值，用来抢市场、冲产量的强势品种。

按照工作进度的安排，一般到了春分，四川的工作收尾，我便往江浙去了。第一站先到苏州的洞庭山。四川茶大概在惊蛰前后就开始了，而苏州的洞庭碧螺春，要等到春分前后才陆续有点茶出来。

水月茶

洞庭碧螺春的"洞庭"，指的是苏州的洞庭山，不是湖南的洞庭湖。洞庭湖的名气比洞庭山大，故而也有人误以为洞庭是指洞庭湖。洞庭湖也产茶，最著名的是属于黄茶的君山银针。而洞庭山位于太湖东南，分东山、西山两个部分，东山是个半岛，三面环湖；西山是个岛，现在叫作"金庭镇"。最早交通东山、西山两地的只有水路，去西山也要从东山的码头乘船登岛，彼时的东山位置重要，比现在繁华许多。等到1994年太湖大桥竣工之后，出了苏州城区后可上太湖大桥直通西山，不再经由水路，东山的地理位置便不像从前那般重要，也因此没落了一些。

太湖自古以来都是江浙茶的重要产区，唐代大受欢迎的阳羡贡茶、顾渚紫笋就在太湖西面。不过，那时候同属环太湖带的洞庭山茶还不怎么出名。陆羽《茶经》盛赞"浙西以湖州上，常州次"，却给出了"苏州又下"的评价，注云："苏州长州县生洞庭山，与金州、蕲州、梁州同。"[1]虽以洞庭山为苏州茶产地的代表，相提并论的却是同样归在"又下"档的金州（今陕西安康）、蕲州（今湖北蕲春）、梁州（今陕西汉中）几个地方。

我们现在看到的《茶经》版本最早是南宋末年的，距离陆羽时代久远，这个排序未必是陆羽本人的意见，但也代表了唐末五代时期的流行观点。即便《茶经》对苏州茶评价不算高，也并不影响进贡。唐宋时期太湖不只是顾渚山，洞庭山的茶也曾一度成为贡茶。不过，可能因为当时洞庭山茶不甚出名，故而也没有什么专门的品名流传下来。

洞庭山茶开始形成品牌，有属于自己的名字，而不仅仅以地名为名，是在北宋。当时它有个好听的名字，叫作"水月茶"。"水月"是水月禅院的名字，水月禅院在洞庭西山缥缈峰下，水月茶即水月禅院一带所产的茶。有的文献说水月茶是贡茶，应该是误读了朱长文的《吴郡图经续记》。其原文为："洞庭山出美茶，旧入为贡……近年山僧尤善制茗，谓之水月茶，以院为名也，颇为吴人所贵。"[2]从"旧入为贡"的描述可知，在朱长文成书的宋神宗元丰七年（1084），洞庭山的茶只是从前作为贡茶，当时已经不再是贡茶了。如此一来，后出的水月茶未必就在贡茶之列。

---

[1]　陆羽《茶经·八之出》。之后书中凡涉及《茶经》引文者，无特殊情况不再注释。
[2]　朱长文《吴郡图经续记》，卷下。

洞庭山

唐宋以后的寺院是很富有的，有庙产，出家人也能做出好茶，很多历史上的名茶都是出家人做出来的。水月禅院的僧人制茶工艺了得，水月茶便也"颇为吴人所贵"，在苏州本地比较出名，当地人比较认可它的价值。但是，地方上有名，或者某个地方的人特别喜爱，未必代表远近驰名、国人皆知。而这段文献到了清代，被加了一段戏码，说碧螺春"色玉香兰，人争购之"[1]，十分抢手。这种"色玉香兰"（像玉一样温润的色泽，像兰花一样的香气）的标准，搁到现在也是妥妥的好茶。只是唐宋时期的制茶工艺还是以蒸青为主，明万历以后炒青逐渐成为主流，茶的风格是不一样的。

贡茶一定是好茶吗？

我们现在一听到贡茶，好像就觉得特别了不起，能让皇帝看上的东西肯定

[1]　戴延年《吴语》。

不是凡品。以当代的眼光来看，现在国内知名的茶区不少，哪怕是不知名的，宣传时都能打上"贡茶"的字样。这是虚假宣传吗？当然不是，中国任何一个犄角旮旯，都能有些进贡的东西，农产品更多了。这跟中国的政治体制有关系，进贡的特产某种程度上代表着皇权，或者政治权力所能掌控的范围，即治权之延伸。不过这又是另一个话题了。

那么，贡茶一定好吗？举个例子来说，现在几近天价的武夷茶，搁到明代虽然工艺不怎么样，但人家仍大方进贡，也称得上是贡茶。只是当时的武夷茶不是拿来喝的，而是拉到宫里当洗洁精用的："只备宫中浣濯瓯盏之需。"[1]可以看出，贡茶并不一定是我们想象的那样高大上。从某种程度上来说，凡是地方上送进宫里供皇家使用的都能说是贡茶。而贡茶也不一定都极好，有皇家自己喝的，有拿来赏赐大臣的，有拿来安抚边疆少数民族的，也有拿来洗杯子洗碗的，作用很多。

"吓杀人香"

宋代的洞庭山茶主产地在西山，到了清代逐渐转移到了东山。宋代水月茶的"水月"取自水月禅院，清代洞庭碧螺春的"碧螺"，则取自其发源地——洞庭东山的碧螺峰。碧螺春有个别名叫"吓杀人香"。根据官修《苏州府志》的说法，把"吓杀人香"改名"碧螺春"的人是康熙皇帝，说是康熙三十八年（1699）他南巡到苏州时改的。不过，若是查一查文献不难发现，在那之前苏州可能就已经有碧螺春了。比如，吴梅村曾有"睡起爇沉香，小饮碧螺春盅（碗）"[2]之句。吴是苏州府太仓州（今江苏太仓）人，康熙十一年（1672）去世。不管他词中讲的是"碧螺"还是"碧螺春"，此"碧螺"指的是否为洞庭山一带所产的绿茶。但可以确定的是，康熙皇帝还没开始南巡时，民间便有"碧螺"这个名字了。虽然名字不一定是康熙皇帝取的，但也不排除茶是在康

---

[1] 周亮工《闽小纪》，卷1。进贡叫"武夷茶"的，其实也未必就是武夷山本地出产的茶叶。相关人员可能从武夷山周边采买，类似现在的"大武夷"产区概念。

[2] 吴伟业《如梦令》，载《吴梅村全集》，卷21。

洞庭山茶园

熙南巡之后正式确立"碧螺春"之名的。

"吓杀人"用当地话念作"哈撒您",吓死人的意思。"吓杀人香"就是香到吓死人的意思,方言的情绪表达十分到位。现在更多的是写"吓煞人香","吓煞人"就显得比较文言了。到底是"吓杀人香"还是"吓煞人香"?陆廷灿《续茶经》、王应奎《柳南随笔》、顾禄《清嘉录》等文献用的都是"吓杀人香"[1]。陆廷灿是太仓州嘉定(今上海嘉定)人,王应奎是苏州府常熟县人,顾禄是苏州府吴县人,他们不是苏州人,就是上海人,对当时的吴地方言应该有相当的了解。除此之外,官修的《苏州府志》《吴县志》用的也是"吓杀人香",并且做了一段注解:"吓杀人者,吴中方言也。"[2]可见,当时的苏州本地人比较认可"吓杀人"的表述。

[1] 参见陆廷灿《续茶经》卷下(引《随见录》)、王应奎《柳南随笔·续笔》卷2、顾禄《清嘉录》卷3。
[2] 道光《苏州府志》卷148、同治光绪《苏州府志》卷148、民国《吴县志》卷51。

既然是方言，就牵涉到音译的精准度和情绪表达问题。有的人说，吴侬软语应是温婉文雅、柔情似水的，不应该使用"杀人"这样攻击性很强的词。实际上，恰是"吓杀人"更能显示出吴侬软语的温柔。如果你看过操着一口地道吴语的人吵架就有感觉了。可能他们口里都是些不那么文雅，甚至攻击性很强的词，但吵起架时，在外地人听来，若是不懂语词的意思，只是感受其腔调，那几乎像北方有些地方的人平常聊天一样，显示不出什么火药味的。换句话说，在太湖风土的滋润之下，连"杀人"听起来也可能像"Honey"一样温柔，甚至情意绵绵。"吓杀人香"，用吴侬软语念起来，其实没什么不文雅的。

不过，也不是所有的文献都用"吓杀人香"，《太湖备考》就是个例外，它同时使用了"吓杀人香"和"吓煞人"[1]。《太湖备考》出版于乾隆十五年（1750），就同时期的苏州文献来看，这个"吓煞人"可能还是孤证，且暂无"吓煞人香"的记载。其实，"□杀人"的用法并不限于苏州。许多古诗文里都有"愁杀人"的词句，在昆曲里也保留了不少"□杀人"的用语。例如《长生殿》有"痛杀人""惨杀人""苦杀人"等，用的就是"杀人"，而不是"煞人"。其所表达的神韵和"吓杀人"还是比较接近的。

碧螺春

关于碧螺春的起源，乾隆年间王应奎的《柳南随笔》详细描述了当时的情况。原来，洞庭碧螺春最原始的状态是"洞庭东山碧螺峰石壁产野茶数株"[2]。几十年来，碧螺峰石壁的野茶只是当地人采制，自己平常喝而已，从来没发现有什么特别的。康熙某年，茶树芽叶发得比往年都多，茶篓装不下，于是当地人就把一部分茶叶揣进怀里下山。没想到茶叶在人的体温作用之下反而发出了

---

[1] 金友理《太湖备考》卷6："（茶）有一种名碧螺春，俗呼'吓杀人香'。"同书卷16："东山碧螺峰石壁产野茶数株，山人朱元正采制，其香异常，名'吓煞人'。宋商邱抚吴始进，上题曰'碧螺春'。"可以推测，"吓杀人香"或许是口语化描述，但可能不太文雅，或者有所冒犯，故向皇帝介绍茶名时改为"吓煞人"。如此，"吓煞人"可以理解为献给皇帝的产品名，而非口语的"吓杀人香"。

[2] 王应奎《柳南随笔·续笔》，卷2。

洞庭山采茶

异香，采茶人惊呼"吓杀人香"。之后，每年到了季节，人们采茶之前必先沐浴更衣，全家出动，采下来的茶也不用茶篓装了，而是径自往怀里揣，让茶受热发香，做出来的茶就叫"吓杀人香"。

《茶经》曰："上者生烂石。"不管是从古书的记载，还是今日的山场环境来验证，能够从石壁、石缝、石头山之类的地方长出来的茶，底子一般不会差。洞庭碧螺春的这个出场，便和宋代的水月茶很不一样，一上来就是讲山场环境。其实这也侧面反映了北宋与明末清初的人们喝茶审美取向的不同：宋茶重视工艺，往往青睐工艺精细、精到的茶叶，水月茶便是凭借水月禅院僧人的制茶工艺而"颇为吴人所贵"。而明末清初则不同，在精到的工艺之外，原料至关重要。若是没有上乘的原料，工艺再精到也没什么可稀罕的。而"碧螺峰石壁"和"野茶"，便是保证了茶叶独到的山场、品种、茶树种植和茶园管理方式，这些都是成就好茶的基底。有如此厚实的基底，再来谈工艺，方能有所增色。

到了嘉庆年间，苏州人郭麐（麟）又绘声绘色地描绘了一段碧螺春的特殊做法：碧螺春色香味不亚于龙井，而鲜嫩更胜一筹。相传碧螺春不用火焙，而是将嫩芽采下后用薄纸包裹起来，放到女郎胸前候干取出，所以"虽纤芽细粒

一边烧火，一边炒茶

而无焦卷之患"[1]。当时文人作诗赞美碧螺春，还有"蛾眉十五采摘时，一抹酥胸蒸绿玉"[2]的句子，赤裸裸地描绘"女郎胸前"的细节。也许是洞庭碧螺春的茶芽十分纤细，对炒制时的火候要求较精准，稍有不慎就炒出焦火之气。可能为了凸显茶芽之嫩、茶香之高、火候之难，便有了这么个香艳的段子。

柴火锅

不管过去如何，现在的洞庭碧螺春仍然还是小规模、大劳动力投入的产业。一个中型规模的茶厂，每一年从采茶到制茶，就需要投入数百人来参与生产。传统的洞庭碧螺春采摘一芽一叶，而现在的特一级的则多是采摘单芽。但不管是单芽还是芽叶，都需要人工采摘。按照当地的宣传，一斤碧螺春需要六万到七万个芽头，一个芽头就是一次采摘，如果一年要做出两三千斤的产量，投入的人力可想而知。

采茶投入的人力众多，制茶自然也不会轻松，尤其是如果要用传统的柴火锅来炒茶的话。柴火锅炒茶的门槛相对高一些，不是只有烧柴火就好，还需要

[1] 郭麐《灵芬馆诗话续》，卷2。
[2] 梁同书《频罗庵遗集》，卷1。

碧螺春制作

一套严谨的生产管理系统来配合，包括厂房的规划、人员的工作动线等等。毕竟柴火不比电热锅，稍一不慎就有造成茶叶串烟的风险。我们私下戏称这种串烟的茶叫"烟云碧螺春"，听着还挺美的，就是味道比较怪。也是这个原因，现在许多茶厂舍弃柴火锅不用了，改以新式的电热锅或煤气锅来炒茶，好不好另说，至少保证了成品率。

　　柴火锅做茶，需要管火师傅和炒茶师傅配合的默契，炒茶师傅负责控制炒茶的节奏，传达加火、退火的指令。有时连炒数锅下来，手的温感有些钝化，管火的师傅也要懂得听茶叶在锅里的声音，适度地加柴或退火。炒碧螺春的起锅温度很高，如果追求品质的话，一般要等到接近400℃才投茶。茶芽刚下锅时，会带出噼里啪啦的轻微爆炒声。如果茶已炒熟、开始揉捻做形时，还出现像初下锅时的爆声，就代表温度太高了，就算炒茶师傅不喊，管火的师傅也要知道主动退去柴火，避免因锅温太高把茶炒焦了。当地的制茶师傅常说，一锅茶的成败，烧火功夫就占了三分，任你再怎么会炒茶，烧火的节奏跟不上，茶一样做不好。

　　现在的碧螺春外观身披白毫，这种白毫来自于细嫩的芽头。碧螺春的揉捻方法是双手像搓汤圆一样，把茶揉成团、再打散、再揉、再打散，反复操作。揉的过程中会把芽苞一层一层揉开，里层最嫩的芽所带的白毫，会在干燥的过程就会慢慢白化，最终均匀分布在茶叶上，这个步骤叫作"显毫"。炒制碧螺春茶，从高温起锅到低温做形，都在同一口锅里完成。炒一锅茶可得成品约三至四两，耗时约45分钟。

花果香的"茶设"

人有人设，茶也有"茶设"。许多名茶都有总结自己最突出的特点，作为"茶设"在市场上流行。如武夷岩茶的茶设是"岩骨花香"，安溪铁观音是"观音韵、兰花香"，祁门红茶是"祁门香"，广西六堡是"槟榔香"。洞庭碧螺春在清代的茶设估计是"吓杀人香"，到了当代，则变成了"花果香"。

茶设所指称的是一款茶的代表性产品最突出的特点，也是那款茶最有辨识度的风味表现。从论述的层面而言，茶设必须准确且有代表性。这一点洞庭碧螺春做得很好，其代表性产品就是有独特的花果香，从当代实践来看还会带有一点枇杷花的香气。然而，从推广与销售的角度而言，茶设宜抽象，不宜具体。因为越具体的东西越没有争议，也就没有了解释的空间。譬如，现在有的人将浓强刺激的茶汤解释成武夷岩茶的"岩骨"，将做青不透的青气解释成铁观音的"兰花香"。市场上关于"祁门香""槟榔香"的解释也是多种多样，似乎什么样的产品都能往里面填。然而，碧螺春的"花果香"却相对难有这种操作空间。为什么呢？因为槟榔不是每个人都经常接触，兰花有多个品种，每个人的"槟榔香""兰花香"定义都不同，至于"岩骨""祁门香"等表述，就更莫衷一是了。然而，几乎所有人都知道花香、果香、花果香是怎样的香气。有就是有，没有就是没有，容不得半点含糊。可叹的是，现在市面上的不少洞庭碧螺春，已经越来越难有花果香了。它们有的大多是好一点的绿茶都会有的清香，很难让人将之和"花果香"强行关联在一起。

撇开非本地的贴牌产品不说，洞庭碧螺春的花果香和品种、采摘、工艺都有关联。

洞庭山当地笼统地把茶分作"老茶"和"早茶"两大类。老茶以老品种为主，即传统的洞庭东山、西山群体种茶树，发芽晚，成茶匀整度较低，但花果香馥郁，滋味醇厚，富有层次。早茶则是指从洞庭东山、西山群体种中选育的无性系品种，也包括大量的外来早发品种。早茶萌芽期早，一般春分左右能采，有些甚至会更早。成茶细嫩匀齐，但是花果香不显，滋味相对单一。不过，早发芽就意味着更能抢占市场先机，价格也比较好。而老茶通常要等到清明前后才得采，在价格上相对没有优势。洞庭东山、西山群体种是洞庭山原生茶种的基因库，也是真正能表达洞庭碧螺春传统风味的品质载体。然而，因为经济效益的关系，就算在老品种的保护区内，也有茶农在汰换品种，在老茶上嫁接早茶以图更早的发芽期。这是现在进行式，令人感到莫可奈何。

说起品种汰换，实为洞庭碧螺春的痛点。根据《苏州市志》的记载，洞庭东山、西山曾经大量引进外地品种茶树，引进的树种有安徽祁门的楮叶种、福建的福鼎大白种、浙江淳安的鸠坑种等。"1986年以来，苏州引进的茶树种还有龙井43、龙井长叶、安吉白茶、乌牛早、福鼎大毫茶、迎霜、梅占、碧云、紫筒、菊花春、浙农113、浙农117、平阳特早、湘波绿、浙农139等20余个，均为无性系良种。"[1] 走在洞庭山的茶园，在老品种保护区之外，经常能够见到新品种茶树的身影，从茶农口中也会不时听到"乌牛早""四川小叶种""长兴大叶种"等名字。这些品种虽然在科研上被称为"良种"，但于洞庭碧螺春传统风味的表现而言，却可能是"劣种"。现在在苏州，喜爱洞庭碧螺春的老茶客们还是非常中意老品种，对于"乌牛早"等外来早发品种避之不及。

有意思的是，在洞庭山，不但茶树经历过品种汰换，果树也是。而且果树也像茶树一样，不少原生品种的生存空间被来自浙江的品种侵占。《苏州市志》记载：东山、西山的柑橘品种本有朱料红、黄皮、早红等，1987年推行高阶换种，改接早熟的温州蜜橘；杨梅品种本以东山的小叶细蒂、大叶细蒂、西山的乌梅最为著名，90年代后期从浙江引入大果型东魁杨梅，在东山、西山栽培较多。[2] 相比而言，还是枇杷比较幸运，东山的白沙枇杷得以保留，未被外来品

---

[1] 苏州市地方志编纂委员会《苏州市志1986—2005》，第608页。

[2] 苏州市地方志编纂委员会《苏州市志1986—2005》，第610—611页。1995年《苏州市志》记载温州蜜橘是"70年代前后分别从无锡和浙江引进"（第694页），与《苏州市志1986—2005》所说不同。

茶、果套种

种抢占生存空间。曾有苏州学者打趣："春秋时期，越国就进贡美女西施灭吴国。如今浙江推广其茶树、果树品种进苏州，也让苏州的茶、果在不知不觉间丧失特色，和2500年前如出一辙。"这虽是玩笑之语，也不无道理。

洞庭碧螺春从和西湖龙井分庭抗礼，到如今影响力渐有不及。在洞庭山的各类水果之中，知名度高、评价比较好的也是以没有被汰换品种的白沙枇杷为主。特色农产品的知名度、影响力重点在于品质与特色，而品质与特色则需要合适的品种来承载。橘生淮南为橘，淮北为枳。如果不能保护好自家的原生优质品种，是不容易走得长远的。

洞庭碧螺春的花果香是怎么来的呢？按当地的宣传：花果香来自洞庭山茶、果套种的特殊环境。洞庭山的可耕作面积有限，为了提高土地的利用效率，茶树和枇杷、杨梅，或者一些柑橘类的果树种在一起，茶收成后收枇杷、杨梅等，以保证农民一年的收入。而洞庭碧螺春的花果香，就来自这种茶、果套种的茶园。当然，具体情况是不是这样，还需要更严谨的调查论证。而碧螺春的老品种茶树，是茶籽繁殖的小叶种茶树，本身就自带一定的变异概率。茶树通过变异来适应环境，使自己能更好地存活。如果说茶果套种的环境诱发茶树产生独特的花果香，应该也能说得过去。

只不过，"花果香"的茶设似乎定得有点太高了。有一年跟茶厂合作产品

茶园里的香椿

时，茶厂大师傅很用心，准备了头采的小芽头给我们。茶是不错，就是不太符合洞庭碧螺春的味觉设定，滋味偏淡，气息偏清香。换句话说，不管哪个地方的茶，只要采摘特别细嫩、精工细作，差不多都能有这种表现。而属于碧螺春的"花果香"则需要偏重一嫩芽一嫩叶的采摘标准，且尽量不能用已经采过一两次单芽的芽叶原料，才能维持下来洞庭碧螺春特有的花果香和鲜爽、甘醇的滋味，很不容易。

令人感到惋惜的是，市场上对单芽绿茶的宣传似乎太过了，让消费者误以为单芽的茶才够嫩，够嫩的才是好茶，以致出现不论茶芽是不是足够成熟，都全部先薅下来换现金再说的情况。这种特别嫩的茶看着是赏心悦目，喝着是鲜爽，却没什么滋味，香气也飘飘的。美其名曰清香，但真正属于洞庭碧螺春的"花果香"，根本还没有酝酿出来。

不容易的点在于，如果选择一芽一叶的做茶方式，则挑战到了既有的市场认知，市场上还是认为单芽的茶好，长到芽叶就老了。在这种认知体系的诱导下，单芽的价格更高，茶农很难忍住赚钱的诱惑，看着单芽不采，留到一芽一叶初展再出手。毕竟，绿茶茶青一天一个价，刚出来的时候价格最高，然后一路走低。当然，这也关系到制作时的天气和工艺，那也是洞庭碧螺春的花果香之所以难得的原因之一。

03

西湖龙井：盛名久负的尴尬

種母子

春磷豆今
浪花 花月庵藏

　　春分之后，也是西湖龙井的产季。我们常听到的"明前龙井"，就是春分到清明之间采摘、制作出来的龙井茶。在过去茶树的培育技术、种植管理技术还没有这么厉害的年代，要喝上一口明前茶，那是十分难得的。江浙一带的老品种茶树，一般要到接近清明的时候才发芽，清明之前能采的量非常有限。这和现在的情况不同，现在很多新选育出来的茶树品种，恨不得一路超英赶美，像西湖龙井、洞庭碧螺春这类春分前后发芽的都算客气了。没办法，春茶的世界就这样，上市时间越早，后期所能换取的空间也就越大。

　　西湖龙井是久负盛名了，从明代人的待客茶到乾隆皇帝写歌背书，一直到成为中国绿茶的代表，至今依然如日中天。好像春天来了，啥茶都可以暂时搁一边，先喝上一口正宗的西湖龙井再说。可能是因为西湖就在杭州城区、交通便利，也好宣传，只要是个游客到了西湖，不管什么季

西湖山区

节，都能够拿回几份"正宗"的西湖龙井。

传说中的"豆花香"

究竟正宗的西湖龙井茶是什么滋味的呢？

近些年，国内的茶主题的旅游发展如火如荼。一到茶季，类似西湖这类难度比较低、十分容易到达的茶区（景区），基本上都被挤得水泄不通。从前我们还在北京读书的时候，有个茶艺技师朋友，一连几年清明专门跑去杭州找龙井茶带回北京。他每次回来都特别兴奋，马上喊上一拨朋友，分享西湖行的战果。可能是同一个人选出来的茶样，风格上有些雷同，清一色是糙米色的外表，香型则偏向浓郁的豆香、炒豆香，其中相对比较好的会呈现出板栗香，非常符合当年大家，或者说市场上对西湖龙井茶的味觉设定。

如果我们将西湖龙井茶的"传统"定格在20世纪七八十年代，这种熟豆香或炒豆香很可能会成为西湖龙井茶的传统风味。那如果把时间轴再往前拉呢？

按照明清《钱塘县志》的记载："茶出（老）龙井者作豆花香。"[1]西湖核心区的龙井茶应该是一种清新的豆科植物的花香。换句话说，其基本的香气调性应该是清新的、充满春天气息的花香，而不是豆香这种相对成熟的香气。即使带有豆香，也应该是以花香为主的基调。当然，这只是古书的记载，实际上明清的文献对不少江浙地区的绿茶都描述为"豆花香"，甚至直接把新鲜绿茶的香气叫"豆花香"，绝不止西湖龙井一家。

撇开对"豆花香"的执迷，从当代的实践经验来看，西湖龙井核心区茶叶的典型香气其实很像西湖山区茶园里随处可见的紫堇花的香气，尤其以龙井43号品种所制作的龙井茶最为典型。而最具代表性的狮峰的龙井群体种，则是以兰花香为主，带有紫堇花香、豆花香，茶汤的表现是幽幽的泉石清甘，十分高雅。如果龙井茶只是单纯像豆科植物的花香，只能说是典型，倒未必能算得上十分凸出。

如果我们春天到茶园里多走走，狮峰比较多紫堇和鸢尾一类，偶尔有少许兰花，豆科植物反以龙坞这类次核心产区较常见些。其实，同样品种的花儿在不同的产地香气也是不同的。以紫堇为例，西湖的紫堇和黄山的、四川的味道都不一样。说一千道一万，都不如真的喝上一杯靠谱的西湖龙井茶来得实在。至于市场上常见的那种以豆子味为主、和花香毫不沾边的炒豆香或熟豆香，就不必和好的西湖龙井做太多的联系了。

2020年1月初，我到中国茶叶学会拜访审评专家刘栩老师，聊到西湖龙井的香气。刘老师将西湖龙井香气的误区，也就是"熟豆香"归结到历史问题：在过去生产设备不精良的年代，4月份西湖龙井茶刚做好，马上面临5月份梅雨季、七八月份高温季节的考验，湿热的环境非常不利于茶叶存放。同一款茶，到了九十月份时再拿茶出来喝，就发现茶的味道不对了。因此，当时的茶厂在生产时，炒制的温度会再拉高一些，这样有利于茶叶的稳定性。做出来的这种"熟豆香"或者"锅巴味"，市场的接受度也还可以，慢慢地这种做法就扩散开来了。一方面是让茶的香气滋味不容易随着天气、温度湿度

---

[1] 万历《钱塘县志》卷1、康熙《钱塘县志》卷8。

茶园里的紫堇

茶园里的鸢尾

而改变，另一方面是不容易因为出厂时一个味道、放到秋天又是另一个味道而影响商誉。

工艺的痕迹

但问题来了，这种为了"品控"而采取的工艺做法，以及由此而产生的风味特征，真的可以成为一款名茶的传统吗？这和武夷岩茶的情况类似，现在有些人会把焙高火，甚至焙成"一包炭"的茶当成武夷岩茶的传统工艺。实际上，不管哪个地方的茶叶，若是焙成"一包炭"，都能非常稳定且香气滋味十分统一。换句话说，这种情况下，原料究竟来自哪里已经不是那么重要了。当然，这或许也是猫腻所在。

西湖龙井也是一个道理，不管哪个地方的茶叶，用高温炒，炒到有点焦、有点煳，出来的也都是炒豆香。高温同样会把茶叶炒黄，这种黄看起来还有点像狮峰龙井、龙井群体种的糙米黄。茶叶原始自带的味觉密码，在这种加重处理，或者说过度加工之后，喝起来都是熟豆香——和"一包炭"的武夷岩茶一样，哪个地方的原料似乎不是那么重要了。这种风味即使比较早，是

胡公庙采茶

我们父辈早年喝到的味道，难道就可以因此被称为传统工艺、传统风味吗？这样或许是误解了传统。毕竟，要论早，更早时候，魏晋南北朝、唐宋明清也都有茶，味道也未必是这样；而要论好，那样的风味表现，则更需要打上问号了。

　　当然，这也是西湖龙井久负盛名的尴尬之处。倒不是名不符实，一款茶能成名这么久，肯定是有核心竞争力、能出好茶的，很可能只是你我还没接触到。以西湖龙井中最为知名，也是公认品质最好的"狮峰龙井"来说，狮峰一带——尤其是胡公庙周边——的风土特殊，以风化程度不高的岩石地为主，群体种茶树生长在如此环境里，自然就与众不同。以狮峰的龙井群体种做成的龙井茶，香气以优雅细腻的花香为主调，略带有些许豆科植物的清香，有些特殊的地块有类似高纯度植物精油的"辛辣感"；而汤感则是甘甜、醇厚、鲜活，富有层次感，以古书中的"泉石气"来形容其气质甚为合适。

"做熟"与"做好"

好的原料能否表现出相应的品质，与工艺有很大的关系。好的工艺，如王国维"无我之境"，既要把原料的优点最大程度地发挥出来，又不能留下太多工艺的痕迹，要如润物细无声一般，使之浑然天成，又独具一格。这也是好的狮峰的龙井群体种难得的原因。如果摊放时间不足、青锅（杀青）的温度不够，则群体种茶树自带的"腥味"脱不掉，茶叶骨子里的花香不能很好地发扬；若是辉锅温度不足，则茶香偏于轻浮；而辉锅温度过高又出锅巴味，糟蹋了好原料，过犹不及。

或许是学科发展的历史因素，现在的茶学教科书似乎只注重教人怎样把茶叶"做熟"（市场上有许多茶叶甚至连"熟"都做不到），却不太关注把茶叶"做好""做出特色"的问题。以绿茶杀青为例，如果要将茶叶"做熟"，除了摊放时间的掌握，就是高温钝化多酚氧化酶的活性，抑制茶叶在后续揉捻和烘炒的过程中又发酵（氧化）的杀青阶段，杀青要炒透、炒熟，炒出清纯的气味。但有时候，在面对一些好的原料的时候，仅仅"做熟"是不够的，并不能真正把茶叶的优点发挥出来。

以洞庭碧螺春为例，根据我们的对比试验，东山的头春老品种原料，其杀青的起锅温度在380℃以上的时候，才更能激发碧螺春特有的花果香。若是仅仅按照教科书的温度要求，出来的往往是清香而已。这还仅仅是杀青起锅温度这一个小点，绿茶的摊晾、杀青、揉捻、干燥，环节虽不多，却有不少讲究，且"做熟"和"做好"的讲究是不一样的。有些茶农、茶厂的原料很正，但茶叶品质到不了上乘，与制作工艺有很大的关系。这背后所涉及的，不仅仅是技术问题，还包含理念，以及对茶的理解。

西湖龙井也是这样。在西湖产区内，不同片区、不同品质的原料是要区别对待的。狮峰、满觉陇、梅家坞，乃至龙坞，或者龙井群体种、龙井43号，都有着不一样的制作要领。我曾经试过，用梅家坞的手法炒制狮峰的原料，其香气滋味表现不容易到位；而用狮峰的手法炒制梅家坞原料，又容易把茶叶做伤。按我们的理解，狮峰的龙井群体种鲜叶，晴天采摘，适度摊晾，青锅的温度需要更高，手法需要更重、提早破壁，能有效提升茶汤的醇厚感。而高温杀青之后，辉锅也可以适当提高些许火功。虽然这种做法可能会使干茶的颜值下降，但是既能保证茶汤的质感，又不致伤害细腻的花香。若是手法不到位，往往做不出狮峰的特色，可能只剩下甘甜醇和的茶汤、群体种的品种味，以及龙井茶的豆香而已。

西湖龙井尴尬的地方在于名气太大，而大多数路上跑的，往往只是穿着西湖龙井的包装，却未必真正能有西湖龙井的特征。而就算它原料是真的，但自身的特征被做没了，喝起来和其他茶没两样，也是十分尴尬的事情。当然，好原料就是好原料，即使做得毫无特色，只要没做到面目全非，好的底子还在，还是比别处的好喝。不过，在西湖龙井市场价格如此高昂的情况下，如果已然花了大价钱去买，为什么不入手那些品质足够睥睨群雄、特色足够一眼万年的呢？至于那些炒豆香，乃至熰豆香的茶，就更不用说了。就算是山场再好的原料，如果加工时被搞到面目全非，搞到它的亲生爹娘都不一定认得出它，那又有什么意义呢？

"狮峰"的定义

按照早年的说法，西湖龙井的核心产区可以划分成"狮、龙、云、虎、梅"五个片区。"狮"是狮峰，公认西湖龙井中最好的产区，产地以狮子峰为中心，包括胡公庙（老龙井）、龙井村（部分地区）、棋盘山、上天竺等地。狮峰的龙井群体种茶树是西湖龙井中最具代表性的，也备受老茶客追捧。"龙"是龙井村、翁家山、杨梅岭、满觉陇、白鹤峰一带。"云"是云栖，中国农科院茶叶研究所就在云栖。"虎"是虎跑，有著名的虎跑泉，虎跑马儿山的龙井群体种也别具特色，花香清扬。"梅"是梅家坞，梅家坞工艺的精致度高，采工好、茶青齐整，做出来的干茶色泽偏绿，颜值较高。

在产业发展的大背景下，现在的"狮峰"也像武夷岩茶的"正岩"一样，定义变得相对宽泛了。根据杭州西湖龙井茶核心产区商会【2021】2号《2021年关于深入推进〈"狮峰龙井茶"团体标准〉实施工作方案》，制作"狮峰龙井茶"的原料已经被定义为：

> 主要出自龙井村狮峰山、翁家山村青明山、满觉陇村白鹤峰、杨梅岭村百丈坞、灵隐上天竺大高山及梅家坞村三分叉等六大茶山，以及西湖风景区范围内的优质茶园。

这样的规定，有点像选拔985、211工程大学。在考虑品质的基础之上，还得兼顾每个片区的均衡发展，最后所选拔出来的固然是各个片区的优等代表，却也有着参差不齐、风味不一的疑虑。而其中"以及西湖风景区范围内的优质茶园"的表述，又给予了解释的空间，语言艺术高超。至于商会定义的"狮峰"是否符合你我心中的狮峰，就是一件见仁见智的事儿了。

不过，茶叶最终还是要以品质说话。既不要迷信商会定义的"狮峰"，也不必拘泥"龙井村狮峰山"的产地。西湖不大，狮峰之外也不乏独具特色、令人魂牵梦萦的好山场。每年春天在西湖待着盯产品，我都会见缝插针地收点茶

长在石头地上的龙井茶树

青，实验性地手工炒制各个小片区的茶叶做对比，一年一年经验积攒下来，也有些许收获。春天的西湖总是大堵车。少开车，多走路，没事逛逛茶园，会发现这巴掌大的地儿也如苏州园林一般移步换景，有"上者生烂石"，有"中者生砾壤"，也有"下者生黄土"，连土壤颜色都恨不得红黄绿白黑，集齐五色召唤神龙。其中所能展现的丰富度远比古书所载要更精彩。多探索、多尝试，谁说我们当代不是正在塑造着西湖龙井的传统呢？

好学生的尴尬

其实，以西湖山区的山场基底来说，它并不一定是最上乘的。这些年走访各地的茶区，我们也见过一些比西湖龙井更好的山场、比狮峰的龙井群体种更好的原料，然而，却不那么容易见到比正宗、加工到位的狮峰龙井群体种更好的绿茶……从明代开始就有很多人批评西湖龙井茶，说"某某茶好，味在龙井之上"，甚至说龙井茶不好喝，味苦、味淡、有草气，五花八门，什么不好的评价都有。但是，如果细细考察就会发现，不论古今，那些批评西湖龙井茶的人所喝到的茶往往不对。换句话说，他们没喝到真的西湖龙井，或者至少没喝到原料、工艺都正的西湖龙井，那样的批评其实没什么说服力。

就我们的实践经验而言，一款久负盛名的茶，一款有一批忠实拥护者的茶，它之所以能够有那样的地位，其代表性产品绝对是有硬实力的。无论是"地道的品质"还是"道地的风味"，都可圈可点，竞争力十足。之所以很多人批评，认为那些茶是炒作，说它们徒有虚名，一方面是树大招风，惹人眼红，更重要的是盛名之下仿品甚多，许多人没喝到对的东西而已。像当代的几个大IP：西湖龙井、武夷岩茶、云南普洱茶等，都有类似的情况。

一款好茶，需要天、地、人的合一。天、地、人"三才"缺一不可，缺一个都不能成就一款好茶，更不可能成就一个久负盛名的区域公用品牌。然而，天易得，地易得，而人不易得。有了好的山场、好气候、好天气、好时节，如果人不去好好经营，也是暴殄天物。

有些地方会更新品种，把当地的原生群体种茶树挖掉，更换成时下流行

西湖龙井制作

的外地品种，像出自西湖的龙井43号便是各地广泛种植的对象。龙井43号是从龙井群体种中选育出来的优良品种，早产、高产、颜值高、风味辨识度强，它和福鼎大白一样，在全国各地的种植面积都是数一数二的。龙井43号对外攻陷了外地不少茶产区的优质山场，反观西湖本身则严格管控外地茶种的进入，除了龙井群体种、龙井43号、龙井长叶等本地血统的茶树之外，其他的品种一律不得在此种植，避免破坏西湖龙井茶的生态和商业环境。除此之外，当地还成立了龙井群体种的保护区，保护种植资源，避免原生品种抵抗不了经济压力再遭毒手。春茶市场上，发芽晚、颜值低的狮峰龙井群体种仍然以其优秀的品质作为西湖龙井的招牌，积攒下一大批忠实客户，并不会被发芽早、颜值高的龙井43号侵占生存空间。这一点，和惊蛰那节提到的老川茶的处境相比，就有霄壤之别了。

当然，品种不是想更新就更新的。选育出来的无性系品种生命力往往没有种子繁殖的老品种顽强，并不易适应很多相对"恶劣"的山场环境。如安徽的黄山毛峰，到现在还基本保留了原生的黄山大叶种茶树，便是由于黄山山脉以花岗岩为主，岩质坚硬耐腐蚀，扦插茶树树根在花岗岩岩质下难以生根，且无性系品种在面对高山的极端环境下存活率较低的缘故。黄山毛峰当年能成为"中国十大名茶"，不输西湖龙井，除了其得天独厚的自然环境、精湛的制作工艺之外，原生的黄山大叶种也有其品种优势。然而，现在的黄山地区多数偏好重修剪甚至台刈茶树，浅薄了茶汤的底蕴，且部分茶农茶厂在制作工艺上跟风外地茶，往往不能将黄山茶的特色很好地表现出来，减弱了产品竞争力。反观西湖产区，茶园管理相对到位，农药管控严格，还有许多年轻人钻研制茶，为西湖龙井的高品质提供了保障。

虽然说起西湖龙井能拉出一卡车不忍直视的事情来，但真正好的西湖龙井确实是令人难以忘怀。而西湖茶区的管理模式，包括保护老品种、严令禁止种植外地品种等措施，也是非常值得其他茶区学习的。

零伍

清明

4月4日或5日清明.

清明,大约是一年中最清澈明净的时节了。古时候,寒食节要禁火,清明日要淘井,故而清明茶事便有了三"新":新火、新泉、新茶。

魏野诗云:"殷勤旋乞新钻火,为我新煎岳麓茶。"

苏东坡夜梦参寥,诗云:"寒食清明都过了,石泉槐火一时新。"

东坡词云:"且将新火试新茶,诗酒趁年华。"

新火、新泉、新茶,我们容易,古代文人容易,皇帝却未必容易。唐代宫廷,清明节有清明宴。清明宴上,皇帝要喝到最新的

阳羡、顾渚贡茶。然而，从江浙到长安，1200多公里，茶叶在路上就得花上十天。第一批茶快马入京，称之"急程茶"。别以为皇帝的"急程茶"就一定又新又好，实则是"好"不确定，"新"也说不清，这和春天买茶的我们是一样的。

其实，清明的重点不应该是喝茶，而是祭祖。不过，祭祖也可以和喝茶结合起来。史载朱元璋也喜欢喝顾渚山的茶，他死后，明朝仍每年定制32斤顾渚茶，于清明节前两日由当地官员亲自督造，拿到南京奉先殿焚香祭祀。以佳茗飨先祖，也是清明茶事应有之义。

这个清明，你家长辈喝到"三新茶"了吗？

围炉

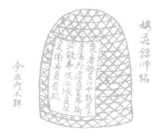

　　春分之后，便是清明。并不是说顾渚紫笋得等到清明才上市，而是依照我的工作规划，到顾渚山时已经接近清明了。之所以清明才到顾渚山，是因为偏爱当地原生的群体种茶树。顾渚山虽然离西湖不远，但山里的气温却比西湖低不少。往往西湖的龙井群体种已经接近尾声，甚至制作完成的时候，顾渚山里的老品种还没什么动静。清明时节到顾渚山，既能避开假日的喧嚣，又恰是深山里的老品种开始冒芽的时间，可谓两相适宜。唯一的遗憾就是"清明时节雨纷纷"，下雨天山路难行。避开修葺好的石阶，在山里深一脚浅一脚地找茶，倒是极容易让人联想起唐代一首首茶山诗对顾渚贡茶的控诉。

　　现在说起顾渚紫笋，可能不少朋友还没怎么听过。其实，顾渚紫笋的成名比西湖龙井、洞庭碧螺春这些茶都要早，基本和茶圣陆羽在同一个时间段。中国的各大名茶之中，若要论历史悠久，恐怕只有四川的蒙顶山茶可以与之相媲美了。然而就好评的持续度而言，后者又要相对弱一些。顾渚紫笋，或者说顾渚山的茶，它在唐代驰名，被茶圣陆羽推为第一，成为唐代第一名茶，皇帝清明宴上的必备佳品，文人茶客的追捧对象，之后在宋、元、明、清一连数代都享有佳誉。连晚明被众多文人推为第一的罗岕茶，也是出自顾渚山一带。当代的顾渚茶虽然有所衰微，但是其山场的基底依旧，若是用心寻找、得当制作，所产茶叶的品质仍然称得上是绿茶第一梯队的，其代表性产品丝毫不输西湖龙井、洞庭碧螺春中的佳品。

"盘下中分两州界"

顾渚山坐落在太湖西岸，是一座蝙蝠形状的山。山的两翼像张开的蝙蝠翅膀，整座山面向东南开口，侧对着太湖。顾渚山是一座界山，山的南北分隔着两地。在唐代，顾渚山属于江南道的浙西地区，其北面是常州，管辖晋陵、武进、江阴、无锡、义兴五县，与义兴县（今江苏宜兴）接壤；南面是湖州，管辖乌程、长城、安吉、武康、德清五县，与长城县（今浙江长兴）接壤。白居易"盘下中分两州界"[1]，说的便是顾渚山的这种情况。历史上，我们经常听到的阳羡茶、顾渚紫笋，其实就是顾渚山的两面所产的茶叶，北边称阳羡（阳羡是宜兴的古称），而南边则称顾渚。

《茶经》列举了全国的名茶，并为之分等，其中对浙西茶区的排序是"湖州上，常州次"。则按照《茶经》的评价体系，顾渚山的两面都出好茶，但南面长兴境内的茶是要优于北面宜兴境内的。换言之，顾渚紫笋的评价还要略高于阳羡茶。这与陆羽《顾渚山记》可以相映照："（陆）羽与皎然、朱放辈论茶，以顾渚为第一。"[2]

[1] 白居易《夜闻贾常州崔湖州茶山境会想羡欢宴因寄此诗》，载《白氏文集》，卷24。
[2] 《顾渚山记》已佚，转引自晁公武《郡斋读书志》，卷12。

顾渚山啄木岭俯瞰

《茶经》

提起陆羽，我们还是满怀恭敬之心的。陆羽《茶经》总结了唐代的茶饮，又汇集了唐代以前的许多文献材料。虽然用后世更严谨的视角来看《茶经》，会发现还有不少值得讨论的地方。再往更深处梳理考证，也能发现其中所记载的材料可能是传抄，也可能是当时识读的问题，存在着些许纰漏。但是就陆羽的历史评价来说，《茶经》中的这些问题也可以说是瑕不掩瑜了。

随着茶文化发展到现在，讲《茶经》的老师太多太多了。就像武夷岩茶一样，火了之后各种文化人拼了命地往武夷山扎，茶红是非多，各种背离事实的说法在大街上裸奔，反而把原本很简单的事情弄复杂，或是把应该要很细致了解的事情给粗暴化了。而要讲顾渚紫笋的故事，就不得不从《茶经》入手。

举例来说，现在讲到中国茶的起源，许多人一开口就是"《神农本草经》说，神农尝百草，日遇七十二毒，得茶而解之"。然而实际上，《神农本草经》讲的是"苦菜"，没有任何可靠证据指向茶，较早出现类似说法的应该是清代陈元龙的《格致镜原》[1]，那已经是很后面的材料了。

又如现在教茶的老师们常说，茶在周武王的时代已经作为贡品朝贡了，他们的根据是《华阳国志·巴志》。《华阳国志》成书于东晋，《巴志》是地方志，写了巴地的发展沿革：最早可以上溯到唐尧、大禹治水时期，到周武王灭商后，分封其宗亲子爵在此，已经是远地封国的最大爵位了，接着又介绍当时（东晋）巴地的疆界、物产、贡品等，贡品包括了丹漆、茶、蜜、灵龟等。虽然讲到了茶叶上贡，但说的显然不是周武王的时代。

还有一种说法：西汉王褒《僮约》记载有"武阳买茶"，说明西汉时期中国四川一带已经有茶叶贸易了。然而，《僮约》"武阳买茶"的最早记载来自唐代类书《初学记》，更早的本子《艺文类聚》里却没有相应内容。这个"武阳买茶"究竟是西汉的原文，还是西汉到唐宋的传抄过程中被润色、后来添加上

---

[1]《格致镜原》："《本草》：神农尝百草，一日而遇七十毒，得茶以解之。今人服药不饮茶，恐解药也。"（卷21）古代叫"本草"的书非常多，陈元龙所说的《本草》不是《神农本草经》。

啄木岭山径

的内容，实则是不得而知的。[1]

  《茶经·七之事》搜集了陆羽以前的诸多茶事，可以说是比较完备了。甚

[1] 关于饮茶的信史，我们认为应当保守一些，目前可靠的材料大约只能支撑到东汉末年。有人
  举西汉景帝墓汉阳陵的外藏坑随葬品中出土的茶叶为证，佐以王褒《僮约》"武阳买茶"的
  内容，说明西汉时期中国人已经开始饮茶了。为此，我们专门请教了安徽农业大学茶树生物
  学与资源利用国家重点实验室的刘琳琳老师，查找到宣称汉阳陵墓中出土最早茶叶的论文
  "Earliest tea as evidence for one branch of the Silk Road across the Tibetan Plateau"。该论文利用
  质谱鉴定技术，对外藏坑出土样本内含物与植硅体进行分析，鉴定出咖啡碱和茶氨酸等物质，
  据此推测样本为茶叶。刘老师指出，根据论文提供样本形态及茶氨酸等标志性代谢物，基本
  可推测样本为茶制品（或茶科植物样本），然而，若要确定样本的具体年代，仍需其他专业技
  术辅助，例如碳十四测年法等专业鉴定技术。换句话说，汉景帝墓外藏坑出土的茶样本，是
  不是汉景帝墓的原有葬品，样品的年代究竟能否追溯到西汉，仍需要更严谨、更充分的技术
  与数据支持，仅鉴定该出土样本为茶制品或茶科植物样本，仍不足以成为西汉景帝时期已经
  开始饮茶，或者普遍有饮茶习惯的铁证。其实这里的逻辑漏洞和王褒《僮约》"武阳买茶"是
  同样的：一篇文献的后世版本中有这句话，不代表这篇文献的原版中就有这句话；一个墓葬
  在后来挖掘出这样东西，是否就一定能说明它下葬当年就有这样东西？或许我们可以再审慎
  一些。至于近期在山东邹城邾国故城遗址西岗墓地战国早期一号墓"新发现"的所谓茶叶炭
  化物残留，从样本形态、各项指标测定等要素来看，恐不及汉景帝墓出土茶叶的研究证据充
  分。篇幅所限，不再展开讨论。

至其中为了凸显茶叶的历史悠久，还夹杂着些许略显牵强的内容。然而，上文所述"神农尝百草，日遇七十二毒，得茶而解之"、周武王时代茶叶上贡、王褒《僮约》"武阳买茶"等内容，《茶经》却没有收录。如果一定要说那是陆羽的遗漏，或许有些以今度昔。倘若那些内容本系晚出，又哪里谈得上"遗漏"呢？

当然，《茶经》本身并不是完美无缺。比如，有一种春秋时期的齐相晏婴也喝茶的说法，就是来自《茶经》。《茶经》转引《晏子春秋》内容，写到晏子的饮食很简单，其中有一种食物叫作"茗菜"。有些讲《茶经》的老师很高兴、见猎心喜，说中国人在春秋时代就开始喝茶了。但是，如果稍有点学术观念的话，《茶经》是这么记载没错，但也应该去溯源，《晏子春秋》实际写的不是"茗菜"，而是"苔菜"，跟茶没有半点关系，这一点在古代已经不止

当代阳羡茶园

一位学人考证过了。此外，《茶经》里面还记载着部分孤证，就是《茶经》收录了，但原作的本子里没有的内容。这些内容有可能是珍贵的材料，但也不排除是辑抄过程中产生的问题。一切的一切，在取用材料的时候，都要十分小心。

"野人"陆羽

我们回过头来看陆羽，实际上陆羽在当时就是个"野人"，野人就是平民百姓的意思。就算他和当时的这些不太得意的政客有所往来，但实际上，他们的关系也未必如我们的想象一样，是真正平等的。举个不恰当的例子，白居易的《琵琶行》写到他和琵琶女"同是天涯沦落人"的感慨，就代表他们是好朋友了吗？或者说他们的地位、对待关系平等了吗？唐代的社会阶层还是相对森严一些，很有可能以陆羽所处的社会阶层，还难以和当时的王公贵族有真正平等深入的接触。

和陆羽同时期，有个茶人名叫常伯熊。据文献记载，常伯熊喝茶很有范儿，用现代的场景来比拟，他大约出门喝茶必须穿着茶人服，用非常讲究的茶具，举手投足尽显腔调。唐人封演的《封氏闻见记》就记载着常伯熊"着黄被衫、乌纱帽，手执茶器，口通茶名，区分指点，左右刮目"[1] 的烹茶现场。虽然文字不长，却一气呵成，非常有临场感。从封演的描述来看，常伯熊的茶艺表演效果极佳，相对更受上流社会的欢迎，估计也是特别强调仪式感的那种。

有一次，陆羽也受邀到类似的场子，给同一拨上流社会的人服务煎茶，结果这些人对陆羽毫无兴趣。估计是陆羽太接地气了，穿着普通的衣服、带着简单实用的茶具就进去了，既没什么特殊的舞台效果，又不怎么有戏剧张力，最后人家只拿了三十文钱打发陆羽，"酬煎茶博士"。用现在的话说，这些人应该不太看得上陆羽，随便掏了两三百块给他，把他当泡茶小弟一样打发了。据说陆羽很不高兴，作了一篇毁茶的小文章。这篇文章现在没有流传下来，是不是融进《茶经》的哪个部分了，现已不得而知。

---

[1] 封演《封氏闻见记》，卷6。后不复注。

当然，关于这篇文章学界是存在争议的，谓陆羽这么爱茶怎么会毁茶呢？我想，陆羽所想表达的，没准儿是"现在人都不好好喝茶，专搞那些花里胡哨的舞台表演，只会攀比茶器，只会卖弄玄虚，真正的茶喝不懂，又不虚心学习，尽搞这些不实在的，如果这股歪风不即时纠正，终有一天会把茶给毁掉的"这类内容吧。《茶经》里面有"茶有九难"，估计就有点这个意思。当然，这也是推测的。

陆羽走的路子，很可能和当时上流社会的偏好不太一样，而且有点难以兼容。法门寺地宫出土的金银器茶具，在陆羽的《茶经》里就只字未提。很可能是他所处的社会阶层接触不到那样的贵族，不知道贵族用的器具是什么样的，所以没有记录。当然我们也可以很伟岸地理解陆羽，替《茶经》找个台阶下，说陆羽觉得这些东西都是末流，有点春秋笔法地不去提它们。

现存的《茶经》版本很多，但母本大都来自南宋咸淳九年（1273）左圭辑刊的《百川学海》本。南宋是1279年灭亡的，到1273年这个时间，已经接近元代了，距离陆羽生活的时代（约733—804）相差约五百年。对于一个未刊刻、靠传抄流通的文献来说，五百年间什么事情都可能发生。换句话说，其中有些内容没准儿是后人调整，甚至增补过的。像北宋的陈师道曾修订过一个《茶经》的版本，陈师道是"苏门六君子"之一，和苏东坡、黄庭坚等人交往甚密。据陈师道的记述我们可以发现，他所处年代的《茶经》内容和现通行的《百川学海》本又有些不同。特别是《茶经·七之事》以后的内容，可能出自陆羽，也可能不是，至少在陈师道的记录里付之阙如。所以，我们在识读《茶经》时，也要更严谨一些。

始作俑者

那么，陆羽又怎么成为阳羡、顾渚贡茶的罪魁祸首了呢？

宋代词人李清照和她的丈夫赵明诚都非常爱茶，他们的联合著作《金石录》收录了从上古到唐五代的很多石刻文字，其中有块碑叫《唐义兴县重修茶舍记》记载了宜兴（义兴）茶叶上贡的始末：大约在唐代宗永泰元年到大历三年之间（765—768），有宜兴当地的山僧献佳茗给时任常州刺史的李栖筠。李栖筠组织茶会品尝，陆羽也列席其间。陆羽称赞宜兴（阳羡）茶"芬香甘辣冠于他境"[1]，认为应该进献给皇帝，于是李栖筠听从了他的意见，把茶叶进献给了唐代宗。当时上贡的量还不小——"始进万两"（约828—840斤）[2]，阳羡茶由此便成为唐代的贡茶，年年上贡，妥妥的强制性的任务。

不但如此，这个强制摊派的工作还波及了顾渚山南面的长兴。唐代宗因为宜兴每年要上贡的茶叶数量巨大，"遂命长兴均贡"[3]，让长兴也帮忙分担。根据宋代的湖州方志记载，从大历五年（770）起，宜兴、长兴两地的茶叶分开制作，每年都有固定要完成的额度，禁止私自出售。各乡的茶芽都统一集中到顾渚山焙制，由常州、湖州两地的刺史分管，浙西观察使总管。现在的顾渚山啄木岭修了座"境会亭"，相传每年的修贡任务告一段落之后，地方上的官员、社会名流会受邀到此聚会，称作"茶山境会"。早期的茶山境会以品茶、赋诗为主，而到了晚唐末世，基本就变成灯红酒绿的歌舞欢宴了。

陆羽和李栖筠之所以被刻在石碑上检讨，主要还是因为地方修贡劳民伤财，经常搞到百姓苦不堪言，实在是无事生非。孔子批评"始作俑者，其无后乎"，就是这个道理。有时候，一个人从无到有地做一件事情，对于初始的状况而言也许不算什么，但这件事情若成了惯例，就反而变成了后来者的负担。贡茶就是这样的，本来茶叶在山林之间，老百姓想喝就采制，自饮、送人或买卖都是挺好的，一旦成为贡品，就变成强制性任务了。李栖筠第一年是"始进万两"，那第二年呢？肯定不能比万两少，只能比万两多，或者至少跟万两持平。那李栖筠卸任之后的下一任常州刺史呢？肯定不能比李栖筠少，只能比李栖筠多，或者至少跟李栖筠持平。这样一年一年，一代一代，贡茶就渐渐成了当地百姓沉重的负担。唐宪宗元和八年（813），李栖筠上贡阳羡茶40多年后，他的儿子李吉甫作《元和郡县图志》。书中记载，贞元（785—805）以后，顾

---

[1] 佚名《唐义兴县重修茶舍记》，载赵明诚《金石录》，卷29。后不复注。

[2] 根据《中国科学技术史·度量衡卷》，唐代每两约合41.4—42克，则万两茶叶约合414—420千克，828—840市斤。

[3] 参见嘉泰《吴兴志》，卷18。

当代境会亭

渚山"每岁进奉顾山紫笋茶，役工三万人，累月方毕"[1]。做个贡茶要动用三万人，可见其规模之大，殃及之广。

也正因此，《唐义兴县重修茶舍记》的作者很气愤："后世士大夫，区区以口腹玩好之献为爱君，此与宦官宫妾之见无异。而其贻患百姓，有不可胜言者！"如果把上贡茶叶当作爱君的话，不过是宦官、宫妾档次的肤浅见解而已，而这样的行为给百姓带来的祸患，却不是言语所能表达的——点名批评陆羽和李栖筠。当然，这篇文章主要的批评对象不是陆羽，而是李栖筠："（陆）羽盖不足道，呜呼！孰谓栖筠之贤，而为此乎？"陆羽这个身无功名的普通百姓也就算了，李栖筠这么贤能的一个人，怎么能做这种事情呢！其实，历史上因这类事情被点名批评远不止他们二人，宋代的丁谓、蔡襄，元代的高兴父子等也都有类似的评价。

再回到陆羽。从以上材料抽丝剥茧，不难发现，陆羽的社会地位其实相对普通，那他又怎么成为"茶圣"呢？其实陆羽早期是被当作茶神而非茶圣的。唐宋时期，许多茶馆、茶店把陆羽的形象塑成泥偶供奉起来，称他是茶神，估计和现在的土地公或财神爷有点类似。但陆羽的茶神并不好当，也要讲究"有

[1] 李吉甫《元和郡县图志》，卷25。

求必应"。当时的人交易有成便供奉茶水、好生伺候，要是客流量小了或卖茶卖不好了，就拿茶水浇他。

当然，也正是因为陆羽没有功名在身，又不迎合当时的权贵、不装腔作势，很踏实地了解当时的茶，从实践中得真知，才奠定了他在后世的地位。反观当年名气不比陆羽小的常伯熊，现在反而少有人知了。总而言之，陆羽对茶的理解是建立在实际历练的经验上，是反复推敲所得来的，这也是他与《茶经》能在历史的漫漫长河中发光发热的重要原因，也是最值得我们后世学习的地方。

"急程茶"

现在人讲绿茶必称"明前"，一般来说，我们把清明节前采制的茶叫作明前茶。然而在唐代，"明前茶"是要让皇帝在清明节当天的清明宴上能够喝到的。如果只是清明前几天采制，按古代的快递条件推算，肯定到不了皇宫。为了保证贡茶能在清明节之前进宫，负责修贡的湖州、常州刺史常常在春分时就要亲赴顾渚山准备，而第一批贡茶做完从顾渚山加急运送到长安，路上约莫要十天的时间。换句话说，这批贡茶最晚在清明之前十日就要采制完成，如李郢所说的："十日王程路四千，到时须及清明宴。"[1]

当代，我们的茶树经过品种不断选育、改良，产生了许多无性系的早发品种，如福鼎大白、龙井43号、乌牛早等，在春分前后甚至更早时间就能大量收成，故而现在的"明前茶"比比皆是。唐代却不行，当时都是原生的老品种茶树，这些茶树是种子繁殖的，萌芽不如选育的品种早。在茶区，它们一般被称作菜茶、土茶，专业一点的说法叫群体种。江浙的群体种茶树萌芽较迟，采摘期大概在清明前后。如遇天气温暖，则可能早几日采收，却很难提前到春分时有茶可采，即便有，产量也非常有限，这也是当时明前茶的珍贵之处。

然而，皇帝的清明宴不等人，清明节前十日第一批贡茶就要发货，这是死命令，一旦逾期就影响到清明宴，会出大事。所以，负责修贡的官员常常会

---

[1] 李郢《茶山贡焙歌》，载《全唐诗》，卷590。

面临"阴岭芽未吐，使曹牒已频"[1]的压力。已经提前安排、万事俱备了，就是茶还不发芽，谁来都没有办法逆天。皇帝要在清明宴享用上当年最新鲜的贡茶，产区可能得连续几天挤牙膏，一天挤一点，好不容易才凑齐所谓的"明前茶"。

不但如此，在这之间还曾衍生出"争宠"的情况。湖州、常州两地的贡茶"分山析造"，于是就争着比早。两拨人马，两边都是赶着采制，又快马加鞭、夜以继日地赶路，争看谁先送到长安，以便在皇帝面前邀功。唐德宗贞元八年（792），为了改善这种内卷的情况，时任湖州刺史于頔还专门写信给常州地方官员，商量着想要两地都缓几日交茶。到了唐文宗开成三年（838），湖州刺史杨汉公又专门上表，请求在旧有的时限基础上再宽限三五日。

当然，官员们也不是木头，不排除会有"上有政策，下有对策"的情况。《旧唐书·文宗本纪》有这么一则史料，似乎就揭示了其中的某种"操作"：

> ［大和］七年春正月……故书，吴、蜀贡新茶，皆于冬中作法为之，上务恭俭，不欲逆其物性，诏所贡新茶，宜于立春后造。[2]

唐文宗大和七年（833）以前，江浙、四川地区上贡的新茶，都是在冬天就"作法为之"。官方说法是，文宗不希望违逆茶树的生物学习性（茶树春天发芽），就下诏让上贡的新茶要在立春之后再开始制作。可能有人会问，冬天怎么能出产新茶呢？在自然状态下当然不行，但人为不是没有操作空间的。比如宋徽宗就曾经在腊月的时候喝上了新茶，只不过他所喝的"新茶"，靠的是人工催熟茶树和新旧茶叶混杂才达到的。这样的茶好不好喝，答案显而易见。这些情况大概正应和了卢仝《七碗茶歌》的讽刺——"天子须尝阳羡茶，百草不敢先开花"[3]，皇帝急着要喝阳羡贡茶，自然界的花花草草都不敢先开花。哪里是"不敢先开花"，明明就是人难以胜天，还在那边作天作地啊！

---

［1］ 袁高《茶山诗》，载胡仔《苕溪渔隐丛话·后集》，卷11。
［2］ 刘昫等《旧唐书》，卷17下。
［3］ 卢仝《走笔谢孟谏议新茶》，载《玉川子诗集》，卷2。

当代顾渚茶

如果你走过顾渚山，并且尝到过顾渚山的好茶，就会由衷地感叹，茶圣陆羽点赞的茶山，绝对不是凡品。《茶经》说"上者生烂石"，顾渚山就是座妥妥的石头山。现在山上大多种竹子，竹林下面经常可以发现大大小小的茶树，应该是种子繁殖的原生种，就是当地说的土茶。顾渚山其实是个倒凹字的形状，开口朝东南方，斜对太湖。凹字的开口处是大唐贡茶院的所在。现在的大唐贡茶院离唐代时的贡茶加工厂不远，是新盖的建筑物，也是个观光景点了。顾渚山当地称两山之间的山沟沟叫作"岕"，读音jiè（界），但当地人念kǎ（卡）。受到明代诸多文人追捧的罗岕茶、岕茶，也是来自大顾渚山茶区。然而，现在的顾渚山处处是民宿，很难看到古代茶产业的辉煌，只能望着漫山遍野自然生长的茶树遥想一番了。

2020年，因为新冠肺炎疫情的影响，山上的民宿没有生意，倒是给了我一个机会，做了一款顾渚紫笋茶。茶的原料来自大唐贡茶院附近的叙坞岕，选用的就是顾渚山原生的群体种茶树。从前，当地的民宿业主也多是种茶、务农的，自民宿生意应接不暇后，山上的茶园也就渐渐荒废了。这些老茶园的位置处在深山中，品种还是当时用种子种下的土茶。在顾渚山上找土茶其实不难，路边就有，但路边的土茶品质相对一般。种子繁殖的茶树受环境影响很大，要深山里的才好，若是普通茶园出来的土茶，品质兴许还不如后期选育的良种。

当今的顾渚紫笋是什么滋味呢？那次我们没有采用唐代蒸青团茶的工艺，而是尊重明清以来的做法，用炒青散茶的方式来表达。或许有些人会觉得一定要用类似唐代的工艺才能叫顾渚紫笋，我们倒是觉得，工艺只是表达茶叶香气滋味的一种手段而已，什么样的工艺能够更好地把茶叶的特色与美展现出来，就是好的工艺，不必过分拘泥旧的方式。况且历史上的顾渚紫笋，唐、宋、

如紫笋一般的茶芽

明、清都是名茶，到了明代清代，它不至于还停留在唐代的工艺，难道那些就不是顾渚紫笋了吗？

不过，工艺之外，山场和品种倒是十分要紧，不能随意。顾渚山有很多石头地上的老茶树，土壤、小气候极佳，生物多样性也丰富，但也不乏少许黄土地的茶园。当然，那些黄土地往往已然改种了隔壁安吉的安吉白，或是不远处的龙井43号了，毕竟安吉白茶、西湖龙井的价格要更好。庆幸的是，那些真正深山里的石头地多数还保留着老品种的茶树，原因和上一章提到的黄山毛峰老品种一样——茶树要想在石头地上存活，更依赖种子扎根的力量。这里要特别指出的是，我们并不是说龙井43号或安吉白茶就不好——实际上顾渚山出产的龙井43号和安吉白品质很不错——只不过，当品种改变之后，那些原来专属于顾渚山的风味就会被冲淡许多。如果想要追寻顾渚紫笋的风土之味，还是选取顾渚深山石头地里出产的老品种茶树鲜叶为佳。

顾渚紫笋叫紫笋，很多人因此纠结茶叶的颜色。为了迎合这类心理需求，当地有人专门选用紫色叶子的品种来做紫笋茶。实际上，所谓"紫笋"，是指高品质的茶树鲜叶，其芽叶还十分细嫩、没有长开时所自然呈现的紫色的、如刚冒头的竹笋一样的状态。这里的重点在于嫩，在于小，也关乎山场和品种，但大前提是它得是天然的。若是后期人为选育出来的紫叶品种，除了徒有其表的紫色之外，和古人所追捧的紫笋没有什么关系。

可能是茶树野放的时间太长了，没有人工水、肥的干预，那年做出来的紫笋茶的外香不太明显，要静下来细细品尝才能感受到。但其茶汤的鲜爽和厚实度不错，还带有泉水的甘甜、些微辛辣感和一丝丝清明雨后顾渚山空气里的味道，真有几分陆羽赞叹的"芬香甘辣"，也算是市场上比较难找到的小众口味吧。第二年，我们又做了一款罗岕茶，选用了洞山罗岕村一带的老品种茶树，依然是没有拘泥明代岕茶的采制工艺，其风味表现和顾渚紫笋的调性有几分相似。不过罗岕村的土壤似乎含铁量更高，当地的土茶芽叶比顾渚山的还要细小，发芽更晚，喝起来和顾渚山茶还是有些微不同。

太过小众的茶，凭空形容口感实在是难以形成真正的交流，既然没办法让大家喝到，多言也是无益，只能对书兴叹了。

浑盂

梅荘禅师铭

今茶盞尘寓在

径三寸五分

深一寸

芳遑

　　唐代名茶主要在四川和江浙地区。四川蒙顶山的茶声名赫赫，之后，名茶的中心则渐渐转向了江浙的阳羡、顾渚山一带。那么宋代呢？宋代的第一名茶又向南移动，移到福建路的建州，也就是现在福建的建瓯了。北宋宰相苏颂有诗云："近来不贵蜀吴茶，为有东溪早露芽。"[1]说的就是这种情况。其中，"东溪早露芽"指的就是建瓯的北苑贡茶。

　　宋代，建州茶之所以能取代四川、江浙茶，与其发芽更早有关。福建的纬度相对江浙更低，而凤凰山一带海拔也不算高，故而在惊蛰时节北苑贡茶便已开始正常采收了。同一时期的顾渚山老品种，纵使是第一批茶芽，也还得再等上大半个月。苏颂称赞"东溪早露芽"，突出的就是一个

---

[1]　苏颂《太傅相公以梅圣俞寄和建茶诗垂示俾次前韵》，载《苏魏公文集》，卷6。

寒食日的茶树芽叶

"早"字。而欧阳修更是直接点明"人情好先务取胜，百物贵早相矜夸"的心理需求，并公开鄙视谷雨茶——"鄙哉谷雨枪与旗，多不足贵如刈麻"[1]，说等到谷雨时节，茶树的芽（"枪"）叶（"旗"）已经像割麻一样多不足贵了。

当然，惊蛰说的是宋代北苑贡茶，而非当代的福建白茶的生产时节。当代的福建白茶，按产地、品种、采摘等级的不同，其春茶大约从春分前后开始，一直持续到谷雨、立夏时节。按照我的工作安排，差不多是顾渚山的工作告一段落之后再往福建去，这个时间差不多就到清明之后了。

北苑贡茶

说福建白茶之前，有必要先说说北苑贡茶。

宋代北苑贡茶的主产区在建瓯一带。建瓯现在是一个县级市，行政区划上

---

[1]　欧阳修《尝新茶呈圣俞》，载《欧阳文忠公集·居士集》，卷7。

属于福建省南平市。南平出好茶。说南平大家可能不太熟悉，但若是爱喝茶的人，听到武夷山、建瓯、建阳、松溪、政和，乃至浦城，应该不会陌生。在当代的行政区划上，它们都属于南平市。武夷山出武夷岩茶、正山小种；建瓯曾出北苑贡茶，现在建瓯的矮脚乌龙也有一定的名气；政和、松溪、建阳都是著名的白茶产区，政和白茶、松溪九龙大白、建阳小白和水仙白也都各领风骚，其中建阳水吉还是著名的茶树品种"水仙"的发源地；而浦城由于其丹桂飘香，也是桂花窨制茶的重要产地。

著名历史学家陈寅恪先生曾言："华夏民族之文化，历数千载之演进，造极于赵宋之世。"[1]可能是宋代文化实在是魅力惊人，也可能是陈老先生这句话太过深入人心，当代兴起了一股宋朝热，也影响到了茶行业。从前人喝茶，只要好喝就好，而现在人喝茶要显得有文化。故而，为一款茶深挖历史背景，以丰富其文化内涵，就成了非常重要的工作。在这样的背景下，宋代最热的北苑贡茶，自然是每款闽北茶都想要攀一攀亲戚的。

较早开始攀亲北苑贡茶的大概是武夷岩茶。曾经有一段时间，做武夷茶的人一提到武夷岩茶，就要跟北苑贡茶紧密挂钩，托一托历史渊源，甚至拿出范仲淹、苏东坡的诗句来自圆其说，表示武夷山属于宋代北苑贡茶的主产地。像"溪边奇茗冠天下，武夷仙人从古栽"[2]"武夷溪边粟粒芽，前丁后蔡相笼加"[3]就是例证。实际上，这些大文豪所讲的"武夷"，根本不是现在的武夷山。南宋胡仔就有专门的考证，指出北苑贡茶"每岁造贡茶之处，即与武夷相去远甚"[4]，更批评苏东坡《荔支叹》误指"武夷"，而当时的武夷根本还没有茶。

至于建瓯出产北苑贡茶的凤凰山，依照蔡襄《茶录》、宋子安《东溪试茶录》等文献的记载和相关考古发掘，宋代凤凰山应该位于松溪（建溪的支流，即《东溪试茶录》之"东溪"）南岸，建瓯市东峰镇裴桥村焙前自然村后龙井

[1] 陈寅恪《邓广铭宋史职官志考证序》，载《金明馆丛稿二编》，第277页。
[2] 范仲淹《和章岷从事斗茶歌》，载《范文正公文集》，卷2。
[3] 苏轼《荔支叹》，载王十朋《王状元集百家注分类东坡先生诗》，卷10。
[4] 胡仔《苕溪渔隐丛话·前集》，卷46。

北苑茶事石刻

遗迹中的群山之中。那一带林垅山乘风堂侧至今仍留有宋仁宗庆历八年（1048）蔡襄修贡期间，柯适留下的石刻，字迹清晰可辨，可与历代方志的记载相印证。可惜的是，当代地图多数将凤凰山标注在松溪北岸与焙前村隔江相望的某座海拔更低的山峰。山上还建有一座茶神庙，2022年3月，我们最近一次去当地时，里面的《北苑遗址分布示意图》仍以溪北为凤凰山，大有误导之嫌。

　　从我们实地考察的情况看，松溪南岸的山场环境要明显优于北岸，两地的差距基本符合蔡襄《茶录》所述："唯北苑凤凰山连属诸焙所产者味佳，隔谿诸山，虽及时加意制作，色味皆重，莫能及也。"[1] 松溪北岸的当代地图上标注为"凤凰山"的地方，在宋代实属于"外焙"，即今日外山茶之意。对此，宋子安《东溪试茶录》说得更为明确："北苑前枕溪流，北涉数里，茶皆气弇然，色浊，味尤薄恶，况其远者乎？"[2] 北苑面对着溪流（松溪），往北步行几里，茶叶的品质便大大降低。有意思的是，北苑西北方向、松溪以北距离河岸不远处还保有一小片"百年乌龙"茶园，与诸菜地相接。这片占地约15亩（10000平方米）的茶园因为种植有6000多株矮脚乌龙老茶树，成了众多茶人的"朝圣"之所。

［1］ 蔡襄《茶录·味》，载宋珏《古香斋宝藏蔡帖》，卷2。
［2］ 宋子安《东溪试茶录·序》。

为什么福建茶在唐代还默默无名，到了北宋却红红火火呢？其实，北苑贡茶的基础，是五代时期闽国的皇家茶园。这片茶园主人本来姓张，唐朝末年由当地大户张世表开基立业，快速累积资产，在凤凰山一带拥有方圆约三十里的茶园，之后由他的孙子张廷晖继承下来。五代时期战乱频仍，福建地区也难以幸免，尤其对茶这类非民生必需的产业冲击更大，使得茶园经营难以为继。可能是谋生不易，也可能是为了要保存茶园，闽王龙启年间（933—935），张廷晖索性将凤凰山的茶园悉数献给闽国，后来这片茶园成为皇家茶园。当地老百姓有感于张廷晖对茶行业的贡献，将他供起来，称为"茶焙地主"[1]，也就是茶焙的土地神。宋代的北苑贡茶也是在这个基础上发展起来的。

宋徽宗赐名？

不知道是不是因为不少文化人喜欢跑武夷山，而武夷山和建瓯凤凰山的关联又太过薄弱、很容易被戳穿，这几年做武夷岩茶的人们已经不大攀亲北苑贡茶了。他们把目光转向了南宋的大学者朱熹——朱熹在武夷山生活过很长时间，与武夷茶的关系更为紧密。虽然朱熹本人喜欢的应该也是建瓯的北苑贡茶，但至少他和武夷山还是有些渊源的。

那么，北苑贡茶跟现在的福建白茶又有什么关系呢？答案是没有关系，八竿子打不着。很多朋友听到这个答案可能会很讶异，不是有的做政和白茶的茶企、传承人还以宋徽宗为名推广白茶，甚至说宋徽宗因为喜欢这里的白茶，才将自己的年号"政和"赐给当地的吗？这可能有点证据不足了。

根据相关文献的记载，政和原本是福州宁德县的一个镇，叫"关隶"；宋真宗咸平五年（1002）升格为县，改属建州；到宋徽宗政和五年（1115）又改名为"政和"。[2] 然而，产茶的山场位置、帝王的喜好和地方的赐名未必有直接的关联。宋代的政和是否产"白茶"、宋徽宗是否赐县名，历史上尚未发

[1] 何乔远《闽书》，卷13。
[2] 参见欧阳忞《舆地广记》卷34、王象之《舆地纪胜》卷129。

05 福建白茶：宋徽宗也不知道这个味儿 (71)

松溪以南的甘源烂石岭茶园

现靠谱的材料，唯一能确定的就是"政和"之名确乎是在政和年间改的。但要由此进一步推演，无疑需要更多的证据支撑。再翻看1994年的《政和县志》，只是将宋徽宗喜爱白茶而赐名的故事列为"民间传说"[1]，便可知其端倪了。

北宋就有白毫银针？

2009年，陕西蓝田的吕氏家族墓园出土了一件铜渣斗。蓝田吕氏是北宋的望族，历史上比较出名的是吕大忠、吕大防、吕大钧、吕大临四个兄弟，合称"蓝田四吕"。其中，大忠、大钧、大临都是北宋大儒张载的学生。吕大临是金石学家，对学术很有贡献；吕大钧在家族的支持下，为吕氏家族订定了《吕氏乡约》，这也是中国现存最具代表性的民间自主性的规约之一；吕大防则是北

[1] 参见政和县地方志编纂委员会《政和县志》，第3、223页。

松溪北岸的"百年乌龙"茶园

宋著名的政治家、外交家，曾在宋哲宗元祐年间（1086—1094）拜相。陕西蓝田的吕氏家族在北宋时期不管是政治上还是学术上，都是非常有影响力的地方望族。这件出土的铜渣斗来自吕大圭与其原配夫人张氏的合葬墓。根据墓志铭记载，吕大圭于宋徽宗政和六年（1116）去世，享年86岁，其妻张氏则相对早亡，宋神宗熙宁六年（1073）去世，隔年下葬，享年45岁。

渣斗是一种用来盛装食物残渣或者唾物的容器，一般是喇叭口，宽沿，深腹，乍一看有点像痰盂。宋代的宴席上会摆放渣斗来盛装食物残渣。如果以之盛废弃茶水、茶渣等，则它也可以作为一件茶器，作用类似现在茶席上的水方。这件出土渣斗的特殊之处在于里面的使用痕迹相当明显：扣于斗口的平底钵内附着了清晰的茶叶痕迹；斗口、颈、内壁有茶汤倾入时所留的渍迹若干；更特别的是，它的内底及腹壁上还粘贴散布了10余枚茶叶叶片，看起来很像全芽头的散茶。[1]

---

[1] 参见陕西省考古研究院等编《蓝田吕氏家族墓园》，第510—511页。

蓝田吕氏家族墓园出土铜渣斗（陕西历史博物馆藏）

这个考古发现可不得了，那些茶叶看起来就有点像白毫银针，加上北宋有重点茶区南移到福建的背景，宋徽宗又喜欢喝"白茶"，如此种种，开始让做白茶的人不淡定了，政和的说是政和的白毫银针，福鼎的也拿来说是福鼎的白毫银针。这有可能吗？当然不可能。我们只能说渣斗附着了芽茶的茶渣，极大可能说明当时人也喝散茶、芽茶，并非清一色的饼茶、研膏茶，这与《文献通考》《宋史·食货志》等相关文献的记载也是相符的。然而，在最近几年宋朝热的商业氛围之下，为了给自己的茶叶加分，不可能也要说成可能，尽管宋徽宗当时的白茶和现在的白茶根本不是一个东西。

宋徽宗的"白茶"

从文献记载可以发现，宋徽宗当时的"白茶"是很可笑的，或者说从政治的角度来说，其实是很可悲的。宋徽宗是个道教徒，迷信祥瑞。他喜欢

"白茶"，有一点重要原因，是他认为白茶乃"崖林之间，偶然生出"，"非人力所可致"[1]。茶树本来应该长绿叶，却天然长出了白色的叶子，这种异乎寻常的情况似乎代表了某种上天的征兆。宋徽宗应该是倾向于把它解释成因为自己在政治上的成功，国泰民安了，所以上天变易出不一样颜色的茶叶来表彰。我们回看靖康之乱的历史，自然能轻易地感受到其中的讽刺，但宋徽宗本人却未必知道。

宋徽宗有个臣子叫郑可简，很清楚皇帝的喜好，便总是想办法搞出点特殊、带有祥瑞象征的东西来迎合他。曾慥《高斋诗话》就记载着这样一段故事：

> 郑可简以贡茶进用，累官职至右文殿修撰、福建路转运使。其侄千里于山谷间得朱草，可简令其子待问进之，因此得官。好事者作诗云："父贵因茶白，儿荣为草朱。"而千里以从父夺朱草以予子，诮诮不已。待问得官而归，盛集为庆，亲姻毕集，众皆赞喜。可简云："一门侥幸。"其侄遽云："千里埋冤。"众皆以为的对。[2]

郑可简给宋徽宗做贡茶，茶的叶子本该是绿色的，但郑可简做出了工艺特别精细，又莹白如雪的茶，号"龙团胜雪"，和别人都不一样。而当时的"白茶"究竟是什么？有人说是极为细嫩、带着白毫的芽茶，有人说是某种白化茶。不管是什么，郑可简进贡的茶叶很受宋徽宗的认可，他本人也因此官运亨通。有一天，他的侄子郑千里在山间发现了一株红色的草，郑可简马上让他的儿子郑待问进献给宋徽宗，他儿子便因此得了官。当时民间有人作诗讽刺："父贵因茶白，儿荣为草朱。"郑可简的儿子得官了，就开心地举行宴会庆祝，把各路亲朋好友通通招来，让大家给他助兴。郑可简应该是很开心，便在宴会上故作谦虚地说他们父子是"一门侥幸"，而真正发现那株红草的郑千里自然是不开心了，便马上接话说："千里埋冤。"人们觉得这个对子——"千里埋冤"对

[1] 赵佶《大观茶论·白茶》。
[2] 《高斋诗话》已佚，转引自胡仔《苕溪渔隐丛话·前集》，卷46。

"一门侥幸"——对得极好,这事儿便被记录下来了。这是当时关于宋徽宗"白茶"的一段插曲,也反映出北宋末期社会政治的许多不堪。

回到现在注重宣传的商业模式,只要宋徽宗有流量、宋代有流量,拿现在的白茶向宋代靠一靠又怎样呢?这听起来似乎无伤大雅。然而,纵观当代中国的茶行业,这类违背基本史实的说法已然太多了,它们肆无忌惮地蔓延。如果我们都抱着无伤大雅、大差不差的心态,大约中华茶文化也没多少继续发展的空间了。过上个几十年一百年,后来者再回看这段历史时,又将如何看待现在的我们呢?

可以很负责任地说,现在的白茶,不管是政和白茶还是福鼎白茶,或是松溪、建阳、柘荣的白茶,和宋徽宗时代的"白茶"基本没有什么关系。首先,从制作工艺上来看,宋代的团茶是以蒸青工艺为主,如果用现代六大茶类的划分,应该比较接近紧压形态的蒸青绿茶。其中,北苑贡茶的大部分产品工艺繁复,不少还会研磨成类似茶膏的形态再压饼,和当代白茶的工艺相去甚远。其次,宋代主流审美是茶色贵白,"白茶"说的就是白色的茶,其最终产品,特别是点茶之后的茶汤要是白色的,而当代白茶并没有这种对色泽的片面追求。宋代的"白茶"之所以会呈现白色,有的是因为采用了叶片自然白化(白化茶)的原料,有的是因为在工艺上做了调整,还有的则是靠后期人为添加米粉、薯蓣、楮芽等"增白剂"才达到的,并不都是宋徽宗所天真地认为的"非人力所可致"。

当代的白茶无论是和宋代的北苑贡茶,还是和宋徽宗的"白茶",都没有什么直接关系,宋徽宗也不知道这个味儿。当代白茶也实在没必要攀亲宋代——福建白茶,仅凭它自身,便有丰富的内涵、足够的魅力,作为中国茶的重要组成部分,和其他茶一起塑造中国茶的传统。

茶旗

清風

绿林鼓茗遊　负郭占旷地　亭仙通

高约尋丈之久之偽地清風之尺尖与供偉帏晋左右之沾文柱州林時費領花三宅貞荷

福建白茶：我很年轻，又如何？

06

福建白茶，乃至整个福建茶，在中华茶史上都属于相对年轻的茶类。中国茶饮发展较早的应属西南地区，如今的四川、重庆、云南一带，其中，云南边境还是茶树的原产地；其次则是苏南、浙北、湖南、湖北一带，像浙江宁波、绍兴、湖州、江苏扬州、南京，安徽宣城，湖南常德等地，都是魏晋南北朝时期就有相关文献记载的。此外，广东、广西也有一定的茶叶出产记录，不过有些文献说的其实是苦丁茶，而苦丁茶不属于真茶类。至于福建地区，其产茶历史则会相对更短一些，一直到《茶经·八之出》提起福建时，也只是说"未详，往往得之，其味极佳"。

福建白茶是福建茶中的后起之秀，其历史之短，不要说宋代，连明代也没什么特别靠谱的记录。当然，如本书序文所言，就茶叶而言，历史短其实并不是什么问题。当代中国茶的许多优秀作品，其综合实力完全不输古代任何一个时期的代表性名茶，我们不必要将"历史悠久"作为评判一个茶类好坏的重要标准。好茶的标准永远在于地道的品质、道地的风味，至于其他，都是附属。

福建白茶就是这样的。它好喝，它有特色，那么年轻又有何妨呢？

"生晒"

提起白茶的起源，不得不说到明代的田艺蘅。田艺蘅《煮泉小品》（1554年）曾言：

> 芽茶以火作者为次，生晒者为上，亦更近自然，且断烟火气耳。况作人手、器不洁，火候失宜，皆能损其香色也。生晒茶瀹之瓯中，则枪旗舒畅，清翠鲜明，尤为可爱。[1]

因为文中提到了"生晒"，不少人就认为此是当代白茶制法的雏形。然而，这样理解可能有些牵强附会。现在的制茶工艺是一套完整的操作体系，是有逻辑和原理的。可能某种茶类在创制初期会有些不完善的地方，但雏形还是在的。举个不太恰当的例子——就好比臭豆腐和豆腐，臭豆腐有一套专属的制作流程，和豆腐放臭掉不一样。我们不能说放臭掉的豆腐就是臭豆腐，它们根本是两种不同的东西。

可能是福鼎白茶名声响亮的缘故，现在的白茶宣传中很讲究一个"晒"字。白茶的宣传照往往是航拍的山冈、饱饱的日光、大大的晒场、铺得满满当当的茶叶，让人一看到白茶就联想到"日光的味道"，暖意十足。这样的宣传用来做营销效果是很好的，但实际情况怎么样就不好说了。撇开好天气是否稳定、长期可得，场地、人力是否足够的问题，单纯讨论工艺，白茶也并不仅仅是"晒"这么简单。即便是晒（日光萎凋），也要选择阳光和煦、气温舒适且

---

[1] 田艺蘅《煮泉小品·宜茶》。屠隆《考槃余事》亦云："茶有宜以日晒者，清翠香洁，胜以火炒。"（卷4）

政和杨源乡茶园

有微风的环境，避开太阳的直射来进行。且仅凭晒也不可能真正将茶叶晒到足干，后期还是要进行堆积（或称堆放、养青）、干燥等工艺环节的处理。而有些地区，比如政和，因为山区天气不稳定，其传统便是采用阴干（室内萎凋）为主的方式的。

茶法自然。无论是日光萎凋还是室内萎凋，白茶大约还是以自然萎凋为上。对于现代所谓高科技模拟自然环境的设备所做出来的茶，无论其论证多么精密、设备多么精良，最终还是要以成茶的品质说话，否则就背离了科学研究的实证精神了。而对于成茶品质的鉴定，成分分析、实验数据固然可以作为参考，但更具发言权的还是在末端——喝茶人的品饮感受。就我个人这些年的经验而言，尚没有科学设备或人为模拟的环境可以做到完全代替自然，白茶也不例外。

堆　积

关于白茶的制作工艺，教科书上一般只写萎凋、烘干两道工序。然而在实际操作层面，在萎凋（不论日光萎凋或室内萎凋）之后，会将尚有一些水分的茶进行堆积，目的在于促进茶叶微发酵，使青气沉降、转出甜香。堆积的时间长短不一，有六七日者，也有长达半月，甚至一两个月者，端看制茶师的理解与判断。现在市面上许多新白茶汤色泛白、青气高锐，喝了容易胃疼、身体发冷，大概就是茶的萎凋不足，或者堆积时间不够，茶性未及转化所致。

不过，堆积之于白茶制作是一把双刃剑，对于"度"的把握要求十分精到，过与不及皆是灾难。有些白茶过度强调堆积的作用，不论前期是否做过自然萎凋，都以堆积解决青气的问题，甚或是茶青的含水量尚高即开始堆积，让茶在湿热作用的环境下转化。这种茶大多有明显的闷味，或是茶汤发红，又或者叶底有明显的夹生气味，然茶汤除了轻微的苦涩之外，空空如也。类似的工艺也被应用在白茶做旧的技术上，可以让茶快速衰老、提前进入"七年宝"的销售状态。

真正的老白茶，茶汤的香气必须纯正，采摘等级高的白茶则带有类似豆浆味的毫香。和多数的"老茶"不同，自然存放的老白茶初开汤的汤色不深，待回冲三四次后，汤色才渐转红润，老茶的浑厚感渐显。而做旧的茶则恨不得让人不知其老，开汤的汤色就发红发褐，气味浓郁，而三四泡后就滋味平淡甚至索然无味了。

当代白茶的起源

现在这种以萎凋为主的白茶工艺，不管是日光萎凋还是室内萎凋，都是让茶叶在一定条件的环境下均匀走水、自然干燥的制作方式。而这种白茶到底是什么时候创制出来的呢？目前流行的说法主要有三种：

建阳说：1990年，建阳县茶业局林今团先生通过对建阳老茶农肖乌奴及其同村饶太荣的访谈，推断白茶是肖乌奴的高祖辈在清乾隆三十七年至四十七年（1772—1782）之间创制的，发源地在建阳漳墩乡桔坑村的南坑。当时是选取本地菜茶（群体种）的幼嫩芽叶采制，俗称"南坑白"或"小白"。因其满披白毫，又称"白毫茶"。[1]

这是几个说法中断代较早，也是接受度较高的。不过，要判断是否当代白茶的起源，要点不在于茶名是否带有"白"字，也不在于茶叶是否身披白毫，而是要看是否产生了当代白茶的工艺。如清代六安茶有"银针""白茶"的等级、武夷茶有"白毫"的品名，但我们不能因此说六安茶、武夷茶是白茶。清光绪十二年（1886），郭柏苍《闽产录异》对于福建茶产介绍详尽，几乎纤毫毕现，其中提到了建阳的"水仙"茶、"乌龙"茶，但未有只言片语提到白茶。若是白茶真的在乾隆年间便有了，很难想象经过多年的发展，作为离建阳不远的福州人士、又是如此了解福建茶的郭柏苍会没有一点见闻。查1929年《建阳县志》记载建阳茶"其叶必经炒摊曝干，然后冲饮"[2]，仍然是典型的绿茶工艺，亦未提及白茶。

口述历史固然可以作为证据，但主要是在有直接证据的情况下作为旁证来辅助。单纯的口述历史，特别是对非亲眼所见事情的口述，无论述事人年龄多大、资历多老，严格说来都不足为据。我就曾亲耳听到某清代名茶的国家级非遗传承人说自己祖上从宋代便开始制作该茶了，这显然不符合历史事实。综上，建阳生产白茶的历史应没有林今团先生访谈的那么久远。

福鼎说： 陈椽先生记述，福鼎大白茶树传说是清光绪十一年（1885）左右林头乡陈焕在太姥山发现继而移植住宅附近山上的。相传陈焕当年开始制造银针，第一年仅采叶4—5斤，外形特异，卖价甚高，至光绪十六年（1890）开始外销。[3]张天福先生认为，白茶首先由福鼎创制，当时的银针是采自菜茶（群体种）茶树，约在咸丰七年（1857）福鼎发现大白茶后，

---

[1] 参见林今团《建阳白茶初考》，载《福建茶叶》1990年第3期，第40页。

[2] 民国《建阳县志》，卷4。有学者举民国《建瓯县志》里的"白毫茶"佐证，然文中只是说白毫茶"采办极精"，并未论及工艺。当时武夷茶有"白毫"之品名，福安有"绿叶白毫茶"。而民国《霞浦县志》在论及霞浦的茶产时，还曾强调霞浦所之茶"向无白毛"。推测当时可能把干茶身披白毫者统称"白毫"，应不能仅凭"白毫"二字就论断"白毫茶"是白茶。

[3] 参见陈椽《茶业通史》，第198—199页。

室内萎凋

于光绪十一年（1885）开始以大白茶芽制银针。[1]当代《福鼎县志》记载，清嘉庆元年（1796）福鼎已有"白毫银针"，是采菜茶（土茶、小茶）的芽尖制成，芽头细小，称"土针"；光绪十六年（1890）银针开始出口，光绪二十年（1894）始采大白茶为原料；而白牡丹首创于闽北水吉，后传入福鼎。[2]

陈椽、张天福关于福鼎银针的创制时间表述一致，均定格在光绪十一年（1885），当代《福鼎县志》记载的时间段也比较接近，惜均未有相关材料佐证。查当地方志，嘉庆十一年（1806）的《福鼎县志》未提及白茶相关内容，民国《福鼎县志》因兵荒散佚，仅存残卷。光绪三十二年（1906）的《福鼎县乡土志》记载当时福鼎的茶产有"白、红、绿三宗"，"白茶岁二千箱有奇，红茶岁二万箱有奇"，"绿茶岁三千零担"[3]。里面的"白茶"应该说的是"白毫"茶，当时福鼎的白毫茶以白琳的制法最精。到了民国八年（1919），福鼎在

[1]　参见张天福《福建白茶的调查研究》，载《张天福选集》，第94页。
[2]　参见《福鼎县志》（1995）第435页、《福鼎县志》（2003）第232页。
[3]　光绪《福鼎县乡土志·商务表·茶》。

堆积

"白毫"茶之外，还记载有"珠兰花、香苜莉（茉莉）"的品类，且三者都被归于白琳"工夫茶"。[1] 珠兰花、香苜莉应该是用珠兰、茉莉窨制的花茶，至于这个"白毫"到底属于什么茶类，不易判断。

　　判断一种当代茶类的起源，关键还是看是否出现相应的制作工艺。即便大白茶出现，且有"银针""白毫"之类的品名，也不能说明那些就近似当代的白茶。《福鼎县志》比较严谨，在提及嘉庆元年的"白毫银针"时，特地打上了双引号，可见《县志》的编纂者还是非常清楚相似的品名是不能代表实际的茶类的。

　　综上，关于福鼎白茶的起源，还有待进一步的考证。

　　政和说：陈橼先生指出，大白茶树最早发现在政和，一说为清光绪五年（1879）铁山农民魏春生院中野生茶树因墙圯而自然压条繁殖，一说为清咸丰年间（1851—1861）铁山堪舆者在黄畲山无意中发现。清末政和的主要茶产业以工夫红茶为主，外销欧美。光绪十五年（1889），铁山人周少白试制"银针"四箱，次年政和银针开始运销俄国，虽有获利但未成气

[1]　参见《大中华福建省地理志》，第95章。

候。直到民国初年，银针白茶才继工夫红茶而起，以外销欧美市场为主，带动了当地一波种植白茶的热潮。[1]

查1919年《政和县志》，当时政和的茶叶主要有七类：银针、红茶、绿茶、乌龙、白尾、小种和工夫；品种有两个："大白茶"和"草茶"（即群体种、菜茶、土茶）；其中，"大白茶"的茶芽名"银针"。[2]对于"银针"茶的制法，《政和县志》亦有相对具体的描述："谷雨节采，取一旗一枪者，拣之，分摊筛上，置当风处，复取晒干之。色白如银，故曰银针。晒久则色红而味逊。"可见，当时的"银针"茶工艺是自然萎凋之后再晒干，已经和当代政和白茶十分接近了。只不过这个"银针"的采摘标准是一芽一叶，而不像当代白毫银针必须是单芽。至于"谷雨节采"的时节，也和政和大白茶树品种一芽一叶的采摘期相对接近。

一款茶的采制工艺要形成体系并被地方志详细记载下来，必定经过了一段较长时间的发展，且已形成一定的规模。参照民国《政和县志》及其他相关材料的记载，陈橼先生的记述应有一定可信度。

以上为学者讨论。若是和白茶行业内的人员聊起白茶的历史，只要不打官腔的话，私下里大家倾向于将白茶的历史描述得更短，甚至说成是近二三十年的事情。这也不稀奇。一个地区所生产的茶叶并不是一成不变的，同样的原料最后采用什么工艺、做成什么茶类，关键还是看市场行情如何。这几年红茶好，大家就做红茶，绿茶好就做绿茶，花茶好就做花茶，乌龙好就做乌龙，本没有定则。在同一个茶区，"红改绿""绿改红""红绿改白"都是很正常的事情。甚至在同一茶类范围内，也有可能是哪一种茶叶卖得好，大家就做哪种茶叶。比如，我们曾在黄山毛峰核心区的旅游景点看到商家叫卖的是太平猴魁，因为这几年猴魁的价格更好，受欢迎度更高。白茶的历史虽不是只有二三十年那么短，但是进入新中国后，它火起来，确乎是最近十几年的事情。

[1] 参见陈橼《茶业通史》第198—199页，《福建政和白茶之制法及其改进管见》。
[2] 参见《政和县志》，卷10、卷17。后不复注。

福　鼎

我们开始关注到白茶其实是比较晚的。2013年我到北京读书，闲暇会走一走茶叶市场，当时北京的马连道茶叶市场已开始大量出现福鼎白茶。不只线下的实体店，卖白茶的电商也如雨后春笋一般层出不穷。那时的白茶还很便宜，北京市场上三百多元就能买到一斤相当不错的白牡丹，头春的白毫银针也就五六百元一斤。当然，那时候的电商经济还没有今日这般风靡，马连道的实体店铺还相对兴旺。那样的价格如果当年在白茶产区的人听来，应该也觉得不便宜了。白茶是福鼎捷足先登，而那时候的政和白茶还没什么能见度。

用来做福鼎白茶的茶树品种主要是福鼎大毫、福鼎大白和当地的原生群体种菜茶（当地也称小白茶）。福鼎大白这个品种很强势，不只用来做白茶，也能做成绿茶。它的萌芽期早、产量高、外形好看，和龙井43号一样占领了中国大部分的茶产区。尤其是川贵一带，当地所谓的早春茶，很多就是用福鼎大白或其他闽东一系的选育品种做成的。福鼎的白毫银针和江浙地区绿茶采摘的时间差不多，大概三月中旬就能开采。福鼎有个说法叫作"采短针"，短针就是身材肥壮的银针，"短"其实是身高和腰围的比例所造成的视觉上的短。银针的采摘大概可以分成两种：一种是"采针"，就是直接从茶树上把芽头采下来；另一种叫"剥针"或"抽针"，就是按芽叶的方式采摘，之后再经过人工拣选，把芽头单抽出来，其他的叶片另做他用。采针和剥针只是根据现实情况的选择，并没有优劣之分，有人说比较早的是采针，后期的用剥针，这不一定正确。就早春的银针来说，现在的福鼎以采针为主，而政和则以剥针居多，这与地方的气候条件也有关系。

福鼎市境内的白茶产区，大概又可以分成几个区块：

最有名的大概是点头镇。实际上点头镇的海拔不高，更偏向是茶青交易市场，中型规模以上的加工厂也多。点头镇的茶青交易市场早几年很有名，几乎年年春茶各类茶相关微信公众号都会刷屏。近年因为各种原因，高品质的茶青往往在茶山上就被收走，不需要运送到山下交易，点头茶青交易市场的地位有

茶园土壤

所下滑。点头镇之外，白琳镇的茶也有一定的知名度。其实白琳产茶的历史相对算久，明清两代，白琳茶始终是福鼎茶的代表，当地方志多有记载。民国时期，白琳又曾是福建、广东客商会聚之地、茶市之中心，福鼎全县的茶叶行情好坏，往往以白琳的市场为风向标。曾经，白琳盛产的白琳工夫红茶也是三大闽红工夫之一。如今闽红工夫相对没落、福建白茶兴盛了，白琳所产的白茶也在福鼎白茶中占有一席之地。

其次是太姥山。当地有5A级的太姥山风景名胜区，所产"绿雪芽"茶又是福鼎较早有知名度的茶类。不过，明末清初的"绿雪芽"应该是绿茶。网上流传周亮工《闽小纪》载："太姥山古有绿雪芽，今呼白毫……"这个内容大概率是拼接的。无论是康熙本、乾隆本，还是四库全书撤出本的《闽小纪》，都只提到绿雪芽是太姥山的茶名，并没提及什么"白毫"。这种现象在茶界十分常见，有的是无心之失，有些则不排除刻意而为：毕竟很少人有耐心去翻看原文，攒一个看起来上下文通顺的语句作为古代文献佐证，还是显得很有说服力的。有一种说法，福鼎靠海，福鼎白茶往往带有海风咸咸的味道，大概是指太姥山脉以东的茶区。东海的海风吹到太姥山就被挡了一层，太姥山以西，像磻溪镇、管阳镇等地，所产茶叶便不易带有海风的味道了。

就茶叶品质而言，福鼎白茶最具代表性的应属磻溪、管阳等地。磻溪海拔高，茶以香气见长，新茶一般花香清扬，茶汤滋味鲜爽，这也是高海拔茶叶的特点之一。政和境内的高海拔茶区如澄源、镇前、杨源等，虽然一样香高味鲜，但较之磻溪茶的飘逸香气与轻盈风格，市场或许更偏好后者一些。其次是管阳，管阳的茶内质比较丰富，好的带有一些森林、菌子的气息，但与政和锦屏、铁山一带的茶相较，在韵味之沉稳与汤感之醇厚上似乎又稍逊一筹。当然，这些都得就茶论茶，不是每一款来自这些地方的茶都有相应表现，更经不起田忌赛马式的比拼，所牵涉的变量太多了。

政　和

在最新的这一波白茶热中，政和相较福鼎算是后起之秀了。记得有那么几年，我们会觉得福鼎茶价格偏高，同样的预算，往往政和茶更能买得下手一些，也因此颇屯了一些政和茶。当然这种情况在近些年已有明显改变——政和白茶的价格也上来了。福鼎白茶的兴起，当地政府可以说功不可没，当年福鼎政府肉眼可见的给力宣传，还是颇让某些茶区的人眼红。至于政和白茶乃至政和茉莉花茶的复兴，则与媒体的支持和传播颇有关系。

政和的茶树品种和福鼎的不同。按道理，政和白茶的当家品种应该是政和大白。前文民国《政和县志》记载的谷雨采摘的"银针"茶，品种大概率就是政和大白。据曾担任国营政和茶厂厂长的吴顺临先生回忆，新中国成立后，政和白茶一直有小规模生产，远销海外。20世纪70年代曾经出现过一个小高峰，当时有香港客户拿着茶样到福建省下单，省里指派政和茶厂对样制作。他们当时制作政和白牡丹，选用一芽二叶的政和大白茶青，经过室内萎凋、堆积、软火干燥的加工步骤，出来的干茶颜色灰绿，外形平直，基本维持茶叶的原生形态。然而，到了80年代，政和地区转向生产茉莉花茶为

政和岭腰乡后山古廊桥

主、白茶为辅了。

好的政和大白茶汤醇厚，韵深质重，和福鼎白茶的当家品种福鼎大毫相较，恰有一刚一柔、并驾齐驱之感。千懿曾经把二者比作《射雕英雄传》里的郭靖、黄蓉夫妇，郭靖是乍一看笨笨的，但实际上很稳，耐回味，也经得起时间的检验，黄蓉则是清新活泼、甜美动人，又不失底蕴。

然而，现在政和茶区种植面积最广的已然不是政和大白，而是福安大白了。根据1994年《政和县志》的记载，20世纪80年代初，政和地区大量引进福云6号、福安大白等品种，原因和福鼎一样，那些品种具备萌芽早、产量高、外形漂亮的特点。现在市场上芽头粗壮的政和银针或白牡丹，大部分是福安大白。毕竟政和大白的芽头相对精瘦一些，看起来不够诱人。再加上它还有萌芽期晚、茶青长途运输容易红变的缺点，综合起来，"经济价值"不如福安大白。即便如此，精瘦的政和大白内质完全不逊于福安大白。从长期存放的角度来说，我们的经验是政和大白能出一种独特的药香，确乎略胜一筹。当然，这也关乎茶的原始品质和仓储条件，难以一概而论。

政和白茶的工艺也和福鼎不完全一样。福鼎注重日光萎凋，政和则以室内萎凋为主。现在政和有一种声音，说政和白茶的传统工艺采用当地的"风雨廊桥"作为茶叶萎凋的场所，所谓"廊桥萎凋"。这大概是宣传的噱头。我们访谈了政和当地多位白茶从业者，他们一致表示，风雨廊桥是当地的风水桥，并不承担茶叶制作的功能。实际上，以廊桥的场地大小和通风情况而言，也不适宜真正的茶叶生产。政和白茶产生于清末民初，当时早已不是文人小众茶的历史时期了，它所面对的是大产量的国际贸易。民国《政和县志》曾经批评政和银针的茶箱包装简陋，说它是"数百斤之重品仅以薄体之竹木或铅铁随便装订"。试想，以"数百斤之重品"为单位的一个个银针茶箱，如果要生产相应的茶叶，那得需要多少座廊桥才够用？当然，如果只是挑个好天气，弄点茶青在廊桥上萎凋体验下生活，拍点小视频倒也无可厚非。不过这样的产品能否满足消费市场的需求、品质能否保证，就不好说了。

建阳，松溪，柘荣

福建白茶有五个传统产区——宁德市的福鼎、福安，南平市的政和、建阳和松溪。[1] 只是其他产区名气不大，风头为福鼎、政和所掩盖。现在的建阳以水仙白和小白为主；松溪则致力于打造九龙大白；而福安的白茶式微，现在以生产坦洋工夫红茶为主，白茶逐渐转向邻近的柘荣；柘荣的平均海拔高、生态环境良好，总体风格近似福鼎的管阳，成为福建白茶的后起之秀。

建阳、松溪、柘荣都有优良的品种和高水平的山场，其中的佳品也是各领风骚，完全不亚于福鼎、政和。在福鼎价格居高不下、政和茶价年年看涨的市场环境下，把目光投向另外几个产区也是不错的选择。而若是抱着学习的态度，想了解福建白茶的全貌，仅靠福鼎、政和的经验也是不够的。一方面，福鼎、政和不能囊括全部风格，错失另外几个产区会造成一定的遗憾；另一方面，若是遇到少部分商家以其他产区的茶充当福鼎、政和的情况，对福鼎、政

---

[1] 也有说法是四大产区，不含福安。

和以外的茶有所了解也有助于辨识。

在福建的大白茶品种中，还有一个后起之秀"九龙大白"。"九龙"指的是该品种的发源地松溪县郑墩镇双源村九龙岗，叫"大白茶"是因为其芽头肥壮、茸毛密披且白。据松溪县茶叶科学研究所1996年《九龙大白茶的选育经过与繁育情况》载，九龙大白母树是1963年郑墩双源村茶叶队在九龙岗上开辟新茶山时，由魏明西、魏元兴、兰庭沛等人发现的。当时发现有七八棵老茶树发芽特别早、芽梢肥壮、白毫特别多，当地茶农拟白毫特色取名"白毛（毫）茶"。1965年秋，魏明西等人用压条法繁育了20多株茶苗，接着又将那七八棵茶树重剪培育取梢进行扦插育苗，繁育苗木全部集中种在栗仔坪茶山上。当时面积有12亩，由魏元兴等人管理，采下茶青单独加工为烘青等级绿茶送茶叶收购站收购。1981年前后，松溪县茶科所为了进一步研究该品种的生物学特性，从双源村带回200多株茶苗种于品种园进行区间对比，通过试验观察认为该品种属于小乔木型、大叶种，并根据发源地与品种特色命名"九龙大白"。现在郑墩镇双源村的九龙大白"母树园"里的茶树，应该是早年从九龙岗一带压条、扦插繁育的第一代九龙大白。至于真正的母树——那七八棵老茶树，已不知所踪了。

根据我们对曾长期在松溪茶科所任职的陈华女士的访谈，九龙大白最初是用来制作绿茶、红茶的，但是在大生产的时代背景下，它虽然品质好，却产量偏低。陈女士1984年入职松溪茶科所，1996年她送到省里参评的扁形烘青绿茶"九龙翠芽""九龙雪芽"获得过福建省优质茶奖。据她叙述，九龙翠芽、九龙雪芽的内质明显优于其他茶叶，得到了省里专家的好评。然而，当时参评的茶叶或是笔直如针，或是卷曲成螺，或是如眉毛一般的雀舌形，都是小巧精致的风格。而九龙大白芽梢肥壮，又受到加工设备条件的约束，做出来的茶形不够秀美，评审时绿茶占比30%的外形分失掉很多，最终以微小分差未能获得更高奖项。九龙大白与当时推广的其他适制绿茶的品种相较，在产量、外形和经济价值上不具备优势，农民纷纷改种，种植面积大幅缩减。直到2013年以来，松溪开始有人用九龙大白试制白茶，才挖掘出它的优势，并逐渐推广种植。

九龙大白茶新丛人工除草

　　九龙大白生长在毗邻政和的松溪县，风土与政和相类。作为松溪本地的当家品种，它的茶氨酸含量较高，做成的白茶鲜爽甘醇，汤感厚实，且品种的花香较为特殊，毫香的表现也与福鼎大毫、福安大白等相异。虽为后起之秀，但也是后浪可期。2018年以来，松溪县政府通过补助等经济手段，引导茶农改种回原生于松溪本地的九龙大白，实为明智之举。

　　除了常见的大白茶树种之外，还有当地的原生群体种茶树"菜茶"（或称"小白茶"）。市场上流传着一种说法，认为"贡眉"是介于白牡丹和寿眉之间的等级，实际不然。贡眉专指采用当地的原生群体种茶树（菜茶、小白茶）做成的白茶，与白毫银针、白牡丹、寿眉有所区别。菜茶的萌芽期比较迟，一般要到清明节前后。又因是茶籽繁殖的茶树，和扦插克隆的大白茶不一样，菜茶的长相比较任性，一般会以一芽带一两叶的方式采摘，做出来的茶颜值不太高。但如果出自好的山场，香气滋味相对会丰富一些。原生的"菜茶"在知名产区如福鼎、政和，经历产业发展的大浪淘沙之后，大多被改种成性状稳定、市场经济价值较高的福鼎大毫、福鼎大白或福安大白，而其他产区如建阳、柘荣等地，保留下来的菜茶相对较多，也不乏佳作。

近几年白茶势头正盛，福建产区的白茶不论品种，价格年年看涨，产量逐年提升，而制作工艺、成茶的风味特色也随着市场需求有了朝向精细化、多元化发展的趋势。建阳、松溪、柘荣暂且不论，就政和和福鼎两个大区的风格来说，政和白茶的茶汤滋味比较醇厚稳重，而福鼎白茶的香气更清新飘逸一些。这只是粗略的总结，实际仍不离那句老话——还得就茶论茶。

零
陆

谷雨

4月20日前后谷雨。

谷雨：百谷得雨而生。

谷雨是春天最后一个节气，也是春意最盛的时节。"句者毕出，萌者尽达"，植物的新芽，无论是蓄势待发、弯曲如钩的，还是已然萌发、笔直如针的，都全部舒展开来了。到了这样的状态，基本全国各地的绿茶都可以采摘制作了。

不知道是不是因着谷雨旺盛的春意，古人认为谷雨当天采制的茶叶具有特别的疗效。《养生仁术》曰："谷雨日采茶炒藏，能治痰嗽及疗百病。"

当然，也有单纯享受的。如南宋《张约斋赏心乐事》："三月季春，经寮斗新茶。"农历三月的季春时节，宜在书屋内品斗新茶。

为什么要选在季春、谷雨时节品斗新茶呢？宋代人的考量我们不知道，放到当代却是大有原因：只有到了谷雨前后，大江南北的绿茶才基本上市完毕。如果太早，可能会漏掉一些晚出的好茶，若是太迟，等到暮春时节，又不免引发惜春的伤怀。

谷雨天，寻个清雅之所，组上一局春茶宴，将全国各地的绿茶一字排开，逐一品斗。数杯清茶下肚，朝夕之间便可以遍览各地的春天，真真是赏心乐事啊！

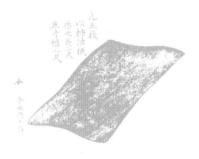

坐褥

凡五榻，以棉油低作之，长五尺，
五寸幅三尺

全和尚卅

安徽绿茶：明前、雨前，到底哪个好？

大部分的绿茶在清明节前就已经开始制作了，最好的往往都要追"明前"，甚至"社前"。但是有一个省份不一样，那便是安徽。安徽的绿茶，不少品类仍以"雨前"为正当时。清明节的时候，其核心产区的当家品种往往还没有茶。按照我的工作安排，谷雨前后，会有一小段时间在安徽停留。

没有意义的站队

绿茶到底是清明前的好，还是谷雨前的好，这个在茶界一直是有争议的。如果是做茶、卖茶的人，大部分认为明前的茶好，不管质量怎么样，价格肯定是高的！当然也有小部分喝茶的人偏好雨前茶，他们很简单地认为茶长到了谷雨前，芽叶成熟了、内含物质丰富了，相对来说更有滋味。尽管大多数人认为明前茶好，他们依旧坚守雨前的阵地，可能能说出点雨前茶的道道，也显得比较与众不同吧。

原理是这样没错，但是他们忽略了几个非常重要的前提，或者说一股脑地认为绿茶就要雨前好的说法，和现在的茶产业发展现状是脱节的。

首先，从历史文化的角度来说，明清时期的文人确实有不少追雨前茶的，但他们推崇的茶大多是江浙地区的茶。江浙地区气温低一些，清明前能采摘的茶相对稀少，过了清明，到谷雨之前就比较多了。

其次，现在的茶树品种可以分成两种，一种是种子繁殖的有性系群体种，通常发芽比较晚，另一种是选育过的无性系品种。现在大部分茶区大面积种植的，多是经过选育、改良的新品种茶树。这些新品种有个共同的特点，就是发芽很早，上市也很早，不少在3月中旬就能大面积采收。[1] 现在的茶明前价格高，过了清明节后，茶价就像溜滑梯一样一路下行，所以茶农在茶树刚起芽时，能薅的统统薅下来，过了清明之后，即便再有发芽，早就已经气力衰竭，这种状态的茶到了雨前怎么能好？当然，现在也有些茶区只采明前，过了清明就全部修剪掉了。

第三，就气候来说，现在面临全球变暖的情况，和古代也不一样。天气一热，再下点雨，茶芽就拼了命地往上冒，不采还不行。

所以茶到底是明前的好还是雨前的好，或者是更早的、社前的好？实在是难有定论。社前是春社日[2]之前，讲社前茶的一般是广西、海南这一带，已经属于热带茶了。那一带的茶叶本身就苦重涩重、刺激性强，比起江浙地区的明前茶，除了早之外，做绿茶未必能有味觉上的优势。如果要这些地方的茶留到谷雨前再采，那简直痴人说梦。所以，撇开产区、品种来谈雨前、明前，我想是意义不大的。

[1] 其实选育品种也可以选育晚发的。不过就绿茶的市场而言，往往是越早价格更好，后期的销售时间也更长。故而现在选育的品种，大部分采摘期比老品种更早。
[2] 春社日是立春之后的第五个戊日，大约在春分前后。

群体种[1]，无性系

在全国各大绿茶产区之中，安徽绿茶算是普遍发芽较晚的了，其代表性名茶像六安瓜片、太平猴魁，都是谷雨前采摘的。当然，现在也不是没有明前的瓜片或猴魁，只不过大概率品种或产地会有点问题。那样的产品可能会迎合一部分的市场需求，成茶的颜值也不错，但茶汤的品质就一言难尽了。

安徽之所以有不少雨前茶，一方面是茶园的山场环境使然，内山、核心产区的气温比外面普遍还低一些，另一方面是好的安徽茶要以原生群体种的鲜叶制作，而群体种茶树发芽比较迟。六安瓜片的独山小叶种、齐山中叶种，太平猴魁的柿大茶，黄山毛峰的黄山大叶种，祁门红茶的祁门槠叶种，松萝茶的松萝种等等，都属于本地的群体种茶树。如果山高林密，春季气温低，早春积温不足，想要茶树在清明节前发芽还真不容易。这和之前提到顾渚山的群体种发芽晚是一个原理。不过顾渚山现在种了很多安吉白、龙井43号，那些品种的存在还是可以保证相当产量的"明前紫笋"的。

群体种茶树发芽晚、样子不好看，而且比无性系品种更依赖好的山场，故而安徽茶在这方面还是有些吃亏的。不少人认为这是安徽茶的劣势，应该加快品种更新。毕竟明前、雨前差了20多天，如果一个地区的绿茶整体比别的地区晚出20多天，就意味着少了20多天的黄金销售期。等到谷雨时节安徽的瓜片、猴魁姗姗来迟，不少人可能已经各地绿茶喝得饱饱的，该送礼的也都送过了。当然，安徽人并没少做品种更新，实际上能改的地方也都改了，余下的没改的，大概率是因为改不了，或者改了之后效果不好。

前文提到过，像黄山毛峰产区就基本以黄山大叶种（群体种）茶树为主。千懿曾经参加过一个黄山毛峰农业遗产的科研项目，通过各个乡镇的地毯式访

---

[1] 茶树的"群体种"系指能够自行繁衍后代的同种茶树个体，如龙井群体种、祁门槠叶种、柿大茶等，大多是有性系品种。而随着茶树无性繁殖方式的普及，现在有茶区的茶农自行从群体种茶树上剪枝扦插，育苗种植。这类茶树虽然以无性方式繁殖，但因没有经过单株选育、有目的性的人工培育，也没有进行无性系品种认证，按照近年来的界定，还是属于群体种茶树的范畴。然而，为便于阅读，也考虑到市场通行的既有认知，本书仍以"群体种"行文，实则主要指"世代以茶籽繁殖的有性系群体种茶树"。

谈得知，当地人在过去的几十年其实没少更新品种。除了安徽本地的各种无性系品种之外，外地的曾有著名的乌牛早、安吉白、黄金叶，乃至台湾的青心乌龙都移植来过，而最后以失败告终。不是种不活，就是长势不佳，茶叶出来的色香味和老品种没法比。所以不管外面的专家怎么看，当地人都异口同声地认为还是老品种好。前面提到的顾渚山其实也是这样。顾渚山中石头为主的地块基本都保留着老品种，能改种安吉白、龙井43号的基本还是要有一定的土层积淀。

其实，选育的无性系品种和种子繁殖的群体种茶树之间并没有绝对的优劣之分，主要还是看是否合适。根据我们的经验，在名茶的核心产区和那些极好的山场，以当地原生的群体种茶树更能表现风土的味道。但如果山场相对一般的话，群体种茶树的表现反而未必比得上那些选育的无性系品种。至于选育的品种，还得看这个品种本身的品质，这跟品种选育之初的思路也有一定的关系。历史上较早驰名的选育品种大概是铁观音，相传它在清雍正、乾隆年间便被选育出来，长期保有好评。虽然铁观音近年声望略有下降，但这个品种本身的优质还是毋庸置疑的。又比如闽北的水仙、政和大白，那也是晚清民国时期选育的优良品种。这些品种在选育之初，都是因为其特别的品质而受到青睐，继而被选育出来的，无性繁殖之后的表现自然也不错。然而，有些选育的品种，像福云6号、云抗10号等，则是在过去追求大产量的背景下选育出来的，当时人们不是看重它发芽早，就是看重它产量高，或者是看重它抗寒、抗旱、抗病虫害等优势。这些品种的选育思路是以产量先行的，它们在选育之初可能恰好适应当时社会生产的需要，但是到了当代却未必那么适合了。

在大生产的时代下，无性系品种之所以受欢迎，还有一个原因是它们的品质表现相对稳定。打个不恰当的比喻，种子繁殖的群体种茶树就像是父母亲生的孩子，而无性系品种则好比克隆人。龙生九子，各有不同，每一个孩子都是独立的个体，兄弟姐妹组合在一起可以产生相当的丰富性，但可能外表、个性等就比较参差不齐了。而如果克隆的话，就会保持一致。如克隆羊多莉和它妈妈就像是一个模子刻出来的，如果再克隆，也是很多个多莉的样子，很整齐、很一致。

徽州区富溪乡新田村黄山毛峰茶园（许朝杰供图）

茶树种子

所以，把龙井43号扦插到全国各地，用龙井茶的加工方法制作，茶叶出来都是龙井43号的味道，不会有太大的变易。只要消费者认这个味道，那这个龙井茶在全国各地都可以生产，不一定非要在西湖。但龙井群体种就不同了，龙井群体种长在狮峰很好喝，到了龙坞可能就大打折扣，更不用说别处了。群体种茶树往往会随着生长环境的不同而产生较大变异，同样的品种，只要离开了原产地，其香气滋味都会发生改变。然而，大生产要的是产量、品质稳定，标准化、一致性，而不太能接受过多个性化、不稳定的东西。当然，无性系品种也不是绝对不变异，只是它相对更稳定。根据我们的观察，龙井43号在浙江地区的香气滋味表现就很不错，但出了浙江之后，还是会稍微弱一些。又比如安溪铁观音，当地人喜欢说"带得走观音树，带不走观音韵"，强调的就是铁观音这个品种栽种在安溪境内的优异表现。这也是为什么我们建议地方上即使选用无性系品种，也要尽量选用当地的无性系品种的原因。本地的品种更能发挥本地风土的味道，也更能表现本地茶叶的特色。

名茶荟萃

再回到安徽。安徽茶区主要分皖南和皖西两大块。皖南茶区以古徽州地区为主，主体包括现在的黄山市、宣城市和池州市，在大的茶区分类上属于江南茶区。皖西茶区以大别山地区为主，主要包括六安市和安庆市，在大的茶区分类上属于江淮茶区。皖中的不少县市也产茶，有的地方量还不小，也不乏精品，不过相对没有皖南、皖西著名。

安徽四大名茶，六安瓜片、太平猴魁、黄山毛峰、祁门红茶，除了瓜片之外，都在皖南、黄山市境内。太平猴魁大概是体型最大的绿茶，普遍采摘一芽二叶至三叶。猴魁的核心山场在黄山区新明乡的猴坑村。黄山区原名太平县，太平猴魁的"太平"应源于此。那一带在黄山风景区以北，山清水秀，是旅游度假的好去处。如今的猴坑村共辖12个村民组，很多人一进入猴坑村（原名三合村），看到美丽的太平湖，便被深深吸引，以为自己到了猴坑。实际上，真正的猴坑还在山上，12个村民组之一的猴坑组（猴村）才是。去往猴村路窄山陡，一般的汽车开不上去，要靠体型狭长、便于转弯的五菱神车。猴坑茶园随处可见裸露的石头，狭长的坑涧地形，采茶都是靠徒步。

好的太平猴魁带有天然的兰花香，清雅可人，自成一格。不过，近几年，因为猴魁的行情好、价格高，外地人采买得不少，有些当地人倒是倾向选择相对平价的布尖茶。值得注意的是，太平猴魁的兰花香是一种非常典雅的花香，并非茶叶没做好的"臭青味"，与铁观音的所谓"兰花香"也大不相同。现在太平猴魁还有不少选育的早发、高香品种（或品系），闻起来挺香，然而细嗅则有一种平价香水感，滋味也相对平淡，有些还会伴着类似海藻的腥味。那种如香水般的高锐香气实际上是特定的无性系品种所带来的，并非真正的兰花香。真正的兰花香必须出自优良的生态环境，成茶一定香、水相融，从茶汤里散发幽幽花香。此外，市场有一种流行的说法——太平猴魁"芽大、叶大、梗粗"。然而，与后期选育的无性系品种相较，传统适制猴魁的柿大叶种反而显得精瘦许多。

黄山毛峰曾经属于中国十大名茶，也颇辉煌过一阵子，然而近年市场走

猴坑、猴岗茶园不通车，农民依然用骡子运肥料

低，茶价相对亲民。按照现在的说法，黄山毛峰的核心产区在徽州区的富溪乡，有两个发源地，一个是充川，一个是新田。两地的山场都很不错，也保留了不少百年以上的老茶园、老茶树。只是当地人不善于宣传，市场上少有人知。其实，早年黄山毛峰的核心产区应该在黄山风景区内。陈椽《安徽茶经》明确指出，黄山毛峰的好茶"出产于黄山风景区内的高山上，如桃花峰等地，尤以峰峦矗立、深谷万丈的松谷庵、吊桥庵及丞相源的云谷寺、慈光寺所出产的'道地毛峰'品质最好，最为名贵，为一般黄山毛峰所不及"[1]。《安徽省志》也记载，1959—1962年，收购特级黄山毛峰的可适用地区仅限于黄山风景区内的"丞相园、慈光寺、吊桥庵、松谷庵"，到1978年范围有所扩大，但仍然要求出自黄山管理处。[2]根据我们的了解，在七八十年代的时候，安徽农业大学茶业系还有学生在云谷寺、慈光阁两个索道站实习，采制景区内的茶叶。当时采制好的茶叶会由中央警备局的武警承运，直贡中央。现在景区内云谷寺、慈光阁的茶树已经很少了，桃花峰一带还留存了一些老茶树。有朋友曾经试制过桃花峰的原料，据说成茶表现非常好。不过后来桃花峰的不少老茶树被砍掉改种桃花了。

高品质的黄山毛峰有两大特征——"黄金片""象牙色"。正宗的黄山毛峰泡开时茶叶不是绿色的，而是类似象牙的黄白色，带有金黄的鱼叶，茶汤也是黄白色的。它的氨基酸含量很高，喝起来有种类似鸡汤的浓稠感与鲜爽感，有点像安吉白茶那种鲜爽感，但醇厚度要比安吉白茶更高。黄山毛峰是烘青绿茶，香气不算高扬，但是很幽雅，耐回味，好的地块还有独特的山场气息。当然，要达到这样的品质，于现在的绝大部分黄山毛峰而言是不容易的。可能充川、新田的会稍好一点，但也不能一概而论，还得就茶论茶。毕竟，要成就一泡好茶，山场、品种、茶园管理、采摘、天气、工艺，任何一个环节都马虎不

[1] 陈椽《安徽茶经》，1960年版第31页，1984年版第41页。
[2] 参见安徽省地方志编纂委员会《安徽省志·价格志》（1998），第280、282页。2021年出版的《安徽省志·茶业志》仍载："黄山风景区境内海拔700—800米的桃花峰、紫云峰、云谷寺、松谷庵、吊桥庵、慈光阁一带为特级黄山毛峰的主产地。风景区外围的汤口、岗村、杨村、芳村也是黄山毛峰的重要产区，历史上曾称之为黄山'四大名家'。"（第222页）

得，稍有状况就会影响到成茶，独特的香气滋味就没有了。

皖南茶在历史上最有名的应属松萝茶。松萝茶原产于黄山市休宁县，明万历初年创制。当时全国的绿茶仍以蒸青为主，即便有炒青，工艺的把握也不太到位，或者是量极少，不在市场流通。松萝茶以精致的炒青工艺"松萝法"采制，成茶色香味俱全，加上用锡罐盛茶，保鲜效果好，当地人又会宣传，一下子就火爆全国，被誉为"炒青绿茶的鼻祖"，甚至一度成为中国绿茶的代称。明万历八年至十四年（1580—1586）间，时任徽州府推官的龙膺曾亲眼目睹松萝茶的创始人大方和尚炒茶。从龙膺的记录来看，当时的"松萝法"跟现代的炒青绿茶已经十分接近了。[1]"松萝法"在当时属于世界领先地位，是各地茶叶效法的对象，连现在著名的武夷茶，也是在清顺治年间学习了"松萝法"，知名度才渐渐提升的。当然，当时的武夷茶还是绿茶，与当代的武夷岩茶有着较大差异。

现在一般会说松萝茶的发源地在松萝山。根据我们的考证，应该包括松萝山和琅源山两座山。在松萝茶创制的明万历初年，松萝山是松萝茶创始人大方和尚的制茶场所，而琅源山（当时名"榔源山"）则是其茶青原料的来源。两山在地图上看着相距较远，然经过我们的实地走访，从松萝山出发有多条古道可以直达琅源山，步行时间在一小时上下。大方和尚当年从松萝山步行到琅源山采茶，再把茶青拿回松萝山制作，理论上是可行的。现在的琅源山以紫色、黑色的砂质土壤为主，多碎石，适宜种茶且能出好茶。山林间残留的原生群体种茶树香气扑鼻，滋味甘醇，鲜叶自带一股清新的草药香，与松萝山的大不相同。有学者推测，张岱《闵老子茶》中提到的"阆苑茶""阆苑制法"[2]便是指琅源山、琅源制法，我们也持相同观点。可惜的是，当代琅源山发展滞后，茶园管理、制作工艺往往不如松萝山，若没有专门采制的话，成茶品质反而未必

---

[1]　龙膺《蒙史》："松萝茶出休宁松萝山，僧大方所创造。予理新安，时入松萝，亲见之，为书茶僧卷。其制法用铛磨擦光净，以干松枝为薪，炊热，候微炙手，将嫩茶一握置铛中，札札有声，急手炒匀，出之箕上。箕用细篾为之，薄摊箕内，用扇扇冷，略加揉按，再略炒，另入文火铛焙干，色如翡翠。"

[2]　张岱《陶庵梦忆》，卷3。

比得上松萝山。不过，现在的松萝茶主要延续过去以出口为主的屯溪绿茶，和明清之际小众文人茶风格的松萝茶有所不同。

安徽的绿茶很多，好茶也很多。皖南茶，除了以上所述，黄山市像歙县的顶谷大方、黄山白茶、珠兰花茶，黟县的黟山石墨，都有不错的作品。顶谷大方是老牌名茶，黄山白茶是选育的新品种。不知道是不是因为地理位置靠近杭州，无论是选用当地的竹铺大叶种（群体种）还是来自西湖的龙井43号原料制作，顶谷大方的香气滋味和西湖龙井都颇为相似。其代表性山场老竹岭、徐家坞等地环境优良，成茶也是可圈可点。黄山白茶采用白化品种徽州白茶制作，母树群在璜田乡的蜈蚣岭，成茶滋味甘甜，香气纯净，也算有特色。珠兰花茶虽然是再加工茶类，但是珠兰花香气清雅，和茶搭配起来十分协调，有文人气质，和一般的花茶风格还不太一样。黟县历史上名茶不多，

炭火杀青

但山区的自然环境保持得很好，其中深山高海拔的原料，做得好的头春茶泉石气幽幽，六泡有余香。至于宣城，宣州区的敬亭绿雪，郎溪的瑞草魁，泾县的涌溪火青、汀溪兰香，旌德的天山真香，绩溪的金山时雨，包括宁国、广德一带的茶叶等也都有一定的知名度。而池州，贵池区的霄坑绿茶，青阳九华山的黄石溪毛峰，石台牯牛降、仙寓山一带的茶叶，其代表性产品也是可圈可点。

皖西茶中，六安除了大IP的六安瓜片，还有霍山黄芽。霍山黄芽虽然有黄茶之名，实际上地方标准已然变成了绿茶。皖西现在虽然也有少量黄茶制法的霍山黄芽，但当地主推的黄茶反而是相对粗老的霍山黄大茶。据实验研究，霍山黄大茶的降血糖功效较好，有一定的保健功能。其实，霍山黄芽的代表性山场底子很好，可惜有些产地品种"改良"较多，"改良"后的品种香气单一，滋味也不够醇厚，不知道是否因此禁不起"闷黄"的折腾。安庆潜山县有天柱山，高海拔地区多白色砂质土壤，所出茶叶甘醇而带有泉石气。天柱茶在唐代便享誉全国，从当代天柱山的山场来看，也是实至名归。岳西是民国才设立的新县，故而知名度不高，所产岳西翠兰虽是新创制的名茶，但山场却是老的山场，茶叶品质可圈可点。临近的舒城兰花[1]、桐城小花，好的产品也带有兰花香，在当地颇受欢迎。此外，还有太湖的天华谷尖、怀宁的龙眠庵茶，都是相对小众的品类，好的品质也很好。宿松现在不怎么产茶了，但其地理位置临近湖北的蕲春，那一带的茶在历史上还是很有名的。我们考察过的像柳坪乡的罗汉尖、邱家山都有少量好茶，邱家山一带的野茶还带有些许辛辣感，属于陆羽所赞"芬香甘辣"的风格。此外，皖中的合肥、滁州、马鞍山、芜湖也各有茶产，不乏良品。总的来说，安徽确为产茶大省，名茶荟萃。

科研的基因

安徽的茶产业大概是近代中国科研力量介入，或者说产学结合比较早的区

---

[1] 舒城县在行政区划上属于六安市。因舒城兰花、桐城小花风格相近，故此处一并提及。

安徽农业大学茶业楼

域，从民国时期的吴觉农先生开始，到提出并建立六大茶类分类系统的陈椽先生、茶叶生物化学学科的奠基人王泽农先生，以及现代茶树栽培学学科的先驱庄晚芳先生等。他们在茶科研方面的贡献，也成为安徽茶产业的一大传统。现在的安徽农业大学还有全国唯一的茶学专业国家重点实验室，茶产业、茶文化方向也注重学术，共同构成中国茶学研究的前沿阵地。

安徽好山好水，唯部分茶农的观念还相对落后，早年有的茶农甚至觉得农作物就是要喷药，喷药才能防治虫害，以保证来年的收入。当地政府、科研单位一直很努力地在扭转当地茶农的观念，也取得了一定的成效。像黄山市从2019、2020年开始给全市范围内的茶农免费派发黄色的粘虫板防治害虫，大力推广生物农药，杜绝使用化学农药，并鼓励茶农增施有机肥、不要重修剪茶树等。大部分的基层单位、茶企都积极响应，配合政府的各项措施，同时制定了一系列的赏罚条款来约束农民，以经济利益等循循善诱，逐步提升茶园管理水平。虽然其中也不乏质疑的声音（比如有少数人认为大量粘虫板对茶园的景观造成了一定的破坏），但是从实际的效果，特别是从提升茶农的生态保护意识来看，还是颇有成效的。可能从产业的角度来说，茶只要符合国家标准、农残不超标即可，但若是站在消费者的立场，大多数消费者还是希望自己喝到的那一杯茶是绝对健康的，而不只是"在健康范围之内"。绿水青山就是金山银山，大概永远都不会过时。

安徽的茶行业和其他产区比还有个相对特殊的地方，就是茶相关的从业者对学者、科研人员比较尊重，这在其他茶区是相对少见的。我因为工作的关系，在茶区的时间长、走的地方也比较多。大部分茶区对于科研人员、声名在外的那些大教授，经常有一种"他们不懂、他们不会做茶、实验室那套没用"的负面评价，甚至对老一辈的某些大茶学家也时出微词。哪怕在这些科研人员的面前态度甚是恭敬，但若是讲到实际的生产，他们私下里对科研人员却大多是不认可的。除非一种情况——这位大教授能为当地茶产业代言，例如站出来四处说当地的茶怎么怎么好、有怎样怎样的保健功效等——那种可以为从业者带来实际的宣传效益、经济利益的，自然另当别论了。

重修剪

在非茶季走进安徽的大多数茶园，会发现茶树是一丛一丛的，高度差不多只到人的膝盖，比较矮小。一丛一丛的大多是安徽本地的群体种茶树，而之所以修剪到这么矮小，是为了让茶树多生支根、来年发芽增多，同时还可以减少养分的损耗。此外，还有避开5—7月病虫害高发期的作用。这种重修剪，甚至台刈的茶园管理方法从产量的角度来说是有帮助的，但历史却不怎么久远。我们从徽州当地一位著老蒋文义先生口中得知，20世纪90年代为了追求产量，黄山当地的茶树才开始被大量重修剪，在此之前的茶树普遍还比较高，甚至有长到两米左右的茶树。当然这也是当时的科研单位所指导的。

然而，就我看茶园的经验来说，重修剪的做法固然可以增加产量、降低采摘难度，但对茶的品质却未必有帮助，甚至有可能是种伤害。不过，这也得是看什么品种，需要实际验证才知道。当然，两害相权取其轻，得先看当务之急是什么，如果是解决大家的温饱、改善经济，只能在单位产值低廉的情况下增加产量。我想，这也是科研力量在安徽比较受到重视的原因之一。只是时代在改变，现在的茶产量已经供大于求，科研可能也要跟着时代的发展有所调整、呼应时代需求，切莫故步自封于追求大产量的时代。

而安徽之外的大多数地方，科研之所以不受重视，甚至有些遭受鄙视，也不是没有原因的。我曾听一位在云南勐海种普洱茶的朋友回忆，他在约莫四五岁大的时候还在自家的茶园里爬大茶树玩耍，那时茶园里的大茶树还很多。也是到了20世纪90年代，勐海茶办大面积推广新品种，追求大产量，勐海茶厂周边比较响应政策的茶农都乖乖地配合茶办砍树，把那些上百年的大茶树都砍了，茶园夷为平地，改种新品种茶树，年年修剪。近些年普洱茶的行情好了，他们反而哀怨了：现在普洱茶的大树茶，一公斤随随便便都能卖上几百块钱，而他家的茶每公斤15元卖给当地的知名茶企。量很大没错，但是卖不上价，也不好喝，他自己都开玩笑说那些是垃圾茶。这只是冰山一角，实际上茶区的这类悲剧还很多。这类科研单位不明就里，或者滞后，或者理解片面的数据所带来的，大多是毁灭性的灾难，历史的教训历历在目，也难怪地方上真正在第一线付出努力的人，会对许多科研单位提出来的建议表示难以理解。

当然，还是那句话——不能一概而论。茶要就茶论茶，科研也得就事论事。科研本身是好的，也要容许试错的空间。只不过从前的科研人员走过的弯路，现在是产区的茶叶从业者实际在承担后果，他们有一些情绪，也是难免的。

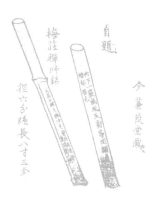

吹管

梅莊禪師銘

自題

今蕪蔟堂藏

徑六分 長八寸三分

六安瓜片：贾母不吃，但是皇帝爱啊

在安徽绿茶中，六安瓜片算是比较有个性的了。采摘无芽无梗，滋味醇厚，劲道十足。加上独具特色的"拉老火"工艺，使得茶性更加温和。据我的观察，有些平常不怎么喝绿茶的茶友，反而相对更能接受瓜片的味道。当代六安瓜片的主产区在六安市的金寨县和裕安区。金寨地灵人杰，出过59位将军，素有"将军之县"的称号。当地也是著名的红色旅游区，山势峻峭，水质清寒，人多是不修边幅，性子爽朗疏阔，与黄山、徽州地区文气秀美的风格大不相同，或许也因此成就了六安茶别具一格的风味吧。

不吃六安茶？

说起六安茶，最著名的代言人大概是《红楼梦》里面的贾母了。贾母的一句"我不吃六安

六安采茶（徽六供图）

茶"[1]，成为现在推广六安茶的经典名句，尽管整部《红楼梦》里就只有这一个地方提到了六安茶。

　　贾母为什么不吃六安茶呢？有些研究者会把六安茶归结到江北茶，说六安茶属于北方系统的茶，有"不善制造"的毛病。就是原料不错，但炒制的技术太差、做不好，习惯了精致的江南绿茶的人不喜欢。但是，说六安茶工艺差的内容，源头应该是许次纾《茶疏》、屠隆《考槃余事》等明代万历年间的文献。它们记载的应该是当时的部分现象，或者是正在经历炒青工艺探索阶段的六安茶。如嘉靖年间创作的《金瓶梅词话》就有"六安雀舌芽茶"[2]，应该是加工比较细致的六安茶。而到了《红楼梦》已经是清康熙年间了，六安茶的加工技术可能会有所进步，况且以贾家财力、社会影响力和妙玉审美品位而言，应该不至于喝来自六安的粗茶。

　　也有人说六安茶是作为药用的茶，香气不够、滋味不好，还容易发苦，一

[1] 曹霑《脂砚斋重评石头记》，第41回。
[2] 兰陵笑笑生《新刻金瓶梅词话》，第72回。

般用来解油腻、消胀气。像方以智《物理小识》就记载："普洱茶，蒸之成团，狗西番市之，最能化物，与六安同。"[1] 明末清初的普洱茶还算是茶界新秀，刚刚出来没多少年，不像六安茶已经是历史名茶了。古代的普洱茶都是生茶，还没有渥堆发酵的熟茶工艺，而普洱茶生茶的消食作用是有目共睹的。方以智将六安茶的消食作用和普洱茶归在同一个档次，可见其功效显著。到了乾隆年间，著名的医书《本草纲目拾遗》也取用了这句话，可见这种消食作用也是为医家所认可的。

值得注意的是，清代的普洱茶生茶还是以大树茶为主，"性温味香"。当时既没有云抗10号这类选育的无性系品种，又不会大面积台刈茶树。清代普洱茶、六安茶的消食作用，绝不是当代普洱台地茶那种苦涩难耐、横冲直撞，甚至几乎弄到人胃痛的消食，而是"能开滞而不甚峻削"[2]，既消食又不伤脾胃的风格。

有些《红楼梦》研究者会把贾母不吃妙玉泡来的六安茶解读成她们之间有嫌隙，或者妙玉和贾府之间有些矛盾，我想这可能有些过度解读了。《红楼梦》这段故事有个前提，是贾母一行人酒肉之后到了栊翠庵。栊翠庵是妙玉清修的地方，供了菩萨的。贾母一行人满腹酒肉，担心对菩萨不敬，只在禅堂外休息。妙玉泡了老君眉请贾母，被贾母误认为是六安茶。贾母为什么会误会呢？很有可能当时人们喝茶的习惯就是这样，所谓"食毕而茗，所以解荤腥、涤齿颊，以通利肠胃也"[3]，酒肉之后为了帮助消化，会喝一点解荤腥、通肠胃的茶。当时的名茶众多，六安茶去油解腻的功效卓著，或因此成为饭后茶的首选，因此贾母默认了妙玉递上来的是六安茶。

不知道是不是具有消食作用的茶性子相对峻猛，老人家的肠胃不太承受得了，或者贾母就是单纯不喜欢六安茶的风味、没有那么多深意，因此她拒绝了这杯"六安茶"，后来得知是老君眉便坦然喝下了。类似的事情在康熙朝翰林大学士张英身上也能看到。张英是张廷玉的父亲、康熙皇帝的近臣，为人低调、做事认真，为康熙南书房值侍的第一位文臣，也担任过礼部尚书。礼部的

[1] 方以智《物理小识》，卷6。
[2] 嘉庆《六安直隶州志》，卷2。转引自吴觉农《中国地方志茶叶历史资料选辑》，第208页。
[3] 张英《笃素堂文集》，卷13。

事务繁多，其中有一项就是给皇上操办贡茶。张英本人也爱喝茶，比较懂茶，他所生活的时代又与《红楼梦》的年代相近，可以相互参照。

张英曾评价过当时流行的三款茶，他说：

> 予少年嗜六安茶，中年饮武夷而甘，后乃知岕茶之妙。此三种可以终老，其佗（他）不必问矣！[1]

这是一种很高的评价，一辈子喝这三种茶就够了，其他不必问津。张英还用"野士"来比拟六安茶。什么是野士呢？就是有本事、带有棱角，有些狂狷之气的人。这可能与六安茶茶性峻猛[2]、可以消食解腻的特性有关。张英年轻时血气方刚，扛得住六安茶，中年以后身体素质不如少年了，慢慢转向喝武夷茶、罗岕茶这类相对平和的茶。当然，也有可能是六安茶开滞除垢，如同不为条条框框束缚的野士一般，对上了年轻人血气方刚的脾性。张英人到中年以后渐平和，便转而欣赏武夷茶、罗岕茶了。这并不是说六安茶不如武夷茶或罗岕茶，而是在不同的年龄阶段，因为身体或者心境的关系，选择不同茶性的茶。如果六安茶不好，他又何必说"此三种可以终老"呢？

张英对茶的评价，不仅展现了他对茶的理解与品鉴力，也以茶表达出某种人生境界。年迈的贾母不吃六安茶，是否也如老张英一般的缘由呢？

六安贡茶

六安茶产于古六安州，地理范围大致包括今天的安徽省六安市及其所辖霍山县、金寨县毗邻地区。其地产茶历史悠久，陆羽《茶经》所列寿州茶，主产茶叶的寿州盛唐县便在六安州境内。唐代寿州茶声名远播，一直传播到

[1] 张英《笃素堂文集》，卷15。
[2] 张英也曾评价六安茶茶性"温醇"，但那是和松萝茶的"削刻"比较而言的。松萝茶在当时被不少人评价为对脾胃不太友好的茶类，相比于松萝茶，六安茶的确算是温醇。但这并不影响六安茶因相对显著的消食功效，而有着偏于"峻猛"的茶性。

边疆，连吐蕃的赞普也有收藏。到了北宋，朝廷设"十三山场"搞茶叶专卖（榷茶），仅寿州一地就有麻步场、霍山场、王同场三个山场，每年茶产百万斤以上。其中，麻步场（今金寨县响洪甸水库一带）的茶价还是十三山场中数一数二的。不过，唐代的寿州茶中比较驰名的是"霍山黄芽""霍山小团"，宋代的十三山场也是以生产日用的平价茶为主。换句话说，在唐宋时代，"六安"之名尚未显著。

到了明代，六安茶入贡，声名鹊起。"六安"主要是指六安州，按照明代的行政区划，六安州隶属南京畿内的庐州府。根据当地方志的记载，六安州每年贡芽茶200袋，每袋1斤12两，合计350斤（约合208.88千克）[1]。到了弘治七年（1494），朝廷分设霍山县，六安州的产茶之地大部分被分入霍山县界内，六安州、霍山县俱上贡茶品，汇于六安州总进，故而世人多统称二者为六安茶。[2]正德二年至四年（1507—1509），陈霆在六安州担任判官，说六安茶"官贡私征头芽一斤价至白金一两"[3]，虽然是在批评贡茶对百姓的剥削，却也反映出当时六安茶的地位。其所著《两山墨谈》亦载："六安茶为天下第一，有司包贡之余，例馈权贵与朝士之故旧者。"[4]六安茶不但上贡，而且上贡之余还专门被拿来赏赐权贵和故老。

然而，自嘉靖、隆庆以后，六安茶的风头渐为苏州的虎丘茶、天池茶，杭州的龙井茶，徽州的松萝茶等所掩，落到了"茗饮殊不称六安"的境地。这大概是因为绿茶工艺的革新——隆庆、万历年间正是中国绿茶从蒸青工艺向炒青工艺过渡的时段。六安茶大概在那个时候处于工艺转型期，制茶技术不成熟，故而评价不高。许次纾《茶疏》对六安茶工艺的批评，便是佐证。

到了清代，六安茶依然作为贡品入贡，且上贡的数量逐代增加。据嘉庆

[1] 明清16两为一斤，故每袋1斤12两计1.75斤，200袋共计350斤。参照《中国科学技术史·度量衡卷》的考证厘定，明清两代每斤约合596.8克，故350斤茶约合208.88千克。本书凡涉及古代度量衡换算，俱参照《中国科学技术史·度量衡卷》，后不复注。

[2] 参见顺治《霍山县志·贡茶》（转引自朱自振《中国茶叶历史资料续辑》第162页）、雍正《六安州志》，卷8。

[3] 方弘静《千一录》，卷16。后不复注。

[4] 陈霆《两山墨谈》，卷9。

九年（1804）的《六安直隶州志》记载："天下产茶州县数十，惟六安茶为宫廷常进之品。欲其新采速进，故他土贡尽自督抚，而六安知州则自拜表径贡新茶达礼部，为上供也。"[1]地方名茶一旦成为朝廷固定采办的贡茶，往往会增加百姓的负担。六安贡茶从明代初始的200袋，一路累增至乾隆元年（1736）的720袋。后因考量民情，在乾隆六年（1741）改依康熙五十九年（1720）的400袋为准，不复增派。咸丰之后陆续取消地方贡茶，而六安茶仍旧保留，足可见其地位。

"老六安"

历史上同名的茶品众多，以地名为茶名的尤其多，今人常张冠李戴，把六安茶与六安瓜片混为一谈。实际上，医书记载六安茶"能清骨髓中浮热，陈久者良"[2]，这种消食、药用，且以陈为贵的茶，或许更接近现在所说的"老六安"，或者历史上的"六安小篓"。

"清初四僧"之一的弘仁（浙江）曾经写信给友人吴揭讨要六安茶，信中说：

> 所最苦者，故乡松萝，不贴于脾，至涓滴不敢沾啜。极思六安小篓。便间得惠寄一两篓，恂为启脾上药。篓僧感激无量。[3]

弘仁说自己家乡的松萝茶对脾胃不甚友好，导致他一点都不敢沾，他非常思念"六安小篓"茶，后者更加开胃健脾，希望朋友可以给寄一两篓，他将感激不尽。关于这个"六安小篓"的工艺已经不易考证了，不知它是否从许次纾记载的"以竹造巨筍，乘热便贮"的方式发展而来。

后来人们常说的"老六安"，应该是清末、民国时期的祁门安茶，又称"安

［１］ 嘉庆《六安直隶州志》，卷7。
［２］ 赵学敏《本草纲目拾遗》，卷6。
［３］ 释弘仁《与吴仅庵》，载汪世清、汪聪辑《浙江资料集（修订本）》，第48页。

茶"。至于为什么叫"六安",大约是因为当时六安茶声名在外,祁门、六安同属安徽,相距也不算太远,故而有所托名。这与现在闽北地区许多非武夷山市的茶叶称"武夷"有点类似。当时祁门安茶的茶票(类似防伪说明书)上往往写着"向在六安采办雨前上上细嫩真春芽蕊""地道六安茶""真正六安茶""六安贡品,四海驰名"之类的标语,以凸显原料之金贵。哪怕后来安茶已经改成在广东佛山生产了,包装上依旧有"向在六安"的字样,由此可知六安茶在当时的名气和影响力了。祁门安茶在杀青、揉捻之后要晒坯、烘干,到秋天再打火、承露、装篓、干燥,相传要陈化三年才上市销售。然老安茶的传统制法因战乱而出现断层,后来虽恢复生产,但复原程度如何、与历史上的六安茶有何渊源,还需要有更详细的考证。

近几年,六安地区也创制了"六安篮茶",或者也有叫"金寨篮茶"的。选用六安地区的原料,以类似祁门安茶的方式制作,成品也是垫上箬叶、放入小竹篮之中。然以目前遗留下的"老六安"老茶来参照,民国时期的安茶选料细嫩,虽然经过多年陈化,依然香气扑鼻,茶汤细腻顺滑,甘甜可口。当代的祁门安茶或六安篮茶,若是选用后期相对粗老的原料来制作,恐很难达到那样的效果。当然,选料可以调整,工艺也有探索进步的空间,一切仍得就茶论茶,不可一概而论。

从梅片到瓜片

如果说历史名茶六安茶不是六安瓜片,那么六安瓜片的故事应该如何谱写呢?

若从"片茶"的角度入手,六安地区曾生产过"梅花片"。刘源长《茶史》将梅花片列为六安诸茶之冠,和安徽所产的珠兰、松萝、银针、雀舌等特产茶并列入进贡清单。然当时的地方进贡和朝廷派专员督办的严选贡茶不同,"聊表孝心"的政治意义往往大于茶叶品质本身。袁枚的《随园食单》曾记载过六安梅片,但排名垫底,不甚光彩。当然,综观袁氏网红食单的行文脉络,仍着重报道当时流行的武夷、龙井、阳羡等老牌大IP,察其对六安银针、毛尖、梅片、

六安瓜片鲜叶
（徽六供图）

安化等茶"概行黜落"[1]的粗暴评价，也不排除他没能品尝到真正核心的梅片茶。

就片茶的采摘标准而言，第一二片叶为提片，第三叶称瓜片，第四叶为梅片。也就是说，制作梅片茶的茶叶已经相当成熟，不似芽尖嫩叶一般追求鲜爽，而是改走醇厚稳重的路线。不知是否梅片茶的传承出现断层，当今的六安瓜片和梅片虽有同工之妙，然其可溯之源却仅停留在1905年前后。现在，六安瓜片几乎是六安茶的代表了，或者说六安茶本来应该有各种采摘标准、各种档次的茶，而现在一讲到六安，就是六安瓜片了。六安瓜片是绿茶中的一朵奇葩，大部分的绿茶都采芽头，甚至以大叶子出名的太平猴魁也没有放弃芽头，而是采摘一芽二叶，唯独瓜片只有叶子，没有芽头，也没有茶梗。

至于六安瓜片是什么时候创制出来的，现在通行的说法大概是在袁世凯的时代，时间不算太久远。相传六安麻埠有一祝姓财主与袁世凯是亲戚，祝常馈赠土产给袁来维持关系。怎知袁品茶口味奇挑，祝家几次孝敬都没能取悦成功。最后祝家不惜成本，聘请当地的老师傅选用最好的原料仿制贡茶，在齐头山后冲的茶园采摘第一二片初展的嫩叶，精心炒制，炭火烘焙，制成的新茶色、味俱佳，远胜于当地粗枝老叶的绿大茶，终于让袁世凯满意了。此举引得当地茶商跟风仿制，高价收购，声名迅速蹿起，成为当地的名茶。

撇开袁世凯这层关系不谈，1905年前后的六安地区，已有茶行开始进行绿大茶的改良实验。将收购来的上等绿大茶再行精制，拣去粗梗、老叶，名曰

[1] 袁枚《随园食单》，卷4。

"峰翅"，取义"毛峰之翅"。此新品的市场接受度高，或许齐云山后冲的茶农得原料优势，直接按标准采摘如法炮制，制成品成为今日瓜片茶的前身。

火功与火味

六安瓜片比较好，也比较有代表性的山场，大概是在蝙蝠洞、齐山村（齐头山）一带。这一带山势比起响洪甸水库周边险峻许多，坐车进去一路可以见到陡峭的石头，车子越往深处走林相越丰富，一片片的茶园就藏在林子里，必须徒步钻进林子里才能见到。蝙蝠洞这边的茶园也多是重修剪的风格，茶树一丛一丛矮矮的。也是因为冬季寒冷，重修剪可以避免茶树的能量消耗过多，确保来年的产量。蝙蝠洞、齐山村这一带的瓜片茶香气比较特殊，品质较高者带有兰花香，滋味也比较醇厚。

炒制六安瓜片的方法比较特殊，一般炒制绿茶用的是双手，六安瓜片则用特制的小扫帚炒。炒茶的锅也用两口锅——一口"生锅"，即用来杀青的高温锅，茶炒熟之后挪到温度比较低的"熟锅"继续做形，做形也是用小扫帚来做。生锅、熟锅的应用，在其他名优绿茶中也有，例如龙井茶的"青锅"和"辉锅"，又或是像碧螺春，用同一口锅高温杀青、低温做形，原理是相近的。

瓜片茶的加工繁复，尤其是火功的讲究程度丝毫不逊于武夷岩茶。鲜叶杀青完成后，湿茶坯要即时上烘。第一道走水干燥的火称"毛火"，烘篮温度不超过100℃，一般烘至七成干，之后摊凉静置约10小时，让茶稍稍回潮，重新分布茶叶里层的水分。毛火之后便是"小火"，小火的温度偏低一些，此时须用手轻轻翻动茶叶，把毛火阶段未及烘干的水分往外赶，达到九成左右的干燥度。小火之后，必须静置3—5天，让茶再一次充分回潮，氧化掉一些令人不快的气味，方能进入"拉老火"的环节。

拉老火是六安瓜片工艺中最精彩的一步，也是成形、显霜、发香的关键工序。"老火"，简单来说就是在排齐、聚紧的木炭上生火，且火摊子较大，讲究明火快烘。拉老火时，在炭盆点燃一整扎炭，炭火熊熊之际两个人拉着竹焙笼来回走，把焙笼放到炭火上两三秒，又立刻移开，反复操作150次到200次之间，最终达到干茶"宝绿上霜"的外形品质。拉老火的工序将茶叶内含的咖啡碱等物质逼发出来，形成如霜的结晶体，改善了茶性和口感，适合追求口感浓醇的绿茶爱好者品饮。

乌龙茶的焙火，讲究"入火而不伤品种味"。其实放到绿茶上也是一样的。六安瓜片可以有较高的火功，只要它的原料底子够硬，经得起折腾，且制茶师的火功把握得也比较到位，便不失为一泡好茶。但如果一杯瓜片茶带有比较明显的火味，那可能就是品质相对普通了。在实际操作中，真正带有花香的瓜片在拉老火时也会相对保守，因为花香类物质的沸点较低，如果火温太高、茶叶吃火太厉害的话，万一花香飘散就再也回不来了，很影响茶叶的品质。当然，真正的好原料也相对耐得住明火的锻炼。不过，就成就一泡好茶而言，还是以适宜、恰到好处为佳。即便如此，也有人就偏好六安瓜片的高火功，一概而论地认为这种老火焙制、带有火味的茶才是瓜片的"传统"所在。当然，这里的"传统"是必须要打上引号的。

金寨红石谷茶园

都藍

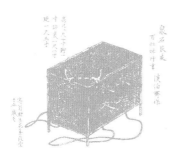

09

祁门红茶：一百年前，就属它最香

六安瓜片是皖西茶的代表，这一章我们聊一聊皖南的祁门红茶。其实祁门红茶清明节前就开始采摘了，我每年去祁门的时间也不固定。但是既然前面连着讲安徽茶，索性就把祁门红茶也放到这里一起分享。

薅羊毛

讲到祁门红茶，还是有点淡淡的哀伤。2021年3月1日，《中欧地理标志协定》正式生效了。其中，中国地理标志产品有275个，第一批100个，第二批175个。第一批有28个中国茶进入名单，包括了大家耳熟能详的安吉白茶、武夷岩茶、普洱茶、福鼎白茶、凤凰单丛、安溪铁观音、六安瓜片、安化黑茶、福州和横州（横县）的茉莉花茶等，还有些名气不太大的例如霍山黄芽、松溪绿茶、江西的狗牯脑、婺源绿茶等。红茶之中，

祁门槠叶种茶树芽叶

有享誉国际的正山小种；其他如福建福安的坦洋工夫，它曾经和政和工夫、白琳工夫并称"福建三大工夫红茶"；还有广东的英德红茶，英德红茶的滋味比较接近滇红，属于相对浓郁的风格；还有一个是湖北宜昌的宜都红，简称宜红，也属于早期出口量比较大的红茶。但是很奇怪的是，被邓小平说"你们祁红世界有名"的祁门红茶居然没有在这个名单里。不但如此，就连第二批的名单里也没见着，这让不少从业人士跌破眼镜。[1] 甚至有人以"外斗外行，内斗内行"来形容祁红的发展现况，足可见其爱之深、责之切。

回顾历史，祁红还真有让人肃然起敬的地方。早在民国初年，祁红就已经出口到世界各地大薅外国人的羊毛，成为国家重点产业之一。从外国赚来的钱可以用来发展国内经济、强化军备。而抗战时期，更有不少有志之士站出来呼吁，请政府善用茶产业来富国安民。如吴觉农先生就在安徽专门做过祁红的调研，提出过许多很有建设性的改良意见。在那个百废待兴的时代，可以出口

[1] 2021年8月26日，黄山市政府与池州市政府在黄山市举行祁门红茶地理标志商标申报协商会，双方同意以祁门红茶协会为申报主体组织申报"祁门红茶"地理标志证明商标，池州市相关红茶企业加入祁门红茶协会，池州市茶业协会参与相关申报。此次会议可以算是黄山、池州二市就"祁门红茶"地理标志商标保护范围阶段性地达成了共识，相信祁门红茶进入《中欧地理标志协定》的中国地理标志产品名单应只是时间问题。

赚钱的产业还是非常重要的。反观当今茶行业发展，用低价或者普通茶充当好茶，再冠上一些看起来很高大上的名头，凭借广告和营销的手法，让很多品质一般的茶摇身一变，成了一斤动辄大几千大洋的昂贵茶，这些人把茶当作奢侈品来做，专门瞄准国内市场，大吸国人血汗，和民国时期茶学大家们的忧国忧民相比，实在令人汗颜。

金牌奖章

关于祁红最广为人知的，大概是1915年在美国旧金山举办的巴拿马太平洋万国博览会，祁红在这场博览会中拿到金牌奖章。但如果多走几个地方，会发现有很多茶都宣称在这场博览会得过奖——到黄山太平（太平县，现名黄山区），太平猴魁得过奖；到河南信阳，信阳毛尖得过奖；就连江西的小众绿茶狗牯脑都在1915年的万国博览会上得过奖。得奖的还远不只这些，很多听过的、没听过的，只要详加探究，也很有可能在1915年的博览会上拿过奖，差不多是通通有奖了。如果我们把视角再放大一些，从头捋一捋当年的得奖名单，会发现得奖的不只祁门红茶，也不只是茶：就金牌奖章来说，北京农业试验场的各种菜蔬、甘蔗、烟，其他地方的农产品例如鸡肉松、笋干、鲜笋等，都是金牌奖章的得主。[1] 这么一说，似乎1915年巴拿马万国博览会的得奖记录该被更理性地看待了。

看历史，必须从它的背景，或者整体脉络来理解。据相关材料表明，袁世凯政府在1913年就开始筹备参赛，成立"巴拿马赛会事务局"。1914年7月，就组织考察团前往美国实地考察巴拿马博览会赛事、搜集情资，并且派专人到旧金山修建中国馆，展现出势在必得的决心。当然了，这种国际赛会不可能只有中央政府一头热，势必要发动各省筹备参赛品，近乎举国动员。当时有19个省参赛，光是展品就超过1800箱，重达1500吨。

[1] 得奖名单参见巴拿马赛会事务局：《中国参与巴拿马太平洋博览会记实》，第123—194页。后不复注。

那个时代的中国，给外国人普遍的印象就是贫穷、落后，不文明。且不说那时的洋人，就我们用现代的眼光来看，也是比较不堪的。所以袁世凯政府积极动员、举全国之力参加巴拿马赛事，就是为了在国际崭露头角，打响中国产品的名声，同时还能扩充中国本土特产外销的销路，也算是利于民生经济的一项举措。有可能是因为政府动员的关系，中国的各种农产品，包括茶叶，在1915年巴拿马万国博览会获得的奖项很多。不少我们现在看起来不太值钱、很接地气的土特产，在当时的赛事都有不错的表现。

即便如此，我们可以注意到一个特例，那就是祁门红茶。

何以见得？在当年的赛事中，除了祁门红茶等少数几款以外，大部分茶类是姓名不详的。以获得大奖章的产品来说，大奖章得奖的大部分是以各省官厅为单位的，像山西有高粱汾酒，广西有玉桂油、茴香油、酱油，但讲到茶，除了农商部有雨前、乌龙、祁门、宁州工夫等茶外，各省就只有"红、绿茶"——没错，就是红、绿茶。到底是哪些红茶、哪些绿茶呢？很可能是打包受奖，具体是哪个单独的品类不得而知。所以，可能除了祁门红茶之外，其他地方名茶也有获奖的，只是材料上没有体现出来。

但特别就特别在这里了，为什么别的茶类多没有专门的品名，而就祁门红茶有呢？查看得奖名单，送审祁门红茶获金牌奖章的还不止一家，上海茶叶协会的祁门红茶获奖了，忠信昌的祁门红茶也获奖了。上海茶叶协会不但送审了祁门红茶，还送审了"红、绿茶"，也获得了金牌奖章，但这"红、绿茶"就没有品名。我想，这应该不仅仅是巧合问题，其背后所反映的或许是"祁门红茶"这一品牌在当时的影响力。当然，也侧面反映出送审人的眼界、思路和理念等。

"传统"

再回到现在的祁红。有些朋友可能会发现，高等级的祁门工夫红茶，外形紧细，金毫显露，泡开后叶底却是不完整的叶子，甚至看起来有点细碎。怎么会这样呢？

传统祁红的工艺关键在"精制"和"拼配"。精制主要是把茶叶打断。传统的精制有打袋、筛分等十几道工序，把条索完整的茶叶装在袋子里往石头上甩，把茶打碎。还要碎得均匀，务求大小、粗细、长短一致。当然这不可能一次完成，要用筛目大小型号各不相同的筛子筛分，把相同的归在一堆、分级，最后把香气、口感各有特色的单号茶进行拼配，调整到比较均衡、比较稳定的状态。换句话说，精制是为了拼配做准备的，唯有茶叶的条索越小，拼配时匀堆才能更均匀。这样既能保证产量、不纠结单号原料的真实产地，又能确保每个批次香气滋味的一致性。当然，也便于冲泡时快速出汤。精制、拼配过后的高档祁门工夫红茶，比起现在追求外形的名优茶，看起来反而像边角料、碎末般不上档次。这或许是祁红在历史上为了适应出口导向所发展出来的传统，而这种"传统"在祁红创制初期，估计也是突破当时的传统的。

曾听说过一种宣传话术：只有在计划经济时代才可能出高品质的祁门红茶，因为祁门红茶的品质源于拼配，而只有在计划经济时代，厂家（国营茶厂）才可以更便捷地调配各地的原料，不像现在的原料东一块、西一块，甚至有些比较好的原料还掌控在小农手上，不易整合。想当然尔！实则忽略了人的主观能动性对茶叶品质所能造成的影响。从现在能喝到的国营茶厂早年出口的茶来研判，其多数不论是原料的档次，还是加工的细致程度，比起现在精工细作的茶（不限于祁门工夫），仍有着一定的差距。就当时的生产背景，鲜叶不论好坏、制茶不论良劣全部交给公家的"大锅饭"，和现在自给自足、自负盈亏的经济形态相比，人的劳动基本是不一样的状态。今日唯有茶园管好、茶叶做好，才能卖得高价发家致富，人们往往更愿意投入心力来管理、运营。换言之，这所谓"各地的原料"，其浮动性是很大的。

现在的祁门红茶已经不仅限于传统的"祁红工夫"了。或者更准确地说，祁红工夫已不再是祁门红茶的主流，市场上能见度比较高的反而是祁红金针、祁红香螺、祁红毛峰等新产品。像2021年的历口斗茶会，就分设祁红毛峰、祁红香螺、祁红金针、非标祁红四类产品，反而不见祁红工夫。金针、香螺、毛峰主要是外形不同：金针是针形，香螺卷曲如螺，而毛峰则介于两者之间，外形微卷，显峰毫。它们不像祁红工夫一样有着复杂的精制和拼配过程，做得好

调速器，工厂只实验性地装了一台，不够用

的话口味清纯，外观又不细碎，反而更符合当代市场的需求。

虽然茶叶的外形改变了，但是出口型、大产量的"传统"影响力仍在，不少祁门人做茶还是偏好早些年发酵（氧化）较重的风格。红茶在发酵过程中，一般以鲜叶揉捻后的红、绿比例来判断发酵程度。以我们做茶的经验，如果非得等茶青发酵到全红再烘干，成品茶往往发酵过头，香型以甜薯香为主调，且容易发酸。如若烘干的温度偏高，或者经过后期的高温提香，成茶多呈现高火功的焦糖香、薯香，稍不注意就黯然若大宗茶，诚算不上雅致。

"工欲善其事，必先利其器。"在许多茶叶产区，为揉捻机加装调速器已然成为做好茶的标配。因为原厂设定的揉捻机往往比较"着急"，转速过快，若是细嫩的原料一放进去，大多会被拉扯到体无完肤，成为"碎茶"。当然，有些做红茶的老师傅会认为这是茶青萎凋不到位所致。但以我的制茶方法而言，其所定义的"萎凋到位"，却可能是萎凋过头了。或许是对工艺的理解有所差异，我曾在祁门多方访求，竟然没能找到真正投入生产的揉捻机调速器。2021年秋天，我下定决心要在祁门历口用加装调速器的揉捻机做茶。也是要感谢一位当地的朋友从中斡旋，合作的厂家才勉强同意先装一台调速器试试。次年春天，调速器正式投入生产，还引来不少茶农的围观。他们以怀疑的眼光看着我那台慢悠悠的揉捻机，仿佛在打量着某个异类，还有人关心是不是机器零件老化、揉不动了。

其实，就算搁置对于制茶工艺理解的差异，单从降低茶青的损耗率而言，调降揉捻机的转速也是一件稳赚不赔的事情。如果原料比较好的话，揉捻一次所能减少的茶青损耗，就已然抵过加装调速器的钱了。然而，或许是正宗的祁门红茶不愁销路，抑或"传统"的力量在祁门过于强大——以前人没这么做，身边其他人也没这么做，即便是在别的产区看到了这样的做法，甚至合作方都提出要求了，当地人也未必有动力去尝试。然而，如果都不愿意以开放的心态给自己多一些可能性，那种不能够自我更新的"传统"，又怎么称得上是真正的传统呢？

产地之争

以增加产量、稳定品质为目的的拼配，自然很容易模糊掉真实的产地信息。也是因为这样，现在要提及祁门红茶的产地，大概会是个比较尴尬的话题，或者说是个比较有争议的话题。祁门红茶不就是应该产在祁门吗？就像安溪铁观音产自安溪、武夷岩茶产自武夷山、六安瓜片产自六安一样。然而，这件事儿放到祁门红茶就成了问题——人们在地理标志的区域认定上出现了争议。

和祁门产生地理标志争议的是池州。从现在的行政区划来说，祁门是祁门县，属于黄山市，而池州则是黄山市以北的另一个市。池州紧邻长江，有水运之便，地理位置相当重要。祁门这一带都是山区，陆运的运输量有限、效率低，古时候主要靠水路运货出县。祁门产茶历史悠久，早在唐代便十分兴盛，当时全县"山且植茗，高下无遗土，千里之内，业于茶者（十之）七八"[1]。祁门人做好茶叶，往往走阊门溪（今阊江）运到外地销售。路线大约是从阊门溪往西南到浮梁（今属江西景德镇），进入鄱阳湖，再转入长江，颇为折腾。而后来兴起的池州则不然，池州就在长江边上，有天然的运输优势。茶叶拼配需要大

[1] 张途《祁门县新修阊门溪记》，载《全唐文》，卷802。

量的原料来源，池州便自然发展成祁门一带红茶精制加工的集散地。各地的原料集中到池州，在池州统一拼配、包装，做成产品"祁门红茶"远扬他乡。

既然池州是祁红的加工集散地，那发源地在什么地方呢？主要有两种说法。

一曰祁门、建德，始于祁门贵溪人胡元龙。根据北洋政府《政府公报》1916年2月23日的奏折：

> 安徽改制红茶，权舆于祁（门）、建（德）。而祁（门）、建（德）有红茶，实肇始于胡元龙。胡元龙为祁门南乡之贵溪人，于前清咸丰年间（1851—1861）即在贵溪开辟荒山五千余亩，兴植茶树。光绪元、二年间（1875—1876），因绿茶销场不旺，特考察制造红茶之法。首先筹集资本六万元建设日顺茶场，改制红茶。亲往各乡教导园户，至今四十余年，孜孜不倦。[1]

二曰至德，始于黟县人余干臣。1991年《东至县志》记载，清光绪元年（1875），余干臣由福建罢官回乡，在至德县尧渡街设立红茶庄，参照福建红茶工艺试制工夫红茶成功，后又在祁门里中（一说历口）、闪里设立分庄。他以高价诱导当地茶农制作红茶，之后又有同行跟进，慢慢地祁门一带做红茶的风尚就兴起了。

至德县1959年和东流县合并为东至县，现在隶属池州。建德县地处东流与至德之间，现亦属东至。从上述两种祁红发源的说法来看，祁门红茶跟池州是有一定关系的。

就当年的出口量而言，当时的祁门红茶并非全部原料都来自祁门。祁门以外邻近区域所产的红茶，也会经过精制、拼配，出去的统一叫作"祁门红茶"。反正当时做出口，要的是大产量和稳定，拼配才是关键。然而，就我们前面一直提到的好茶的几个要素：风土，特定产区所难以被替代的各种条件的总和，

---

[1] 北洋政府农商部《农商部奏安徽茶商胡元龙改制红茶成绩卓著请给予本部奖章折》，载《政府公报》，第81册第580页。

包括自然条件和人文条件，以自然条件为主；品种，祁门红茶的当家品种"祁门槠叶种"是有性系的群体种，如安徽绿茶那章所述，群体种的品质表现非常依赖好的风土；以及工艺，其实工艺是比较容易被复制的，尽管如此，很多特殊的工艺还是要依托于当地的原料才能展现，若是换一种原料用同样的工艺操作就未必合适了——对照这几个好茶要素来看，还是祁门县境内的茶叶会比周边几个产区更具代表性一些。祁门红茶以祁门为名，估计也和祁门的原料比较好有关系。

因为时代的发展或某些政治因素，祁门当地的老厂房没怎么保留下来，反而是池州还留有加工祁红的老茶厂。这是非常值得庆幸的事情，也要感谢池州人民。然而，可能从文化的角度来说，厂房固然代表某个年代的产业印记，但我们在做产业论述时，也需要尊重历史事实。不管是老厂房，还是产业发展的轨迹，始终难以替代自然环境，特别是一地的独特风土所赋予茶的韵味。

西路，南路

从祁门县的地理来看，祁门红茶可以分为西路、南路和东北路三个主产区。三个地区的风格各异，出来的茶也不太一样。西路以历口为代表，历口镇到箬坑乡一带的山场是肉眼可见的地质多岩石，也有一定的海拔。这一带的好原料如果加工得当，有的会带有些许玫瑰花的甜香。这里的玫瑰花不是指情人节花店卖的玫瑰（实为月季），而是中国传统的玫瑰花。像山东平阴的重瓣红玫瑰[1]，其香气和历口的祁红就很接近。西路产区总体来说，箬坑会比历口的环境更特殊一些。南路和西路的风格比较接近。有些人说西路的茶好，也有些人站队南路。南路的山场主要有闪里，民国时期几位老茶学家做祁红研究的地方就在闪里，其他还有乔山、祁红乡等地。祁红乡的山场环境也是石头山，山势高峻，

[1] 关于平阴玫瑰可参看后文"玫瑰花茶"一章。祁红的香气应该是哪种香？兰花香，玫瑰花香？其实，玫瑰花香之于祁红大约有点像豆花香之于西湖龙井。豆花香虽不是西湖龙井最高级的香气（顶级的西湖龙井茶带有兰花香），但却是西湖龙井最典型、最具代表性的香气，祁红也可以此类推。

祁门历口镇茶园

生物多样性也丰富，是能出好茶的典型山场。至于东北路就相对普通一些了。

西路产区的箬坑再往北，过了牯牛降会到安凌镇，安凌镇再过去就是石台县，石台县已经进入池州市的地界，不属于黄山市境内了。当然，牯牛降在祁门和石台的交界，其中大部分还属于石台，故而石台靠近祁门的部分也是能出好茶的。祁门过了历口再往北，箬坑的山场是很不错的，牯牛降也好，但是到了安凌，或者再往北走，就好像进入了另一个世界，山形地貌、茶园风格都完全不同。尽管如此，池州也不排除有个别片区能出产好茶，如贵池区的霄坑山场就很好，还有青阳县的九华山。贵池的霄坑绿茶、九华山的黄石溪毛峰都有很不错的作品，在当地也算是一绝了。

蛇伤研究所

说起祁门，有一种动物值得一提，那便是蛇。

在各个茶产区之中，武夷山是非常喜欢宣传茶园里的蛇的。记得有一年发洪水，武夷山的毒蛇纷纷现身，有那么几条蛇的照片，一时之间几乎刷屏我的

祁门安凌镇茶园

微信朋友圈。为什么要宣传蛇？除了新奇有趣之外，更因为蛇对生态环境的要求比较高。茶园里有蛇，特别是有很多种蛇、很多毒蛇，可以间接反映出当地的生态链完整，有蛇类生存的空间。而好生态的茶园，它所出产的茶叶怎么会不好呢？

实际上，皖南的蛇也非常多，其中尤以祁门为最。祁门的蛇多到什么程度？祁门有全国著名的蛇伤研究所。

祁门的毒蛇，常见的有蕲蛇、竹叶青、银环蛇、眼镜蛇、蝮蛇等，无毒的蛇则以菜花蛇为多。其中，以蕲蛇的毒性尤为剧烈，当地百姓称为"五步倒"。菜花蛇虽没有毒性，但有的体积硕大，也是怪瘆人的。有一年谷雨，一位朋友在祁门山里遇到一条约莫2.5米长的菜花蛇，当场吓得腿都软了，根本没敢看清楚蛇的模样，掉头就跑。用她的话说，就是"在梦里都没见过那样大的蛇"。因为蛇多、毒蛇多，每年被咬伤的人也多，祁门县医院便以丰富的蛇咬伤治疗经验而著称。当然，这也是依托着新安医学的深厚积淀。据报道，祁门的蛇伤研究所成立于1965年，还是在越南第一任最高领导人胡志明的建议下成立的。这不是一个地方性的小研究所，它的服务范围辐射安徽、江西、浙江、江苏、湖北、山东等十余个省市，远到新疆、云南及国外游客。在某种程度上，祁门简直是中国蛇伤治疗的重镇。

可能真的是因为祁门蛇多，当地的朋友看待蛇的视角似乎和我们不太一样。一次，我跟一位祁门的朋友提起自己在某茶园里碰见了竹叶青（蛇名），对方的第一反应就是："这蛇剧毒，而且不值钱！"这位朋友对于各种蛇的毒性和价格了如指掌，每种蛇毒不毒、万一被咬了解毒要怎么办、得花多少钱、把蛇捉住了能卖多少钱，就像我历数茶叶的品质和价格一样轻车熟路。大概是他们对毒蛇已司空见惯，我几乎没见过当地人拿茶园里的蛇来做宣传，其营销思路和武夷山比起来，似乎还是略欠了一些。

"高香"红茶

位列"世界三大高香红茶"，绝对是祁红的一大卖点。然而，这样的"高香"却显得有些不明就里，尤其是在和大吉岭红茶、锡兰红茶相提并论的时候。大吉岭红茶和锡兰红茶多"高香"夺人，锐利的香可以高到直插脑门。我倾向于用发酵不足的"青味"来解释这类不太符合中国人含蓄悠远的审美，又具有相当侵略性的香气。清饮不行，若是调以牛奶、就着甜点，享受英伦特色的下午茶时光呢？审美体系一转变，这所谓的"高香"似乎又合情合理了。

也许，祁门红茶当年之所以能墙内开花墙外香，正是它独树一帜的"祁门香"与西方人的味觉审美无缝接轨的原因吧。相传，土耳其诗人纳齐姆·希克梅特曾诗咏祁红："在中国的茶香里，发现了春天的芬芳。"可能是文学性的用语产生模糊的美感，即便是在制茶名师辈出、名茶百花齐放的今天，都很难用"春天的芬芳"来形容一款发酵到位的红茶，除非是印度大吉岭这类还带有生青之味的"红茶"。

祁红创制初期，乌龙茶与红茶的区分还不甚明晰，祁红曾一度以"祁门乌龙"的名号在江湖走动，时人也有"红茶之总名，曰乌龙"的论调。1933年，吴觉农、胡浩川《祁门红茶复兴计划》写道："祁红采制，祁门最早……茶以早采为优美，愈迟而亦愈劣。"当时的祁红为了保留香气，还"减少发酵之充

揉捻中的茶青

发酵中的祁门红茶

分"[1]。看来"早采"的茶青和"降低发酵程度"没准是那时候祁红"高香"的秘诀，而这种风味和现在大吉岭春摘的原叶红茶，或许还真能有几分相似之处。这不禁令人想问，当年拿下巴拿马万国博览会金牌奖章的"祁门香"，和现在祁红的香气一样吗？

"清"

无论如何，至今祁门红茶最为人所称道的还是"祁门香"。"祁门香"或许是个比较模糊的概念，它无法像洞庭碧螺春的"花果香"一样被清晰且精准地描述出来。当然，越是模糊的概念，所能诠释的空间就越大，商业上的可操作性也就越高。如果非要定义"祁门香"，大概就只能说是一种独特的地域香。

有人说"祁门香"其实是一种拼配香。当地原生的祁门楮叶种茶树本身就带有高香的特质，经过红茶的加工工艺，让茶树品种的优势更加彰显出来，再根据不同的原料拼配，所出来的特殊香气就叫作"祁门香"。我不知道这样的解释能否让人明白？反正我是不大明白的。并非我们标新立异、刻意要逆着市场上通行的说法，而是大部分的所谓"祁门香"，放到现在众多的红茶当中，并不具备太突出的表现力。现在的茶树育种技术突飞猛进，制茶工艺也不断精益求精，要把红茶做成高香的风格早已不是太难的事情。而新选育出来的品种大多自带高香基因，只要加工得当，香气令人惊艳。换句话说，如果一款茶单纯"高香"，却没有自己的特色与足够的辨识度，是不易有太大竞争力的。即使这样的香气真的就是清末、民国时期祁门香的100%复刻，那也不代表就能适应今天的市场。

那么，祁门红茶有没有自己独特的香气呢？如前文所述，祁门西路、南路的好原料，如果采制得当，有一部分会带有玫瑰花香[2]。据当地的朋友分享，

[1] 吴觉农、胡浩川《祁门红茶复兴计划》，载《农村复兴委员会会报》1933年第7号，第13页。
[2] 有研究指出，祁门楮叶种中的香叶醇含量较高，而香叶醇具有玫瑰花香，此或为祁红玫瑰花香的来源。当然，近期市场也传出反对宣传祁红的玫瑰花香的声音，因为能出玫瑰花香的祁红，对原料、工艺都有相当的要求，而市场上大部分祁红是不具备典型玫瑰花香的。

带有玫瑰花香的祁红，往往刚做出来时未必就有玫瑰花香，玫瑰花香是茶叶在存放了一段时间之后自然转化出来的。不过，能转化出玫瑰花香的祁红，它一开始的香气一定很好。如果茶叶刚做出来时没有特殊的香气，后面也很难转化出玫瑰花香来。

我们在祁门当地遇到的某些原料，香气确实清丽可人，也有辨识度，但这么好的香气若是只能作为拼配的原料之一，很有可能在拼完之后，美好的香气就被稀释掉了，不得不说是一件很可惜的事情。放诸当代追求小众化、精致化的茶叶消费市场，对于茶叶的香气滋味，"清"是一个比较普遍的要求。就好比欣赏音乐，人们可以欣赏独奏曲，也乐意欣赏交响乐，然而大多数人却未必能接受在交响乐中不同乐组吹拉弹唱各自为政，甚至出现令人不甚愉悦的杂音。然而，市场上大多数的祁红给我的感觉，就是香气可以像宣传词一样"似花、似蜜、似果"，有些甚至还带着一些令人不太愉悦的熟薯香，说白了就是好多原料杂糅在一起、互相拉扯的香气，反而牺牲了茶香宝贵的"清"。

拼配就是这样，虽然都是同一种茶，但做的人不同、工艺或手法不同、原料档次差异太大，或者原料间的比例不合理，都会影响茶的最终品质，最直接的问题就是做不到"清"。就算是同样档次的原料，由不同的人来做，或者用不同的方法加工，几个关键节点掌握得不太一样，可能单号茶喝起来都很好，但拼在一起就总觉得像"八仙过海"，一个个都是自显神通的独立个体。这样的茶在香气滋味的表现上，一加一就未必大于二了。当然，好原料是拼配的基础，拼配得当的茶也别具特色。我们私下里也曾接触过一些几个小山场拼配出来的祁红，能喝出它们从初制到拼配都下足了功夫，也能称得上一个"清"字。

也许这是祁红产业需要再一次寻求突破的地方。现代人的喝茶需求改变了，市场也不再像是早年单纯出口赚外汇的背景。国外喝茶往往添加其他食料、香料来调味，或者是佐以餐点，又或者喜欢用茶来调其他食物的味道，而国人还是以清饮为主，偏爱茶叶的条索完整，讲究香气、滋味的清纯度。即便是拼配，也应依照当代喝茶人的审美来调整。

10

永春佛手：怎能怪我随波逐流

过了谷雨，茶树的芽头差不多都长开了。对于乌龙茶来说，一些小开面、中开面的茶差不多能做了。茶树的芽头其实是一层一层的，小开面就是茶芽刚刚长开的状态，叶片还有些嫩，拿来做乌龙茶还不太合适。我做乌龙茶比较喜欢用中开面再偏嫩一些的原料。如果长成大开面了，茶虽然不能算很粗老，但按我偏好的工艺来说，内质就有点经不起做了。一般茶厂则喜欢采中开面偏大的茶青，偏成熟的茶青在加工时容错率大一些，而且叶子大点压秤，能出产量。

绿叶红边

永春佛手是乌龙茶中的著名品类，属于半发酵茶。半发酵（氧化）的"半"是个虚数，并不是说二分之一，实际上绝大多数的乌龙茶也做不到正好50%的发酵度。我们怎么来看发酵程度

采摘佛手茶

呢？有个比较直接的方法可以参考——看叶底绿叶红镶边的红边占比。一般会认为"三红七绿"，也就是红的部分占叶子的30%左右是比较合适的。这样既有发酵的香，又保留一些茶叶的鲜爽。

不过，看绿叶红镶边有一个误区：片面地追求茶叶的红边要镶得特别整齐、漂亮。从实践的角度来说，只要掌握美颜要领，按照套路来做，红边能做到要多漂亮有多漂亮，既均匀又完整，鲜红色的一圈就镶在叶子的边缘。实际上，这一类高颜值的茶却未必是好茶，有一些做青根本没做透、喝了刮胃的茶，也具备明艳动人的绿叶红镶边。很多喝茶的人，包括部分教科书都用镶红边来说明茶叶已经做熟、做透了，其实不尽然。

事实上，叶底是否红镶边、红边的程度，包括茶汤是"红"是"绿"等，它们与茶青是否做熟、做透并没有必然的联系。"红"不一定透，它有可能是闷出来的积水红或死青红；而"绿"也未必等同于茶叶没有脱青，有可能是茶树品种、青房的温湿度或工艺使然，让做透了的茶叶色泽黄绿，却未见发红。

陆羽《茶经》曰："茶之否臧，存于口诀。"茶叶的好坏主要还是得喝，得靠嘴巴来判断。陆羽距今已约1300年了，而道理仍然不过时。如果喝茶不重视

"喝"，只用看的，就舍本逐末了。类似的误区还有很多，比如以茶叶是否倒立来判断龙井茶是不是正西湖的，以叶子大小或叶脉、叶缘锯齿的形态来判断普洱茶是不是大茶树（古树茶），以叶底有没有马蹄结来判断是不是荒野茶，甚至以叶形是否整齐划一来判断是不是纯料茶、有没有拼配等，这些基本是不事生产者坐在空调房里想当然地总结出来的所谓"窍门"。它们是很容易掌握没错，但往往是谁掌握了，谁就离茶越远。

再回到绿叶红镶边。乌龙茶的叶子上为什么会产生红边呢？红边是碰撞出来的。打个不恰当的比喻，就好像人跌跤了身体会红肿或瘀青一样，茶树的叶子受到了外界的磕碰，也会造成或多或少的损伤，进而引起一系列的化学反应，产生独特的香气。所以安溪铁观音制茶师魏月德先生常说：不是绿叶"镶"红边，而是绿叶"伤"红边。

中（zhòng）

制作乌龙茶有个很重要的环节——摇青，有些地方叫作浪青。"浪"是闽南语的发音直译过来的，不过大多数人还是喜欢说摇青。摇青有很多种手法，除了摇青的工具、次数、时长、间隔时间的不同之外，不同程度、不同力道、不同方向的做法也各有讲究，主要看茶青的状态来决定。中国人的东西就是这样，要找一个中庸之道。很多人以为中庸是"中间偏左向右看"的居中，实则不然。中者，中（zhòng）也，就像箭射中目标一样，要的是做到恰到好处，无过无不及。不但如此，这个恰到好处的点从来不是固定的，而是随着各种内在、外在条件的变化而变化。就好像骑马的人射移动中的猎物一样，除了一定要射中这点不变以外，人只能顺应着时刻变化的条件，以求命中目标。

套用到做茶上来，可以总结为老掉牙的八个字，就是"看天做青，看青做青"——随时根据天气和茶树鲜叶的状态来决定具体的制作方法。经常看到有人去茶区围观做茶，特别认真地记录师傅什么时候做了什么、几点几分又做了什么，甚至能记录满满的整个本子。等到临到上手自己做的时候，却手忙脚乱找本子，照着本子做，却怎么也做不好。就是因为没有抓住重点，只是拘泥于外在的形式，像"刻舟求剑"一样。

我们说刻舟求剑，都觉得那个人笨，不知道船划走了，循着船上的痕迹是找不到当初掉下水的剑的。但是到了做茶和品茶上，却还是"刻舟求剑"的老路子，不知道不同产地、不同品种、不同茶园管理、不同采摘状态的茶树鲜叶完全不同，也不知道不同季节、不同海拔、不同天气，乃至不同茶厂环境、机器状态、生产安排、工人班底的背景条件不同，做茶的方式方法得根据实际情况实时调整。那么，到底怎么样才对？说白了就是掌握原理，不管用什么方法，能把茶的味觉做到协调就好。用个比较俗的说法就是实用至上，只要把茶做好，让客户认可了就能卖出高价、改善生活也就足够了。

佛　手

完全市场导向的生产状况，让很多地方的茶改种再改种。尤其是某个茶叶品类虽然出名但名气还不够大的地方，原有的品类往往岌岌可危，总有着要被别的强势茶品代替的风险。福建的永春就是其中之一。

永春县位于福建省泉州市地界。泉州是中国乌龙茶的知名产区，以铁观音闻名的安溪县就属于泉州市。早期永春有两大名茶，一个是闽南水仙（或曰永春水仙），另一个是永春佛手。永春水仙和永春佛手早年都是与安溪铁观音、黄金桂齐名的茶。虽然说齐名，但是在早些年前安溪铁观音火遍全国的时候，风头着实被盖过去了。在经济利益的导向之下，永春佛手遭遇过一次灾难，原来的佛手茶树被拔掉，大面积改种铁观音。后来，铁观音价格不行了，佛手的能见度慢慢提高、价格比较好了，以前改种的铁观音又被废掉，改回原来的佛手。

现在讲起永春佛手，可能大家比较陌生了。如果回到民国时期，永春佛手还是有相当的知名度的。

根据1990年《永春县志》的记载，永春最早栽培佛手茶树的是达埔乡狮峰村。民国二十年（1931），狮峰村李姓旅外侨胞创办官林垦植公司，在狮峰岩种植佛手茶，后用特制铁盒包装，通过厦门各茶栈源源转销港澳及东南亚各地，在华侨中博得赞誉。此后，华兴公司亦成片种植佛手茶树。但是到了20世纪40年代末，狮峰岩一带的佛手茶产量锐减，茶园仅存百余亩，50年代以后才逐渐增加。1979年以后，佛手茶有较大发展，茶园面积和产量大增。至1985年，永春全县佛手茶园约有9000亩，年产量4000多担。闽南一带的群众和海外侨胞，不仅把它作为名贵饮料，还作为药用，能够清热解毒，帮助消化。

20世纪70年代初，受到"破四旧"的影响，永春佛手曾经改用过一个很能说明风味的名字——"永春香橼"。香橼是一种芸香科柑橘属的植物，永春当地老一辈的人会以"香橼香"来形容佛手茶的香气，《永春县志》也形容它"香气悠长而近似香橼香"[1]。此外，佛手还有一个别名叫"雪梨"，也是形容茶香的，武夷佛手就很容易出雪梨香。不过雪梨不一定都指佛手，在安溪还有另一个茶树品种也叫雪梨，和佛手的品种特征就不一样。

那么，佛手这个名字怎么来的呢？佛手成名于永春，但是相传发源于安溪虎邱的骑虎岩，和黄金桂是老乡，黄金桂也发源在安溪虎邱。

根据庄灿彰《安溪茶业之调查》（1937年），佛手"相传二十年前（1917年前后），安溪第四区骑马岩上一和尚，取柑桔类之香圆作砧木，接茶穗于砧上，而得此种"[2]。其中，"安溪第四区"系指虎邱、罗岩一带，"骑马岩"应为骑虎岩之误，而"香圆"即香橼之别名。庄灿彰时任福安茶业改良场技师，他虽然做了这样的记录，但是又有所怀疑，故而于文后特地注明："是否可靠，极是疑问。"根据庄氏的调查报告，民国时期，佛手的正名叫"大叶香橼种"，别名"大叶佛手种"，并分红芽和白芽两类，红芽佛手"春芽带红赤色，质高，味香"，而白芽佛手"春芽带白色，质味皆次"。

佛手之所以叫"香橼种"，大约与骑虎岩嫁接自香橼的传说有关。庄灿彰也说，佛手茶树的外形"有似柑桔类之香橼"。根据我们的实践经验，嫩采的佛手茶的确容易做出类似香橼的清香。那又为什么要叫佛手呢？这又涉及芸香科柑橘属的另一种植物——佛手（又名佛手柑）。佛手柑是香橼的变种，二者同属枸

[1] 参见永春县志编纂委员会《永春县志》，第278页。
[2] 庄灿彰《安溪茶业之调查》，第43—44页。后不复注。

佛手茶树叶片

佛手茶树紫芽

橼类，植物性状和果实的香气都比较接近。二者最大的不同在果实的形状：香橼是像木瓜、香瓜那种椭圆形的，而佛手柑则是手指状、半握拳形或拳形的。其中，以手指状的佛手柑最具特色，就好像佛陀拈花微笑的手指一样。很多人喜欢拿它摆茶席，既清香扑鼻，又雅致有意蕴。不知是否因为香橼和佛手柑相似，抑或是传说中嫁接出佛手茶树的主角是位老和尚，乃佛门中人，比较应景，佛手这个名字的使用率逐渐超过香橼，最后成为这个茶树品种的正名。

传说虽然不能当作信史，却往往反映了一定的社会现实基础。然而，传说久远了，外在条件变化了，就往往听起来显得不好理解了。就好像六堡茶的槟榔香，似乎跟槟榔没什么关系。但若是有机会真正接触到传统老品种、老工艺的六堡茶，却是满满的槟榔香，完全不觉得名不符实。佛手的香橼香也有类似的遭遇。现在市面上的很多佛手茶有花香、果香，好一点的可能有点水果的奶香，却很少喝到明显的香橼香，这是怎么回事？一切都脱离不了品种和工艺的结合，当然工艺也包括采摘标准、加工环节，到最后的炭焙。

香橼香

如果以核心产区的概念来看，核心的佛手茶产自永春县的苏坑镇，苏坑的佛手品种是紫芽佛手（红芽佛手）。看茶树、选原料的时候，我个人比较偏好选用紫芽的品种，即芽头还没完全长开，或者初长成嫩叶的时候，颜色有点发紫、发红，不要芽头稍稍长开就绿掉的。陆羽《茶经》说"紫者上"，无独有偶，安溪铁观音、建阳小白的传统品种也是紫芽。一般来说，紫芽的花青素含量会高一些。从实践的角度来看，天然的紫芽品种，茶青往往内质浑厚，但不好做。一旦加工过程没处理好就容易出现苦涩，所以要用相对传统的工艺来对付它，下手可以重一点。

永春苏坑这一带的佛手茶，普遍会等叶子长成熟一些再采，一方面是能出产量，另一方面是成熟的叶子容易掌握，比较好做。而我刚好相反，比较偏好相对嫩一点的叶子。闽南的乌龙茶一般要4月底才开采，但如果对原料有较高的要求，就得提早准备。农作物就是这样，就怕春天的气候不稳定，可能突然来一场雨，雨后气温骤升，叶子很快就长开了。2020年我到苏坑做佛手茶，开采的那天茶园主很舍不得他园子里的茶，他们自己是不会采这么嫩的，采得嫩，叶子小不压秤，产量瞬间就缩水了。后来关注到了天气预报下周会下雨，一连四五天的雨，如果现在不采，雨天的茶就更不能采了，他才勉为其难地安排工人进园开采。当然这样做，茶的成本也是比较高的。

2020年的佛手茶是4月19、20日两天采摘的，正好是谷雨和谷雨后一天。据说节气茶往往比较好喝。那两天也是天公作美，天气晴朗、有微风，除了19日的上半夜有些闷、有点湿气之外，其他条件都不错，适合茶叶发香。农产品是靠天吃饭的活计，如果做茶，尤其是杀青的时候碰上低气压，那就很麻烦，香气大概率会发闷。再多的机器、再精良的设备，甚至再好的手艺，还是赶不上自然的好天气。此外，做嫩采的茶青对摇青程度的掌握也要比较精准，虽然说传统制法下手可以重，但具体也得看茶青的状态、看茶做茶。2020年佛手茶品种的香橼香很明显，主要得到好天气的眷顾，另一方面也和这种偏嫩的采摘标准有关。当然，茶叶是农产品，每年的天气都不一样。比如2021年，因为热得早，我4月8日就到永春做佛手茶了。

如果按照安溪骑虎岩的传说，佛手茶是嫁接在香橼树上的，做出来的茶有近似香橼的清香，和现在永春佛手的品种特征还是吻合的。我曾经拿自己做的佛手茶给一位茶树栽培学的专家喝，喝之前并未提起茶名。茶叶一开汤，他就问："这是什么茶？带有一股芸香科植物的香气。"在场的人都觉得很神奇，因为香橼、佛手柑恰是芸香科柑橘属的植物，可见类似的香气在"盲审"状态下也可以达成共识。

佛手这个品种并不只种在永春，安溪、武夷山，乃至海峡彼岸的台湾岛也都有。台湾佛手茶的香气和永春的不同，台湾的佛手一般焙火会重一些，是一种比较沉稳、有点像是新陈皮的香气，带有冷静的风格。而武夷佛手最常听到的形容词是"雪梨汤"，也是属于比较柔和、绵密的果香，茶汤带有些冰糖雪梨的甜润。不过这也不一定，我2019年冬天试制佛手茶的时候，采用常规采摘标准的永春佛手也能做出类似武夷佛手的雪梨汤香，带有一些奶香，反而不一定有嫩采佛手的香橼香。而2022年春天，我又手工制作了一批武夷佛手。在相对嫩采的情况下，制茶过程中虽然出现了典型的雪梨香，但初制好的毛茶香气还是更偏向香橼一些。

凑热闹

茶叶的芳香物质太多太多了，再加上乌龙茶这种半发酵的工艺，用不同的做青手法、不同的做青程度，都能做出不太一样的香气滋味。而来自大自然的、天然的芳香，不像香精那样直接、单一，往往很难取得绝对的共识。就好像武夷岩茶的山场气，即使用靠谱的茶样几个人一同品饮，每个人对那种气息的捕捉与描述也有不小的差别。

我曾经用加了香精的白桃乌龙做品饮测试，发现大家的味觉感受很容易达成一致，没有争议地捕捉到桃子（香精）的味道。然而，当我用新鲜的桃子、用窨制工艺来做的桃子茶，品饮者对于茶叶的香气反而容易出现争议。同一泡茶几个人同时喝，有的人感受到了满满的桃香，有的人觉得捕捉不到桃香，还有的人链接到了其他水果甚至其他植物。其实道理很简单，大自然的东西芳香物质多样而繁复，不像香精那样单一，可能因为每个人感官的差异，或者生活经验的差异，面对这种复合型香气，大家所捕捉到的味觉自然也就不太一样。这就是来自大自然、最天然的香气和人工合成的香精的最大差异。

佛手茶做出来，拣梗、炭焙之后，再请当地做佛手的几位老师傅品鉴，他们表示好久没有喝到这种传统味的佛手茶，香橼的香气太明显了。现在市场上的不少佛手茶和几年前的铁观音一样，越做越青，香气飘飘的、茶汤滋味淡淡的，没什么回味。这几年我断断续续去了几趟附近的漳平，漳平水仙也在逐步走上这条不归路。让我感到疑惑的是，这些不太知名的茶产区，原料品质还不错，茶好好做是会有竞争力的，怎么就老爱玩别人玩剩下的呢？现在的安溪人也慢慢能反思这种飘香型铁观音的缺陷了，反而是永春佛手、漳平水仙还乐此不疲。

再细细研究，才发现原来又是比赛惹的祸。为了地方产业发展、促进制茶技术提升，地方政府往往喜欢办比赛，请一些专家学者来参与、评选所谓的茶

林子里的佛手茶树

王。但很可怜的是，这些所谓"科学家"太理性了，他们总想要给茶制定一种美的标准，搞到后来各地的比赛茶几乎带有同一张网红脸，安溪这样，漳平这样，永春也这样。当我们吐槽网络上的美女已经长得一个样、妆容也差不多，不同角色的脸辨识度极低的时候，其实在比赛的评审体系下，茶也有这个趋势。出现这种问题，市场因素占一部分，也有一部分是源自这些所谓专家在审评台上评奖时的引领。

现行这套审评的体系让审评员或者所谓的专家的口味偏好趋同，而这批审评员又流动于各个茶区，评完安溪评永春，评完永春再到漳平，搞来搞去都差不多的一批人，评出来的茶的香气滋味也大同小异。一年这样、两年这样，以名导之、以利诱之，当地的这些制茶人为了评奖，只能按照评审的口味套路来操作、见招拆招，而其他那些不受评审喜爱、没法得奖的口味和相应的那套工艺，就逐渐没落了。

我经常用"网红脸"来形容那些按照评奖套路做出来的茶，特别香，一开汤就先声夺人，也不能说难喝，就是感觉没有灵魂，更没什么韵味。举办这类茶比赛越多的地方，好像这种情况就越严重，实在令人不胜唏嘘！

爐

凤凰单丛：成也香水，败也香水

一般做佛手茶的时间，或者说大量出产佛手茶的时间应该要比谷雨再晚一些的。气候不反常的年份，若是在谷雨，甚至谷雨之前采摘的情况，反而算是特例。但是广东潮州的凤凰单丛就不算是特例了。广东的纬度更低，天气热得更快，茶树生长的周期一般来说也更短一些。当然，茶树品种也不一样。

我们先前讲绿茶时曾聊到，上市的时间并不代表什么，也不能说越早越好。像四川、贵州一带的绿茶，已经普遍种植萌芽比较早的新品种，加上种茶的地方比较热，所以茶树萌芽早，上市自然就早。而广西、海南这一带更热，种出来的茶带有很明显的热带茶的特征，苦涩浓强，从茶汤的适饮性，或者说细腻柔顺的程度来说，就比不上时间更晚一些的江浙绿茶。这一点放到乌龙茶上面来看也是这样，很多时候"早"并不能代表好，只能说它的种植纬度、积温，或者说品种

凤凰水仙大茶树

有比较明显的优势存在，当然这个优势是基于起跑比别人早、抢占市场比别人快的立场出发的。

"单丛"

凤凰单丛的"凤凰"是地理名称，指的是广东潮州的凤凰镇，或者说凤凰山。那么单丛是什么呢？单丛其实就是"单株"的意思。最早的单丛茶是单株采摘、独立制作的。有一阵子普洱茶流行的"单株"其实就是同样的操作方法。当然，现在普洱茶讲单株已经有点过气了。市场大浪淘沙，消费者大概也了解到"单株"多少带有智商税的成分。普洱茶单株确实有极好的，但并不能说明只要是单株就好，有些单株茶的表现力也不尽如人意。

这样问题就来了，普洱茶是大树茶，一棵树可以出十几二十斤鲜叶，做出几斤毛茶没问题，说单株制作大家还可以理解，毕竟茶树够大。但现在我们到凤凰单丛的茶园看，茶树一排一排的、矮矮小小的，怎么拿来做单株？那么小的一棵茶树能采多少叶子？单株采摘、单株制作似乎感觉不太现实。原来，最早的凤凰单丛茶树和现在的不一样，现在常见的是一排一排种得密密麻麻、种得漫山遍野，而且需要人工施肥、管理。这种茶园如果管理得当的话，也可以出产好茶，但出不了极品。

其实，最早的单丛茶树是住豪华别墅的，有充足的空间生长，可以长高、开冠。换句话说，就是向上的空间充足，按照小乔木的特性往上生长，而左右也空旷，树冠可以任性地长开。那时的单丛就像普洱茶的茶树一样，人需要爬上树或者搭梯架才能采茶，不是像家门后院的菜园子收成要弯腰收割的。这么大的茶树，要单株采摘、独立制作，至少从逻辑上来说没什么问题。而现在的凤凰单丛，我们经常听到的一些名字如蜜兰香、鸭屎香、芝兰香、杏仁香等，就是在单株的基础上无性繁殖，例如扦插、嫁接等方法"克隆"出来的品种。也因为凤凰单丛的香型太多、太复杂了，所以有人直接用"香水"来形容凤凰单丛，说凤凰单丛是"能喝的香水"。

香　水

面对香型如此复杂的凤凰单丛，我们应该如何去理解呢？如果到了产区，可能会听到几种说法：有的说品种，例如蜜兰香就是蜜兰香的品种、鸭屎香就是鸭屎香的品种。也有说是香型的，做出来像什么香，就直接说是什么香。乌龙茶的工艺比较烦琐，做青做到不同的程度杀青，用高温把茶叶炒熟，所体现出来的就是不同的香气滋味。凤凰单丛也是一样的。可以说茶树品种就叫蜜兰香、芝兰香、鸭屎香等等，但是就结果来说，蜜兰香的品种能不能做出鸭屎香的香气风格？从实践层面来说还真可以。我曾经做过一款蜜兰香，刻意调整了下焙火工艺，虽然名字还是蜜兰香，但它所体现出来的香气几乎与市场上多数的鸭屎香无异。这时候它还是不是蜜兰香的品种，似乎就不是那么重要了。按市场行情来说，鸭屎香的价格还更好。

早年有些教茶的老师习惯以凤凰单丛作为品鉴茶香的入门教材，这可能是

凤凰镇茶山

在北京这种不产茶的大都市的空调房里想出来的。如果有机会去产区，会发现单丛的香型根本不是那么回事。它远比你想象的还要复杂，而且是一种完全没必要的复杂。何以见得？假设今天我们去产区要找一款蜜兰香，你会发现每家每户拿出来的蜜兰香，香气都不太一样，而且域值挺广，最高的和最低的、最左的和最右的可以相差百八十里地。不只是蜜兰香，所有的香型都有类似的问题。如果有长期合作的厂家，用自家的原料、自家的工艺做出来的，可能还能区分出来。倘若换成别人家的，可能又要重新认识、重新定义了。

　　单丛茶的复杂还远远不只有这些。大家经常会听到一些很接地气的、不知所云的名字，例如"锯剁仔"，锯剁仔大部分是杏仁香的香型，还有乌叶、白叶、兄弟仔、宋种等等。宋种还算比较有名，但要是没喝过这些名字的茶，就压根儿不知道它们是谁，只能放在凤凰单丛这个高香的大框架里想象。其命名的逻辑大概只属于当地人，而且略显混乱。像锯剁仔来自叶子的外形，叶缘的锯齿比较锋利，像锯子一样；其他有用香型分类的，例如蜜兰香、芝兰香；还有用叶子的颜色分类的，例如白叶、大乌叶，都比较好理解。但是它们之间彼此的关联是什么呢？说不清楚。其他还有用地名命名的，比较常听到的是"雷扣柴"；有用茶农名字命名的，例如忠汉种、猴种；还有用文化典故的，例如八仙过海、宋种、兄弟仔。还不止这些。这些只是单一元素，继续深究还有A+B、A+C等等的排列组合，已经有点超出外地人所能理解的范围了……

　　所以，我非常衷心地提出建议，建议大家喝单丛千万不要一头埋进去，这样只会让自己迷失。尤其是面对一些太过当地，而且只有在当地才行得通的东西，就不要去过分纠结了。也许可以更极端地说，就连香型都不必过分纠结，因为根本纠结不清，终究还是得回到茶的本质来探讨。

凤凰水仙

　　当然，并非所有茶树都有那些独特的香气，香型茶之外的品种统称为"凤凰水仙"。凤凰单丛的品种专家陈少平先生说，单丛、浪菜、水仙其实是早年收购站收茶的等级之分，单丛即品质优异、制作到位的茶，浪菜其次，而水仙是指不经过乌龙茶的做青工序即炒制、烘干的茶，品级最低。当地的制茶师陈智德认为，水仙是当地茶树品种的统称，一旦茶树的香型特征清晰，就会以香型作为品种名，而香型不明显的则称水仙。另有一种说法是水仙最早称"鸟嘴"，因树叶形似鸟嘴而得名。至于水仙的名称究竟从何而来，为什么要叫作水仙，依旧是个未解之谜。

坊间曾传言凤凰水仙其实是水仙品种从武夷山传入变异而得，或者是早期武夷水仙从汕头出口，潮汕人见巨大的商业利益而眼红，遂仿武夷茶制法做当地茶，成茶以"水仙"为名企图山寨武夷水仙销售，时间长了，凤凰山茶就以"水仙"为名了。这类说法只要言之凿凿地稍加渲染，或许可以成为一段书上没有的"史实"流传。然而，除了逻辑断裂的臆测和一二篡改地方县志而得来的所谓"史料"，实在未见甚可靠的依据。如果仅回到品种本身来探讨，从品种编号来说，福建水仙是华茶9号，凤凰水仙是华茶17号，二者的植物性状、萌芽期、品质特征等全然不同。凤凰水仙谱系庞杂，应属于潮汕地区所独有的原生茶种。如果把凤凰水仙理解成武夷山、建阳、漳平的水仙，还自圆其说地衍生出一套说法来，这是缺乏常识，会闹笑话的。

凤凰水仙属于茶籽繁殖的有性系品种，自带比较大的变异空间。同样的种子种在不同的地方，时间久了，茶树为了适应当地的风土、气候等会开始出现变异。变异可能就容易出现不同于原来的品质特征，将之用特定的工艺加工出来后，也容易做出比之前更有特色的茶。单丛在单株制作的基础上，会比较容易发现或因变异而出现其他特色的茶树，此时再将个别特色鲜明的茶树用扦插、嫁接等方式"克隆"，只要下一代、下下代的性状持续稳定，通过了品种认证，就可以称作是一个品种了。当然，实际的品种选育没有那么简单，这里只是简而言之。

然而，这是一棵种子繁殖的茶树。它在特定的生长环境中不断自我修炼、调适、变异、成长，最终才成为它现在的样子。这棵树所承载的丰富内容绝不是人为或技术所能轻易模仿的。就凤凰单丛而言，扦插或嫁接的茶树固然可以模仿母树的香型，甚至做到比母树还香，然而香则香矣，却欠缺了一泡好茶应有的厚重和回味。说它们是"能喝的香水"，固然是赞扬其香，似乎又意有所指地透露出某种不足。当然，这与当地的风土也有关系，一般情况下，大树的韵味比小树深沉，而乌岽山茶就较邻近几座山头的茶来得更有内质一些。

香而无韵

凤凰单丛是"茶中香水"。用香水来说凤凰单丛的品质特征，大概是比较直观的，毕竟凤凰单丛以香气见长。但是，当我们面对带有中国意象，或者从中国人的审美来看，过于直接的、扑面而来的往往不算最好的。中国人就喜欢那种"犹抱琵琶半遮面""柳暗花明又一村"的婉转之美，或者追求一种"余音绕梁，三日不绝"的韵。所以我们经常用"余韵悠长"来形容一些美好的事物所带给我们的感动。但是，现在市面上大多数凤凰单丛的香，如果放到中华传统文化的框架里来讨论的话，似乎就缺了点韵。这么说可能很多做凤凰单丛的朋友不认可，但是当你不带地方情感、口味偏好地喝过其他地方的好茶，例如武夷山坑涧区的岩茶、狮峰山的龙井群体种绿茶、西双版纳深山里的大树普洱茶生茶等等，就会发现市场上多数的凤凰单丛香是确实香，但总觉得缺了点韵味。

其实，"韵"对一款茶来说，是一项比较高的要求。要能有韵，除了工艺上的极致之外，茶树本身的状态，茶园的环境，包括土壤、小气候、生物多样性、茶园管理等，所有的客观因素都必须到达一个相对高的水平，才容易做出韵来。这绝不仅是工艺一项所能片面决定的。如果有机会到凤凰单丛的核心产区乌岽山，看看那里的生态环境，就知道为什么了——不少地方被开垦得满目疮痍，连片大规模的茶园，植被、生物多样性多数被破坏了。就算地形、土壤等先天条件再好，没了自然生态的基础，也很难做出茶韵来。乌岽山除了山顶上的生态茶园之外，其他不少片区的开垦情况简直令人不忍直视。当然，之所以这么说也是爱之责之，凤凰单丛的产区也有自然环境保护得很好的。那样的茶园做出来的茶同样是香韵皆备，茶汤细腻而不失浑厚，茶香优雅而不失底蕴，并不仅仅是单薄的香水。

凤凰单丛茶有没有韵味比较好的？当然有！凤凰单丛能够持续出名这么

长时间，至今仍坐拥大量粉丝，其代表性产品不可能没有核心竞争力。凤凰镇保有一些保护比较到位的大茶树、老丛茶树，做出来的茶和市面上流行的"香水"很不一样。这种茶树做出来的茶叶可能没有市面上的单丛茶那么香。或者更确切地说，它们的香气不是那种单纯的、直勾勾的香，而是更加含蓄、幽远、持久而回味无穷的香。无论是香气、滋味，还是茶气、韵味的表现，这种大树茶、老丛的识别度都非常高，且自成一格，它们作为凤凰单丛精品的代表，完全不比其他乌龙茶，甚至不比所有茶类的精品逊色。

老丛与台刈

凤凰单丛的老丛怎么界定？市场上说法不一，一般情况下，我会把树龄到达七八十年的划定为老丛。这个界定不光是针对凤凰单丛，而是对小乔木型茶树通行的标准。这个标准不是一拍脑袋随意决定的，而是根据成茶的口感来看。根据我们的经验，小乔木型茶树在树龄到达七八十年左右时，品质特征会有一个整体性的变化，香气、滋味，以及茶的气、韵都呈现出和年轻茶树很不一样的特征，带有专属于老丛的"丛味"。有些朋友可能会好奇，丛味不是武夷水仙才有的吗？实际不然，任何茶树到了一定年龄都会表现出相应的"老树味"。对于小乔木型茶树而言，武夷水仙是如此，凤凰水仙亦然，两者都有丛味，只不过是不同的品种其具体表现有所不同罢了。

需要注意的是，判定老丛不能光看树龄，如果弄不好可能变成另一个被操作的商业概念。茶树鲜叶要呈现出老丛应有的品质特征，除了树龄达标之外，还有一个很关键的要素，就是要没有被重修剪或者台刈过。台刈就是把树头以上的枝干全部割去，俗称"砍头"。重修剪不似台刈砍得那么猛，但也会把茶树修剪得非常矮小。可能是被去除了顶端优势，甚或是出于受创的刺激，经重修剪或台刈的茶树来年出产的鲜叶可能产量会增加，香气也会变高，但奠基于树龄的"韵"却被牺牲掉了。对于有一定树龄的老茶树而言，台刈即意味着某种程度上的树龄归零。或者说，树龄本身可能没有归零，但是台刈之后的老树，它所新发的枝条却是全新的，其所出产的鲜叶，就其成茶的品质而言，树

被台刈的茶树

龄是要重新计算的。普洱茶的台地茶为什么饱受诟病？一个很重要的原因便是源于它的不断重修剪或台刈。令人心痛的是现在凤凰镇很多大茶树都被砍掉或者过度修剪。有些是为了提高产量、增加发芽量，有些是为了采摘方便，但这类被砍过的茶树，就算树龄到了，韵味也不如没有遭到破坏、正常采摘的茶树。

地道风味

茶的韵味，除了茶树自身的品质之外，很大一部分来自自然环境。这里要反其道而行之，变相赞美一下安溪。安溪铁观音近几年有些萎靡不振，评价不怎么样，当然这和它的自然环境普遍被破坏有关。现在安溪政府已经开始重视环境了，包括化学农药管控、梯壁留草等等，保护意识还是比较超前的。再看看其他茶区，安溪在破坏的时候，它们还没有怎么开发；安溪开始发现不能再破坏了、开始出台法令保护环境的时候，有的茶区则刚刚开始破坏环境，或者还处在破坏环境的峰值，鲜少看到政府有积极性的措施来制止。前面提到的

凤凰镇少数生态良好的老茶园

永春佛手、漳平水仙如此，凤凰单丛亦然。在制茶工艺上也是一样。当安溪的"青香"铁观音、绿观音大行其道时，其他产区还用比较传统的方式做茶；现在安溪人在思考过去那种做法出现的种种后遗症时，其他茶区反而开始流行起香而无韵的工艺来。所以从这个角度来说，安溪是先进的，是有可取之处的。

对于我这种外地人来说，做凤凰单丛这类地方性强的茶也有纠结的地方，一个是它的风味过于在地化，另一个是它的价格，似乎也处在一个内循环的封闭体系当中。

先说风味，潮汕当地人泡凤凰单丛比较偏好口感的刺激性。投茶量极大，抓一把茶叶投到盖碗里，光是干茶就要把碗盖给顶起来。热水一冲，盖子一闷，出来的茶香是香，茶汤的滋味却是浓强苦涩。尽管它回甘也强，但一般人大多禁不起这种考验。往往前面的苦涩就把人的舌头给弄瞎了，后面的回甘再好，也不见得有优势。所以，单丛的冲泡到了潮汕以外的地区，投茶量会大大减少，甚至少个百分之六七十都有可能，还是因为扛不住单丛的浓强苦涩。当然，从做茶的角度来说，乌龙茶，或者说所有的茶类都一样，工艺本身就是用来降苦去涩的，或者说通过制作、人为的干预来消解茶叶的刺激性。如果做出来的茶还带有高度刺激性的话，要不就是原料的原因，要不就可能有工艺不到位的毛病。

再谈价格体系。说起价格体系，我在走访产区的过程中，很容易碰到产区"自嗨"的情况。为什么说自嗨呢？很多茶之所以不愁卖，并不是真的不愁卖，而是它压根儿没有外循环。那类茶主要还是本地消费，本地人因为情感、口味习性，或者因为长期以来养成的味觉基因，就天然地喜欢这样的口感，也只喝这样的本地茶。就算外来的茶再怎么好，他们也喝不惯，甚至还能挑出许多毛病来。

这样就容易出现一个问题——价格体系独立于市场的大环境之外。有名的像广西的六堡茶、福建的漳平水仙、广东的凤凰单丛等，都能够发现类似的问题。至于没什么名气、但在一小块地方很受追捧的茶类，也不乏一些产量很少、价格奇高，或者说价格不是绝对的高，但它的品质却未必配得上价格的茶。面对这样的情况，理性分析固然有其合理性，但喝着茶，望着对应不上品质的价格的时候，我心里总忍不住冒出四个字——匪夷所思。

当然，凤凰单丛作为全国性的名茶，不容易像那些名不见经传的小品类那样沉醉在自我的世界里。但是，平心而论，在四大乌龙——闽北乌龙、闽南乌龙、广东乌龙、台湾乌龙——之中，凤凰单丛的价格体系还是相对封闭的。在如今的市场上，凤凰单丛的精品佳作，价格并不比来自正岩核心产区甚至坑涧山场的武夷岩茶便宜。而若是排除掉那些涉及其他考量并非市场正常流通的"天价茶"，在同等品质下，有时候凤凰单丛的精品还会比武夷岩茶略高一些。和武夷岩茶比都是如此，闽南乌龙、台湾乌龙就更不用说了。

碰上地方上自恰的价格体系，要做产品就有难度了。首先面临挑战的就是市场的价格生态。我们做的产品是要带出产地的，要满足多数人的消费需求，口味、性价比都必须考虑其中。有时候，我自己都难以说服自己去接受当地开出来的价格。换句话说，面对体系如此复杂，而且地方特色如此鲜明、如此自恰的凤凰单丛，我们还是应尽量保有消费理性。往往概念越多、说法越多，底下的泥潭子就越深。作为消费者的我们，其实也没必要牺牲自己的味觉感受，迁就一些只属于当地人的地道风味。

最后，还是同样的原则：所有的事情都不能一概而论，关于茶，更是要就茶论茶。以上所说的只是针对目前凤凰单丛市场的一部分情况，它不代表全部，更不代表永远。茶行业的发展日新月异，凤凰单丛的代表性作品亦是魅力惊人。我们相信凤凰单丛会有更多的好作品，也期待茶行业有更好的未来。

立夏

5月5日或6日立夏。

立夏，象征夏季的开始，是乌龙茶春茶的产季，也标志着优质绿茶的结束。古谚云："夏前茶，夏后草。"茶叶在立夏之前还是茶，到了立夏之后就变成草了。

这或许也是在形容绿茶的储存：在没有冰箱、冰窖亦不普及的时代，绿茶若是常温存放，立夏是一个品质剧变的时间节点。立夏之前，茶叶还是香高味长，甘醇可口。过了立夏，不少绿茶的色泽开始变得枯黄，天然的花香会飘散，茶汤的回甘也骤然减弱。严重的，就好像一夜之间被吸干了精华似的，一下子就由活泼清丽的少女变成了干瘪枯瘦的老妪。"夏前茶，夏后草"，仿佛正应了贾宝玉的那个比喻，从珍珠变成了鱼眼睛。

当然，这样的变化或许更多发生在江南地区。北方相对干燥，更易茶叶储存。且这也和制作工艺有关：当代绿茶多是滚筒杀青，炙热的蒸汽充满相对密闭的滚筒，杀青更易到位，成茶品质也相对稳定。而古代炒青基本是柴火锅手炒，敞口的锅本来就容易散热，若是锅温不足、加之早春室温较低的话，杀青的效果就可能打折扣，茶叶便也不那么稳定了。西湖龙井早些年的"传统"是上高火，卖家牺牲掉清雅的花香，把茶叶做成炒豆香风味，便是为着这个"稳定"。

绿茶之中，岕茶是个特例。岕茶堪称晚明第一名茶，它不但不会"夏后草"，而且以立夏为正当时。"明末四公子"之一的冒辟疆很爱岕茶，他曾专门编写《岕茶汇钞》，汇集各类岕茶资料整理出版。里面提到，岕茶在谷雨之前精神未足，立夏之后又梗叶太粗，"须当交（立）夏之时，看风日晴和，月露初收，亲自监采"。

不知道晚明秦淮河的灯火，可曾映照过冒辟疆和董小宛的茶杯，那杯中是否也有过立夏采制的岕茶呢？

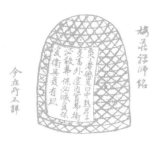

圍爐

梅花猴餅

今在門不譯

　　福建乌龙茶的采摘差不多在谷雨到立夏这段时间。乌龙茶的几个当家品种，像闽北的水仙、肉桂，闽南的铁观音，它们的主产季一般都在立夏前后。有的品种会早一些，比如黄金桂，清明即可采摘。比较迟的也有，大致也就到立夏过后一周，整个乌龙茶春茶的生产也就差不多结束了。再往后天气太热，即便有茶可采，采出来的品质也不好。除非某些特定区域，例如海拔很高或者平均气温偏低的山场，立夏一周后还是能有好茶。"人间四月芳菲尽，山寺桃花始盛开"，若是气温低，植物的生长节奏自然会比其他地方要迟缓一些。

只有"铁观音"

　　安溪位于福建省泉州市境内，后周显德二年（955）设县，旧名"清溪"。宋徽宗宣和三年（1121），方腊在睦州青溪县（今浙江淳安）起义，

采茶

时人厌恶"清溪"之名，遂改为"安溪"。史书上没有记载安溪改名的具体过程，不过"安"自然有安定的意思，既是地方向朝廷表明的立场，也意味着朝廷对地方在政治上的期许。

现在一讲到安溪茶，大家第一反应就是安溪铁观音。铁观音的名气太大了，搞得好像安溪就只有一个铁观音似的。实际上，安溪是闽南众多乌龙茶品种的发源地。除了铁观音之外，安溪还有不少像隐者一样的小品种，当地人统称它们为"色种"——一个带有几分歧视味道的称谓。原本这些品种也是有名有姓的，例如黄金桂、本山、毛蟹、梅占、大叶乌龙等等，这些名词可能现在听起来有点陌生，但它们都是发源在安溪的原生种茶树，1985年时还被评定为国家级的优良茶树品种，与铁观音齐名。

有一年秋天，我在安溪做铁观音的时候，碰上两位从北京来的老师。从他们的自我介绍大概可以知道是在北京教茶的老师。他们慕名而来，到安溪拜访铁观音传承人魏月德先生。可能是因为他们来自大城市，对农村田园这种景色比较陌生，可以感觉到他们对茶园还是挺好奇的，提了不少比较基础的问题。其中让我比较印象深刻的，是魏老师跟他们介绍本山、毛蟹时，他们直接抢话说："啊！我知道，铁观音就是本山、毛蟹做的。"此话一出，我看老魏顿时给

收茶青

噎住了，顿了几秒才反应过来，告诉他们铁观音是铁观音、本山是本山、毛蟹是毛蟹。

在产地说出这种话，任谁都会觉得啼笑皆非，但我是可以理解的。因为茶叶一离开产地到了北京市场，确实很大一部分都叫"铁观音"。甚至有些茶艺、评茶的培训班，还会专门开课教学生怎么区分本山、毛蟹和铁观音。可能也是铁观音的名气太大了，凡是这种揉捻成半球状的茶，或者发酵程度比较轻，甚至带有一些臭青味的半球形茶，市场上都直接叫作铁观音。但是如果仔细探究，它们的品种特征、风味都不太一样，对着喝还是可以感受到的。

还记得2018年的秋天，我写过一篇论述性比较强的文章介绍安溪的几个小品种。其中有一部分就写到安溪茶只剩下"铁观音"，原本有的品种在铁观音强势发展的大环境下，要不拔掉改种铁观音，有些没有被拔掉的，不管你是本山、毛蟹、黄金桂还是梅占，出了安溪都叫作铁观音。这篇文章刚发出来，让有些安溪的制茶人很不高兴，说他们从来没有这样做过，各色品种分得清清楚楚。

我相信这些品种茶在产地还是有名有姓的，但是一旦离开产地，又都化名"铁观音"了。这其实是一种商业氛围造成的，一方面是铁观音的名气太大，反正这些品种茶外观和铁观音差不了太多，只要按铁观音的方法来做，做出来和铁观音很接近，至少对刚开始喝茶，或者不太专业的消费者来说，喝起来都一样，就直接叫铁观音。如果有人问起这是什么？很老实地交代"这是本山，那是毛蟹"，可能消费者没听过，怕买砸就不买了，硬生生失去一次成交的机会。如果直接说这是铁观音，铁观音的名气大，隔壁的老张、老王都喝铁观音，这笔生意成交的概率就会提升许多，省去不少教育顾客的成本。所以从商业上来考量，凡是做成半球形的茶，到了市场上便几乎化名"铁观音"了。

说起品种化名成铁观音这件事，也是挺好玩的。我还在读书的时候，学校的商品部门做了一些茶当纪念品销售，其中就有一个叫作"铁观音"的产品。这款铁观音的味道让我印象深刻，当时觉得似曾相识，就铁观音的风味来说，有那么点意思但是又不够典型。一直到后来深入安溪认真做了几次品种茶后，我终于对上了——那简直就是毛蟹焙了点火的味道！

如果用铁观音来做铁观音，和用毛蟹来做铁观音的利润率相比，毛蟹的利润肯定更高。当然这里并非说有人恶意作假，茶叶尤其是乌龙茶很难说，很难很绝对到一款茶只对应一个风味。而从市场，或者说采购的角度来看，除非足够专业，除非已经总结出一套独立于市场引导之外的味觉体系，要不然就很容易出状况。毕竟，其他品种出了产地之后都穿上铁观音的包装，化名铁观音，除了铁观音声名响亮之外，另一方面也是因为铁观音的价格也比其他品种好。

当然，这是市场造成的，以至于让人以为铁观音只是一种产品的品类，或者以为铁观音和大红袍一样，既是品种，也是一种拼配出来的产品，自然而然地默认了其他品种茶都可以用来做铁观音，或者是用来做成"铁观音"的原料之一。实际上，在安溪或闽南地区，品种对应茶名的情况还是比较单纯的，就算制作过程中有运用到其他品种来调味，如香气不够、增加一些比较香的品种来提香，也是只能做不能说。无怪乎当时我一提起其他品种茶化名铁观音销售的事情，产区的人会跳起来，这也是可以理解的。

黄旦系

先说黄金桂。黄金桂发源于安溪虎邱镇的罗岩村，别名黄旦、黄棪。相传

黄金桂

咸丰十年（1860），罗岩青年林梓琴娶西坪女子王淡为妻。西坪当地有"带青"的风俗——让新娘带上植物幼苗返回婆家，象征世代繁衍。王淡从西坪娘家带了两株茶苗到罗岩，经夫妇俩精心培育后长得枝叶繁茂，成茶色如黄金，奇香似桂，后以王淡谐音黄棪（旦）为名，流传至今。黄金桂早年出口东南亚，因其独特的风格深受华侨喜爱，最热销时曾经一茶难求，侨商戏称"比黄金还贵"，可见其不菲的身价。

黄金桂是高香品种，有着"未尝先闻透天香"的美誉。早在民国时期，台湾茶商用黄金桂参加比赛和展会，就有"闻皆取用之"[1]的效果，只要闻到香气，茶叶就会被选中。因为它的高香基因比较强势，现在武夷山有很多新品种如黄观音、金观音、黄玫瑰、金牡丹等，都有黄金桂的基因。除了黄玫瑰，另外三个都是黄金桂和铁观音的后代，它们的共通特点就是"香"。不知道是香气太高，还是制作工艺的关系，这些带有黄金桂基因的新品种，为很多偏好武夷岩茶的人所鄙夷，经常用"黄旦系"或"闽南系"来统称它们。但这只是从消费末端出发的视角，事实上，这些被不少人排斥的黄旦系品种，在武夷山市却广泛种植。

这是什么原因呢？为什么一边鄙视它们，一边又大量种植？说白了还是

[1] 庄灿彰《安溪茶业之调查》，第56页。

市场趋势，香的茶好卖！像黄观音、金牡丹这类品种拿来做红茶，香气特别突出、有杀伤力，不管它们最终是以乌龙茶还是红茶的面貌呈现，都是容易受到市场欢迎的。用这样的茶来拼配提香，当作独家技术保密起来就行，在销售上还是非常占有优势的。

然而，这些小品种或者说非主流品种，只要一承认自己是谁，好不容易因神秘而建立起来的价值感就瞬间破灭了——不说它是黄观音，茶客当肉桂喝了满心欢喜，即便滋味上有点苦涩，也可以理解为煞口，好像肉桂就是要煞口，还能找个"不苦不涩不是茶"来自我说服。可若是一说它是黄观音，这些茶客便能立刻说出一大卡车缺点来，茶自然显得不好喝了。这可能也是它们只能作为拼配原料之一、把自己隐藏起来的宿命，或者换个独特的名字重出江湖，反而又大受欢迎。这种现象不只在闽南地区发生，在闽北的武夷岩茶市场上确乎是更为严重的。

似观音

本山、毛蟹、黄金桂和铁观音并称安溪的四大当家品种。黄金桂的萌芽期比较早，清明节，或者清明节后几天就可以开始采摘，其他则相对晚一些。如果按制作方法来看，黄金桂高香，但叶片偏薄，所以在摇青的程度上要相对轻一些。而本山、毛蟹就比较接近铁观音了，尤其是本山。

前面我们讲到凤凰单丛，有些茶树的名字会用茶农名来命名，其实安溪茶也有一部分这种现象，但是现在这些名字都比较少听见了。例如本山，本山有个名字叫作"圆醒种"，圆醒就是茶农名，庄灿彰记载本山在1877年前后由茶农圆醒发现。大名鼎鼎的铁观音也有个茶农名，叫作"魏饮种"，"魏饮"就是魏荫。不过，现在安溪的品种名，以茶树发现者或茶农命名的用得少了，也自然而然地避免了市场认知混乱的问题。

本山发源于西坪镇的尧阳村，和铁观音是"同乡"。不知道是不是风土相似的缘故，在几个安溪原生的国家级品种中，本山的性状是和铁观音最接近的，也因此被称作"小观音"。本山如果按照铁观音的工艺制作，成茶会带有

毛蟹

类似铁观音的奶香，也能做出当地人说的"兰花香"。有些培训班会教人从干茶、叶底来区分本山与铁观音，实际操作起来出错率很高。学习就是这样，越是抓住僵死的末节，有可能离真相越远。要说本山和铁观音最大的不同，还是在一个"韵"字：铁观音有独特的观音韵，本山并非没有韵，只是韵感比较薄弱一些，或者说是以另一种方式呈现。

毛蟹发源于大坪乡，安溪本地有人也会叫它"白毛猴"，民国时期它又叫"毛外"，和白毛猴是不同的品种。做毛蟹的时候经常会觉得嗓子痒，或者想打喷嚏，主要是毛蟹叶子背面的绒毛较多，一摇青便全部爆出来，造成短暂性的空气污染。如果不是经常做毛蟹，人光是在青房里待着就有点受不了。毛蟹的品种特征比较好辨认，叶尖的部分会有一个白点，或一丝丝白边，叶子的锯齿比较锋利、刺手。我做毛蟹一般做三次摇青，下手重一点就完事了，不像铁观音至少要做到四次。毛蟹这个品种如果按轻发酵的工艺来做，会做出一种类似螃蟹脚毛的腥味。而如果按照传统重发酵的方法做，则会出来一种类似扶桑花的香气。但这种香气只能说个大概，有些要靠联想和生活经验的对接，不像风味轮一样可以很直接对应上。茶叶的芳香物质毕竟是多元的，而且是会变化的，很难做到一对一地完美对应。

拖字诀

本山之外，另一个被叫作"小观音"的品种是梅占。

提起"梅占"之名，最广为流传的故事是：清道光年间（一说嘉庆年间），安溪"玉树厝"先祖杨奕糖在银瓶山下做农活，遇一过路老人乞食，杨盛情款待，而老人回赠三株茶苗答谢。该茶树品种优异，制成茶后香气馥郁，滋味浓厚，深获好评。因不知其名，书生杨辉文谓其花形似蜡梅，故以"梅占百花魁"的前二字命名为"梅占"。这听起来很像《神异记》里虞洪遇丹丘子获"大茗"的故事，大约民间传说总会有一定的相似性。

梅占的适制性比较广，可以用来做绿茶、红茶、乌龙茶，成茶品质都还不错，因而梅占在全国各地有比较广的种植区域。诸如四川，四川就有梅占做成的红茶；或者政和，政和有梅占做成的白茶，不胜枚举。前些年风风火火的金骏眉，很多也是用梅占的芽头加工出来的。当然，梅占做成的金骏眉，和真正来自桐木高山区菜茶的金骏眉，还是有着档次上的差别。现在金骏眉不火了，梅占做成的红茶依然畅销。不过，梅占依然还是得把自己的名字"隐"起来——现在市场上不少"武夷红茶"也是用梅占做的。

梅占茶的发源地一般被认为在安溪芦田镇三洋村的银瓶山。银瓶山是一座火山，山上还有个火山口，土质层以风化的火山岩为主，属于比较适合种茶的。三洋种梅占的历史比较早，村子里面有比较多的老茶树，只是这些老茶树的管理方式和新茶树差不多，也是会依照做茶的季节规律修剪。其实，梅占、水仙这类品种属于小乔木，或者说半乔木，茶园管理应避免过度修剪，放着让茶树依照本性长高，并且适度疏植，给它们更多的生长空间。一般来说，这种状态的小乔木茶树，品质会比较好一些。

梅占的品种味比较有个性，并不是

梅占

所有人都能接受。安溪人做梅占，会习惯将做青时静置的时间拖长一些，把梅占的品种味"拖"掉。将品种味拖掉之后，梅占留下来的香气有点像铁观音的花香，所以也有人把梅占称作"小观音"。梅占这个品种也比较能耐得住焙火，火功适中的梅占可以起到遮瑕的效果。如果过于清香或者火功不到位的梅占，反而容易把工艺或品种自带的缺陷给暴露出来。

说起焙火，身边经常会有朋友询问哪个茶的焙火程度如何，尤其是看到茶汤颜色比较深的，就会认为是陈茶，或者焙高火，或者卖不掉的陈茶拿来焙高火。实际上这是市场的误区。很多市场上的清香茶不焙火，有些是毛茶做好挑个梗就上架销售了。这种茶固然香，却香得有些轻浮，还要冷冻保存。然而从实践的角度来说，影响汤色深浅的因素，焙火只是一部分，更大一部分是来自做青。发酵程度比较高的，汤色一般也会红一些，未必要上高火。关于焙火的话题，到武夷岩茶时再详细探讨。

大难不死

与前面几个茶并列第一批国家级优良茶树品种的，还有一个大叶乌龙（又名大叶乌）。

大叶乌龙发源于安溪长坑的铜发山，现在长坑乡已经改名叫长卿镇了。2018年我在铜发山考察时，发现当地还有一大片大叶乌龙。在缺乏人为管理干预的环境下，茶树任性长到两三米高，更有长到近乎成林者。即便后期有部分人为介入管理而矮化的，仍然是主干粗大，足有一手掌之宽。在铁观音呈现压倒性优势的年代，这片大叶乌龙居然没有被拔掉。后来我们找了把锄头往下掘一些土，发现大叶乌龙的根系太粗壮、扎得够深，难以一除而尽——这片土地基本上没法改种其他品种了。当地茶农搞不定如此顽强的大叶乌龙，只好放弃，这片大叶乌龙也因此得以幸存。

好的大叶乌龙滋味醇厚，气息饱满且回甘明显，然和其他几个品种相比，它的香气比较内敛。往往要待茶汤温度稍稍冷却之后，方现幽然花香。也许正是这种"慢热"的性格，让大叶乌龙成了安溪六大原生品种里知名度最低的。

大叶乌龙

当然，或许还有另外一个原因：它和铁观音性子太不一样了！如果要拿大叶乌龙来仿制铁观音，恐怕分分钟就被识破。

据说，大叶乌龙移植武夷山之后，改名成了小众名品"高脚乌龙"，但武夷山当地人并不认可。不过，武夷山另一个品种"矮脚乌龙"倒是和大叶乌龙的性子很像。品饮时，如果屏蔽茶汤里风土和工艺的味道，会发现两个品种的风味还是有一定的相似度的。矮脚乌龙在武夷山不算特别知名，却不乏忠实粉丝，安溪的大叶乌龙也是如此。

我曾经跟一位做大叶乌龙的专家聊天，聊到铜发山的大叶乌龙有些是"年久失修"的，茶树呈现半荒野状态，越长越高，有些则是和常规的茶园一样年年修剪。当时我便问他，这两种原料哪种做起来更好喝？可能是一开始还不太熟，他的回答是："高的有高的好，修剪的也有修剪的特色。"之后又跟他来回交流了几次，彼此都比较熟了，他才吐露真言："不修剪的大叶乌龙确实比较好，韵味更深沉。"据我所知，他这几年也在持续做大叶乌龙的保护工作，尤其是把"年久失修"、恣意长高的原料单独拎出来做成精品，以免它们被茶农认为没价值，将茶树给"管理"矮了。

被遗落的"好孩子"

安溪这几个代表性的原生品种，大都有着百年以上的历史了。1937年的《安溪茶业之调查》便对它们的性状进行了详细的描述，且大部分都配有插图。清代的品种选育和现在不同，那时候是种茶、卖茶、喝茶的人选育品种，十分在意品质。这些品种之所以能被选育出来并且传承百年，其本身的品质优势是毋庸置疑的。换句话说，安溪当地的其他原生品种，并非不能制出好茶，只是它们不一定适合铁观音的制作路径。就好像教育孩子一样，考不了高分的孩子，未必就不是好孩子，只是大人们还没有发掘出来适合他的教育方法，未适应其特性、未发挥其特长罢了。而反之，考试分高的孩子，除了其自身的优点，也有一部分原因是现行的教育制度与评价体系更适合他。铁观音就像一个适应现行教育体制的好孩子，其他品种以铁观音的制作方法制作、以铁观音的评价标准评价，自然难与其媲美。

如果换一种方式呢？比如，假使安溪当地一律采取适合黄金桂的制作方法，以黄金桂的优点为好茶的标准？铁观音也未必占优势。当然，无论是哪种方式，只要是单一的方式，都是有失公允的。每一个茶树品种都值得认真、特别地对待，用最适合它的方式，把它做到自己的最好。

百花齐放，方是春色满园。

瓢 勺

悟心禅师铭
隶书

13 武夷岩茶：古人怎么划分武夷茶的山场？

乌龙茶一般采摘成熟叶，会等到芽头完全长开了才采。要等到茶树进入这种状态，排除部分早生的品种之外，一般要到立夏前后了。前一章我们着重在几个发源于安溪的乌龙茶品种，它们虽然都是国家级良种，却在铁观音的大声势下显得默默无闻。其实武夷山也有这种情况。现在讲到武夷岩茶，大家最常听见的就是肉桂，牛肉、马肉、龙肉、虎肉、猫肉、燕子肉、心头肉，十二生肖都数不过来。一斤动辄大几千、上万块钱，比起我们上一篇谈到的安溪乌龙茶，价格可以高上数十倍之多，更极端的上百倍都有。

其实，我是非常不愿意触碰武夷岩茶这个版块的，主要还是因为武夷岩茶这些年太过火热，红得发紫。也因为它的这种状态，让好多文化人、茶人拼了命地往武夷山扎。一到武夷山，或者其他有武夷茶出现的场合，就会发现那真是争奇斗艳、百家争鸣。而大城市里，那些只是连着几年每年跑两趟武夷山的人，为了显示自己有文化、懂茶，也都是开口闭口"客居武夷山多年"。

贵

武夷山确实是个茶文化荟萃的地方，也有历史。武夷的风光秀丽，尤其是独特的山峰峭壁，更是其他茶区所罕见的。这么奇特的地方，种出来的茶大概率会与众不同。再加上景区的加持，一下子就把武夷岩茶推上了顶峰。尽管后来出台了相关限价政策，但也只是稍稍遏制了动辄大几万元至几十万元以上的天价茶。总体而言，好山场的均价仍高不可攀。

我经常会有危机感，总感觉自己再不努力就喝不起武夷岩茶了。怎么说呢？一方面可能是有天时的原因。好几年前，我曾经在不同的地方买过几款很不错的武夷岩茶。大概是最近几年来就那一年比较特殊，价格虽然高，但是茶汤里面的韵感，包括山场独特的气息，都算是比较清晰的。再往后几年出来的岩茶，就发现同等价位不容易买到当时那种品质了。或许有天时的原因，也有可能是更好的原料被择出来单独做了。总之，同样是三四千块钱一斤，却买不到同等品质的茶了。

其实，在行业里有很多类似的事情。提价有很多种手法，只是商家不愿意明着说，避免伤害老顾客的感情而已。这也不是什么炒作。更好的茶卖更好的价格，为了卖得高价制茶人更加用心制作，做出来的茶品质提升了，价格也跟着提高了，从商业的角度来看都是可以理解的。毕竟市场还是理性的，没有好东西，再怎么炒作也很难炒起来。

岩 茶

现在提起岩茶，大家很自然地会想到武夷山，好像岩茶成了武夷茶的专有名词。如果我们把"岩茶"一词回到原始定义，就是"长在岩石上的茶"，或者稍微再扩充一下，理解成"长在风化岩地质上的茶"，这样的话，中国乃至

福州鼓山

世界的茶区里，有岩石或者风化岩的地方肯定不是只有武夷山。比如，明末清初的周亮工就曾经介绍过鼓山的"半岩茶"[1]。鼓山在福州，其开发历史还是比较悠久的，有历史名刹涌泉寺。1848年，茶叶大盗罗伯特·福琼到访中国时，就对涌泉寺赞不绝口，说他参观的武夷山寺庙"没一座赶得上福州府附近的鼓山寺"，还表示武夷山的和尚们"看上去更关心种植茶树和加工茶叶，而不是他们的佛事"[2]。

鼓山半岩茶，也有人写作"傍岩茶"，"傍岩"就是傍着岩石而生的意思。如果到了现场，可以发现鼓山确实是一座石头山，质地比较坚硬，明清在这种地貌种出来的茶就叫作"岩茶"。其实在云南也有岩茶，至今还叫岩茶，就临沧邦东这一带，也是从岩石地里长出来的茶树。如果再多走一些茶区，会发现类似地质种茶的地方还有很多，甚至传统好茶的核心产区基本都是岩石地。为什么呢？因为这样的地块出来的茶叶品质好啊！《茶经》曰："上者生烂石。"茶树生长在岩质地形、碎石地（可以适度风化）出来的茶最好。所以，按照原

[1] 参见周亮工：《闽小纪》，卷4。延平也有"半岩茶"，产于南平县（今南平市延平区），嘉靖《延平府志》评价为"极佳"。
[2] 罗伯特·福琼：《两访中国茶乡》，第347页。

始定义来说，"岩茶"还真不一定只有武夷山有。

为什么要叫"岩茶"呢？其实它不单纯是地貌的描述，也有风味的比拟在里面。根据我们的经验，从岩石地或砂质土壤出产的茶叶，如果品种、茶园管理、制作工艺等都没问题的话，茶汤会带有"泉石气"——一种如泉水般清澈甘甜，并散发着幽幽的矿物感的味道。如果套到古诗的话，还真有点"清泉石上流"的感觉。这种味道在茶汤的尾水，即最后几泡表现得尤为明显。如果茶够好的话，也可能第一泡就是满满的泉石气。武夷正岩茶所说的"山场气息"便属于"泉石气"的一种，只不过武夷岩茶的山场气息特别地带有武夷山的印记，或者说，它其实是一种"武夷泉石气"。但这样的茶对山场是绝对有要求的，没有岩石的地质，基本不可能出岩石的味道。再反观现在所谓的"大武夷"茶区，不光把武夷山风景区，乃至武夷山市，甚至连整个南平市、加上隔壁的三明市都囊括在内。在这样广阔的范围里，茶肯定不是都种在岩石或者岩石适度风化的地质上的。

既然岩茶的"岩"只是一种地质地貌，武夷山的岩茶价格又被炒上了天，那我们是不是可以举一反三，到武夷山周边，或者其他更远不太知名的地方去找类似地质的地方种茶？是不是只要地质、小气候类似，按照同样的方法加工，都能出武夷岩茶的那种风味？如果不追求那些最具代表性的极品武夷岩茶的话，理论上是可行的。因为一方面，现在武夷山的品种像肉桂、水仙这类的都是无性繁殖，其本身的性状就比较稳定，种在什么不同的地方虽然会有些差异，但茶树本身的性格是比较鲜明的。另一方面，武夷山还有很多次级产区，包括一些茶园管理等有点问题的地块，排除掉工艺、品种的味道，其单属于山场的独特风味并不十分鲜明，不可替代性自然就没那么强了。

事实上，现在确实也有些做武夷岩茶的人在武夷山以外寻找类似的山场种茶，甚至可以延伸到相邻的三明市境内。我也曾试过武夷山以外类似好山场的茶，还真有点武夷岩茶的意思，对味觉不甚敏锐的人来说，也算几可拟真了。这样的茶拿来与武夷山景区内次级产区的茶对比，也未必会落于下风。所以现在喝茶真的要就茶论茶，不要看包装喝茶，不要看到名字就乐，更不要靠耳朵听。具体还是得喝，就着茶汤的品质说话。

九曲溪

慢　热

经常听人抱怨现在的茶叶市场乱象横生。如果我们把时间轴拉长，回到古代，会发现这种乱象一直没有停止过，很多的玩法在文献上也有记载，并不过时。或者说这是人性的一部分，人性本来就有逐利、追求美好生活的本能，只是每个人选择的方式不同而已。而我们面对如此混乱的茶叶市场，实在很难凭一己之力去改变它，或许只能努力提升自己的鉴别能力，最大限度地避免掉进坑里。

就武夷山的茶来说，尽管"武夷"之名出现得很早，但正如前面"福建白茶"那章所述，宋代如苏轼、范仲淹所说的"武夷"指的其实是建瓯，也就是北苑贡茶的产地。一直到元代初年，武夷茶才开始崭露头角。根据当地方志的记载，至元十六年（1279），也就是忽必烈在位的时候，江浙行省平章政事高兴路过武夷山，采制数斤石乳茶入献。三年后，在高兴的推动下，武夷茶成为固定采办的贡茶，每年上贡20斤（约合12.2千克），采摘户共计80户。到了大德六年（1302）[1]，高兴之子久住为邵武路（今福建邵武）总管，就近到武夷

---

[1]　也有文献记载高兴之子高久住创焙局是在大德三年（1299）。

山督造贡茶，并于第二年创焙局，称为御茶园。这个御茶园的位置就在九曲溪的"四曲"。此后，武夷贡茶数量逐渐加大，十多年间增至每年360斤（约合214.85千克），采摘户250户，制龙团茶5000饼。

明代初年，武夷茶依然入贡，每年贡茶增至990斤（约合590.83千克）[1]。不过，迟自洪武二十四年（1391），建宁府上贡就不再制作宋代那种工艺繁复的研膏茶（团茶），而是改为芽茶。然而当时的武夷贡茶是否皆为武夷山所产，不得而知。据载，明代采办贡茶的人员也会从延平一带采买茶叶，名为武夷，实际非武夷所产。嘉靖三十六年（1557），建宁郡守钱嶪上奏罢去武夷茶场，官办的御茶园由此荒废，出现了释超全《武夷茶歌》"景泰年间茶久荒……嗣后岩茶亦渐生"的情况。

武夷山中环境适宜种茶，当时九曲溪周边的居民不下数百家，皆以种茶为业。没了上贡任务，武夷茶便专心走民间商品茶的路线。文献记载，当时的武夷山茶产量颇大，"所产数十万斤"[2]，水路、陆路双管齐下，运销四方。不过，由于制作工艺一般，有很长一段时间武夷茶在内销市场上都只停留在地方性名茶的层面，没办法和江、浙、皖所产诸名茶比肩。晚明不少文人都曾赞许武夷的山场，却对武夷茶的制作工艺颇有微词，虽偶尔有自己制作效果尚佳者，亦仅限于个别爱茶人的实验，尚不能代表整个产区的情况。

那么，武夷茶是什么时候开始真正火起来的？清顺治年间，崇安县令殷应寅（1650—1653年在任）从安徽黄山地区招僧人教授武夷山人以"松萝法"采制武夷茶，效果显著。据茶叶专家周亮工鉴定，其成品堪与松萝茶并驾齐驱，他自己也是"甚珍重之"。鉴于当时松萝茶的显赫地位，这样的评价算是很高了，而这种用"松萝法"采制的武夷茶也被命名为"武夷松萝"。比照现在的茶叶分类，"武夷松萝"应该属于炒青绿茶。至于类似当代乌龙茶制作工艺的武夷茶，差不多是到了康熙、雍正年间才开始出现相关记载。

---

[1] 武夷茶每年上贡的数额可能会有波动。如嘉靖《建宁府志》载，嘉靖十一年（1532）崇安县上贡茶548斤（约合327.05千克），便不是990斤。

[2] 徐燉《武夷茶考》。

"山北尤佳"

从我们前面的论述，可以确定"岩茶"这个名词出现得挺早。其实，清代不是只有岩茶，还有与之相对的"洲茶"：

> 茶，诸山皆有，溪北为上，溪南次之，洲园为下。（蓝陈略《武夷山纪要》）[1]

> 武夷山周回百二十里，皆可种茶。……其品分岩茶、洲茶。在山者为岩，上品；在麓者为洲，次之。香味清浊不同，故以此为别。（王梓《武夷山志》）[2]

> 武夷茶在山上者为岩茶，水边者为洲茶。岩茶为上，洲茶次之。（《随见录》）[3]

以上三则都是清雍正以前的材料。其中，王梓还在康熙年间担任过崇安县令。总结可知，当时的"岩茶"指的是岩石山上的茶，"洲茶"指的是靠近水边、山脚下，或者说地势比较低的地方出来的茶。岩茶比洲茶品质高，九曲溪北边的茶比南边的品质高。类似的说法反复见诸文献记载，可见这种划分标准在当时应是人们的共识。

乾隆十六年（1751），董天工《武夷山志》也提到武夷山茶分岩茶、洲茶，二者的定义也是延续前代："附山为岩，沿溪为洲。岩为上品，洲次之。"[4]此外，董天工还提到一种划分方式："又分山北、山南，山北尤佳，山南又次之。"武夷山北部的茶特别好，南部与北部相比会略逊一筹。而在核心区的"岩山"之外，还有"外山"，它们的品质也有清浊、高下之分。董天工是武夷

---

[1] 蓝陈略《武夷山纪要》，卷8。
[2] 王梓《武夷山志·物产》，转引自朱自振《中国茶叶历史资料续辑》，第249页。王复礼《武夷山九曲志》（卷16）、陆廷灿《续茶经》（卷下）亦引，其中"在麓者"为"在地者"。
[3] 佚名《随见录》，载陆廷灿《续茶经》，卷下。后不复注。
[4] 董天工《武夷山志》，卷19。后不复注。

城高岩摩崖石刻

山本地人，他在修订《武夷山志》之前曾经遍访武夷山水搜集材料，对当地的茶产应该还是比较了解的。

文献的记载还可以与武夷山当地的摩崖石刻相印证。比如，在九曲溪南岸的城高岩"别有天"山门处，就有一"康熙丙戌年（1706）夏月"的石刻，记有"虞长明禾上洲茶山一匝""刘宇龙禾上洲茶山一匝""赖羽章下尾洲茶山二匝"等字样。对照石刻内容及其所在地，也说明了九曲溪沿岸茶山乃"□□洲茶山"，所产者即为"洲茶"。而彼时的"岩茶"，则大多是北边山场、僧道的产业。

我们可以从上面几个例子来研判，在清代前中期的时候，"岩茶"这个词已经出现了，而且定义非常清晰，和岩茶相对的还有"洲茶""外山"。当时对不同产区的评价也很清楚：岩茶比洲茶好，溪北比溪南好，山北比山南好。至于这些地方对应到今天的武夷岩茶产区应该怎么划分，或许可以拿出靠谱的茶样对应地图思考一下。

清代武夷山的产区划分和我们现在分正岩、半岩、洲茶、外山茶的概念其实很接近了。过去的划分法可能按客观的风土条件，或者出来的茶叶品质而定，能出顶级好茶的地方估计都不大。但是按照现在武夷山的定义，只要武夷山景区内都叫正岩，也不分九曲溪流域或者山北、山南，这种一刀切的做法已

坑涧茶园

然放弃了景区内部客观的山场条件和茶叶品质的区分。不过，大产区能出量，利于宣传，可以让更多的人喝到所谓的"正岩茶"，对于产业发展来说，或许也是利大于弊的。然而，如果我们回到清初的产区分级来看，风土不一样，出来的茶自然也不一样。尽管九曲溪沿岸有些好山场，乍看之下与北边的差不多，但就茶叶乃至泉水的风格而言，依旧有"南香北水"的差别。我想，只要是对武夷岩茶真正有所了解的人，应不至于抹杀这基本的事实。

坑涧茶

武夷山还有一个概念叫作"坑涧茶"。坑涧茶是什么呢？坑涧茶就是长在两个峭壁之间、峡谷地里的茶，这在武夷岩茶里价格是最高的。一般我们会问茶有没有"落坑"，落坑就是长在坑涧里面，和落坑相对的叫作"岗上"，岗上就是在山岩高处，可能是缓坡、日照相对比较足的地方。武夷岩茶中为人所称道的"三坑两涧"，就是这种坑涧地形。

岗上茶园

　　坑涧茶到底好不好？当然好！但是也有争议。有些人直接简单粗暴地把坑涧茶的概念归结为营销、炒作，甚至说比较好的山场都把持在小农手上，小农的制茶工艺不精准、没有标准化可言，是浪费原料。实际上，市场还是理性的，炒作也不是那么容易，能被炒作起来首先要有好东西，或者符合相关消费者偏好的产品，其次才是价格所对应的消费群体。炒作起来的茶可能鱼龙混杂，可能夹杂着不少水分，但其中真正好的、代表性的作品一定是有硬实力的，关键还是看消费者懂不懂行。况且，坑涧茶也并不是近年才兴起的概念，我们回看历史，会发现即便是在注重大生产的民国时期，也有"且茶树培植两岩间，得天赋之壤土气候，有特殊环境，茶叶品质，自亦有其特殊之优点，是可谓得天独厚者矣"[1] 的记载。坑涧茶的核心竞争力可想而知。

　　以工艺没有太大瑕疵的坑涧茶来说，坑涧茶的香气一般比较幽、不直接，也不算浓郁，但又深远而持久，有点"曲径通幽处""柳暗花明又一村"的感

［1］ 贻石《崇安各产茶区概况》，载《茶讯》1939年第1卷第19期，第4页。

觉。坑涧茶的滋味也比较醇厚，汤感饱满、重实，富有层次感，茶气足，喉韵深，耐泡度上佳，回味也很悠长，有些落坑的茶还会带有清凉感。如果做得好，坑涧茶的水路往往非常细腻绵滑，茶汤有明显的下坠感，感觉不用刻意吞咽，入口一滑就落到喉咙里了。相比而言，岗上茶的香气就相对高一些，活泼、张扬、直接的风格，可能热水一冲下去，香气马上喷涌而出，充盈满室。但是就内质而言，岗上茶香是香，内质却相对没有落坑的茶厚重。当然，这只是两种不同风格的茶，也得看喝茶的人的接受程度，各取所需即可。面对这种私人化的口感偏好，我们大可平和一点，尊重就好。

坑涧茶算是武夷山这一带的一朵奇葩。也是因为武夷山的地形比较极端，土壤多是易于风化的砂砾岩，如若水土保持不佳，岗上的茶树相对于落坑的便不容易吸收到足够的有机质，从而影响了内质。当然，这些问题现在可以通过人工施肥等稍加改善。如果到其他产区去，一般都会认为阳面茶比较好，茶树要适度接受日照，但是有遮阴、不暴晒，就是《茶经》说的"阳崖阴林"的状态。不过，凡事不可一概而论，产区的情况是很复杂的，还是要就着具体地块具体讨论。

山场气息

坑涧茶之外，武夷山还有另一个说法，叫作"山场气息"，或者"山场气"。顾名思义，山场气息就是形容种在不同小山场的茶品饮时所呈现的不同气息，而武夷正岩茶也会出现共通的、独属于武夷山的山场气息。根据我们的经验，是否有山场气息、什么样的山场气息是判断武夷岩茶是否为正岩茶，以及是否为某个具体小山场的茶的重要依据。

从我个人的品饮体验来说，武夷岩茶的山场气息大致是一种茶汤里自然散发出的幽幽的、糯糯的矿物感，很像武夷山景区内岩壁的味道。阴雨天，武夷山正岩核心区的空气里会有类似的味道，或者是趴在阴面、有水流过的岩壁上也能感受到。这种味道，在山场越正、原料越纯的茶里体现得越明显。在其他条件不变的前提下，落坑的茶也会比岗上的更明显。山场气息浓郁的茶，可能头几泡甚至第一泡就有这种味道,气息相对弱点的也会在尾水出现。不过,就武夷包装茶而言,哪怕价格不菲,山场气息鲜明的茶也并不多。特别是只要和别的茶打堆在一起,这种气息就会瞬间弱化、被稀释掉。

山场气息并不是武夷山所独有的。但凡好山场出产的茶叶,只要没有特别大的减分因素干扰,大多能出现山场气息,只不过各个山场的表现不同、各个地方的叫法不一而已。比如云南普洱茶、台湾高山茶就有"山头气",形容各个不同山头出产的茶叶所带有的不同的气息,也是一种山场气息。

其实,从某种程度上说,所有的茶叶都能有山场气息,因为茶树的生长环境、它的生物密码会体现在茶汤里。当然,如果一款茶的山场比较普通的话,也就谈不上"气息"了。就好像我们说一个人有书卷气、英雄气,或者相对负面的,说一个人有市侩气、流氓气。之所以要用"气"来形容,那是因为这个人有鲜明的特点,并且这个特点已经形成一种独特的气质外显出来了。对于大部分普通人来说,当他们没有什么独特气质的时候,人们也不会用"某某气"来形容。茶叶的山场气息其实和人的气质原理是差不多的:只要里面有,外面就会显现,里面越明显,外面越容易捕捉,端看人会看还是不会看。

好茶的山场气息让人魂牵梦萦,山场气息也是鉴定茶叶产地的重要指标。为什么人们要追狮峰的龙井群体种,或者刮风寨、薄荷塘的大树茶?主要还是这些顶级山场出来的茶好,气息特殊,是其他产区难以达到的。当然,这种茶出不了量,价格也十分高昂。对习惯喝正西湖龙井茶的人来说,随便出个外面的龙井,或者近一点的龙坞茶来测试,马上就可以分辨出来。可能未必百分之百的肯定,但必定能感到一些疑惑,至少说明茶的气息不典型。这种气息就是山场气息。同理,为什么牛栏坑这么多人追捧,因为真正的牛栏坑的茶,就有一种其他山场的茶不易出现的独特气息,而这种气息也能在牛栏坑实地捕捉到。放到云南茶也是,不同山头、不同寨子出来的茶,仔细喝也会有一定的差异,很多山头会有自己独特的味道,都算是山场气息。一般来说,只要过去喝的东西、累积下来的风味样本可靠,在没什么干扰的情况下,是能够捕捉到相应的气息的,除非所接触到的茶不够典型、样本不对。

我想,这也是武夷岩茶比较耐人寻味的地方吧。主要是真正的精品出不了量，也很难说有什么可以十足量化的标准。自古以来都是这样，好东西太少，而真正能接触到绝妙佳品的，往往不是看一个人的身份地位、经济能力等，而是取决于他的审美品位。

名目更新

"正岩"这两个字放到今天，大概已经没什么价值感了。因为定义越来越宽泛、含水量越来越大。这也许是中国名茶发展的规律。早在宋代，蔡京的儿子蔡绦就总结过当时北苑贡茶的发展规律：

> 然名益新，品益出，而旧格递降于凡劣尔。[1]

蔡绦的意思是说北苑贡茶更新迭代很快，换了一任皇帝就出一个比之前更精致的新品，名字也完全不同。而前一代的贡茶产品被取代之后，就不怎么有价值感了。这个总结似乎也是名茶发展的规律，一个名词或一个概念被用滥了之后，就会出现一个新名词来代指更高端的品类。就好像现在，正岩茶不值钱了，就要强调坑涧；坑涧茶显普通了，又要冒出无数具体的小山场名；甚至到后来恨不得只追一片地、几棵树。又好像喝云南茶的，以前喝古树就很好了；古树泛滥了之后，开始强调单株；单株又泛滥了，又开始流行起高杆……总之，都逃不出蔡绦总结的规律。

其实，武夷茶在历史上就玩过这种名目的迭代更新，根本不必等到当代。比如现在正山小种的"小种"，最初这个名词还不是用在桐木村（桐木关），而是武夷山，且"小种"名词的演变也符合一个名词用滥了、再往上叠加一个更高端的名词的法则。前面我们提到，顺治年间的崇安县令殷应寅聘请黄山僧改良武夷茶工艺，出现"武夷松萝"；康熙年间的崇安县令王梓记录了武夷茶的档次划分，即"岩茶为上，洲茶次之"；到了雍正年间的崇安县令刘埥，他又

---

[1] 蔡绦《铁围山丛谈》，卷6。后不复注。

未矮化的水仙茶树

提到了"岩茶"内部的具体等级划分：

> 岩茶中最高者曰老树小种，次则小种，次则小种工夫，次则工夫花香，次则花香。[1]

当时岩茶里面最高端的叫作"老树小种"，接下来是"小种"，再往下是"小种工夫""工夫花香"，最次的叫"花香"，层层递减。可见，"小种"当时是指代武夷山高端茶的名词，单从字面上看，它有点单株、单丛的意味在里面。

差不多时代的《随见录》描述"小种"茶为：

> 武夷茶在山上者为岩茶……其最佳者名曰工夫茶。工夫之上，又有小种。则以树名为名，每株不过数两，不可多得。

小种茶以树名为名，每棵树单独制作，成茶不过数两，可以说是妥妥的单株茶。如果单看文字没什么概念的话，不妨想象一下九龙窠岩壁上的几株大红袍每株单独采制的状态，那样的茶出来怎么可能不高端？然而，这还称不上顶级的，小种上面还有老树小种，要强调"老树"。老树应该可以理解成现在的老丛，说"老树小种"那就有点老丛单株的意思了。

有人说老丛、单株都是病态，是现在资本炒作的概念，实际上我们简单翻阅史料就可以发现，至迟到公元1700年时，武夷山老树（老丛）的品质就被肯定了，而且当时的武夷山人就已经开始做单株了。人们不但做单株，而且做老树单株，并以之为武夷茶里面顶级的。当然，一个名词的高级感在产区总是维持不了太长时间。据考证，1773年大名鼎鼎的"波士顿倾茶事件"，被波士顿茶党倾倒入海的342箱茶叶里，不但有武夷（Bohea），还有工夫（Congou），以及曾经被用来指代"每株不过数两"的高端茶的小种（Souchong）。

大约刘靖之后的100年，到了清道光二十五年（1845），梁章钜《归田琐

---

[1] 刘靖《片刻余闲集》，卷1。

记》又记录到武夷茶新名词的演变：

> 余尝再游武夷，信宿天游观中，每与静参羽士夜谈茶事。静参谓茶名有四等，茶品亦有四等……最著者曰花香，其由花香等而上者曰小种而已。山中则以小种为常品，其等而上者曰名种，此山以下所不可多得，即泉州、厦门人所讲工夫茶，号称名种者，实仅得小种也。又等而上之曰奇种，如雪梅、木瓜之类，即山中亦不可多得……[1]

梁章钜跟武夷山天游观的道士静参讨论茶事，聊到当时的武夷茶有四等，其中最有名的叫作"花香"，比花香更高级的叫作"小种"。在城里花香就很有名了，但是到了山上，比花香还好的小种却是稀松平常。小种再往上一档叫作"名种"，当时在泉州、厦门这一带搞工夫茶的，都号称手上的茶是名种，但实际上到不了名种，只是小种这个档次的而已。在名种上面还有"奇种"，奇种是最好的了，就算在武夷山中也没多少……到了梁章钜的时代，"小种"上面又垛上去了"名种""奇种"两个等级。其实从命名也可以大致看出端倪："名种"像是形容有名的小种，以区别于普通小种；而"奇种"则是不但有名，而且奇异、奇特，可以用来区别于普通的名种。总之就是要努力把真正的好茶和那些套着好茶名称的大路货区隔开来。

如果再往后加上一个半世纪呢？到了当代，"小种"早就被踢出武夷山正岩茶的范畴，往桐木去指代红茶了。至于当年在"小种"上面至少两个层级的最厉害的"奇种"，虽然还留在武夷山，但已经被用来指代那些水仙、肉桂、大红袍、名丛之外的无名无姓的群体种茶树了。

还是符合蔡绦那句话："然名益新，品益出，而旧格递降于凡劣尔。"

---

[1] 梁章钜《归田琐记》，卷7。静参即武夷茶"香清甘活"四个审美层次的提出者，相关内容也记录在《归田琐记》之中。

武夷岩茶：喝岩茶，到底喝的是什么？

瓶床

上一章我们讨论了武夷茶的山场划分、山场气息，梳理了武夷山历史上的茶名更新，并了解到在清代武夷山人便开始喝老丛、做单株了。从清代前中期的文献里，我们可以很清楚地得知，当时武夷山就有岩茶、洲茶、外山茶的产区划分，其中以岩茶最好。而清代的"岩茶"范围要比现在官方定义的更小，主要集中于岩质地貌的山场。在武夷山景区内，则以山北胜于山南、溪北胜于溪南。

现在的武夷岩茶，只要是武夷山景区里面的都叫"正岩"，把原来小产区、以茶园的自然环境和茶叶品质划分山场等级的标准给替换掉了。这也导致我们现在喝武夷山茶，会感觉好像同样是来自正岩产区的茶，怎么品质高低就落差这么大。

南做青，北焙火

当然，山场划分的定义更新了是一方面，工

艺又是另一方面。山场条件决定了茶青的底子，自然环境越好、越有特殊性的山场出来的茶，理论上要比其他普通地区出来的茶更好。如果从原料的角度来说，体质强健、生命力旺盛的茶青原料，会更耐做，更能经得起加工折腾，更容易做出好茶来。

像我们在产区做茶，如果碰上好的原料，做起来那种愉悦感是很难用言语形容的。比如做乌龙茶讲究茶青的"死去活来"，其实"死去活来"并非做青过程中等茶青软了再把它摇活那么简单，而是看着像要死青了，但是实际没死，还能再下手把它摇活。这样的茶青生命力是很旺盛的。能够做到这种境界的茶，出来的品质就会很好，香气沉在茶汤里面，而且层次感分明，韵味也上佳。我们做青最怕做到生命值太薄的茶，萎凋时间长了要睡死、摇青重了要摔死，这种茶青做起来就很郁闷。好的原料注定能搭配更好的工艺来制作，至于差一点的原料，在工艺的搭配上就要保守一些。面对扶不起的阿斗，你每天鞭策他有用吗？这就是看茶做茶。

武夷岩茶之所以特殊，是由它独特的山场环境所赋予的。尤其是武夷山景区北边的一些比较好的山场，环境已经给茶加上许多分数了，只要好好做，必然能体现出其核心竞争力。即便如此，我们仍然经常遇到有些"正岩茶"的表现不尽如人意的情况，一方面可能是正岩的定义宽泛了，所谓的"正岩"含金量没有那么高了，另一方面则可能是工艺上出了些问题。何以见得？我们经常听见一句话叫"南做青，北焙火"，"南"就是闽南，福建的安溪、永春这一带，"南做青"的意思是闽南擅长做青，而"北焙火"的意思自然是闽北擅长焙火了。这是比较客气的说法，在表达长处的同时其实也暗示了短处。

就事实或者市场上能接触到的大部分情况来看，闽南茶区焙火的功夫大多不怎么到位，要不就没有焙火，要不就用急火猛攻。甚至闽南有一部分人瞧不上炭焙，认为电焙、炭焙效果一样，还出现过"电焙更洁净、更稳定，古人如果有电的话一定选择电焙，而非炭焙"的论调。实际上，炭火的穿透力和靠电的单纯加热，出来的效果是有云泥之别的。我不止一次做过控制变量的对比，也只是一次又一次地感叹炭火的神奇而已。二者的这种差别放到生活中可能更好理解——譬如明火烧艾绒和电艾灸仪做艾灸，又或者太阳晒的温暖和抱着小

手工摇青

太阳取暖，效果怎么可能会一样？闽南手法焙出来的茶一喝就知道，往往带有一股灰灰的焦气，跟些些闽北茶的焦火风格还不一样。

　　但从另一方面来讲，闽南茶做青的功夫确实是比较到位，就算茶不怎么焙火，出来还是挺适口的。而就普遍的情况而言，闽北的做青功夫相较于闽南，便显得略有逊色了。当然，这可能跟风土、品种也有关系。这里讨论的是传统做青，不是像后来铁观音走偏锋的消青、拖酸，那些急功近利的做法自不必论。如果在茶叶初制结束，5月中下旬的时候，大量试新出来的初制茶（毛茶），会发现大部分的武夷茶会相对苦涩，甚至有些是苦涩、青气同时存在，带有刺激性，不太好入口。

　　当然，也有人说，那么做是为了给后期焙火留下更多的余地，如果一下子把茶做到位了，后期焙火可能就没有空间了。这也不能说就不对，但得看这个"余地"留多大。留一点余地或许可以通过焙火来修饰，如果留的余地多了，也就不叫余地了，因为后期焙火可能怎么找补也找补不回来。如果做青就能把茶做到好喝，我个人还是倾向于焙火仅是作为改变茶叶风味、提升茶叶品质的一种方式，而不是靠着焙火来解决做青遗留下来的问题。不过，可能是武夷岩茶名气大、价格高，武夷山不少做茶师傅不太听得进外地人的意见。因为他们觉得自己的茶就是好、有个人风格，要说闽南做青好，那你怎么不去喝闽南茶？

实际上，我们在评价工艺的时候，并不是在讨论一款茶绝对的品质如何，而是在讨论在这款茶的原料基底之上，它本可以做到多好，制茶师又做到了多好。从工艺的角度来说，用90分的原料，却只做出80分的品质来，依旧没有用60分的原料做出70分的品质来的人工艺好，尽管最终结果是一个茶80分，另一个茶只有70分。好的加工技术要把普通的原料做好，同时也要能让好的原料发挥到更好才是。

过犹不及

茶叶做青阶段所留下的余地越大，对焙火的要求自然就越高。焙火能把做青没到位所遗留下来的杂质给提炼掉，让茶汤更加适口。武夷岩茶的焙火一般间隔一个月，茶叶吃火、退火、再回青的时间差不多一个月，然后再焙，分几次把茶焙透，也有主张一次把茶焙透、一步到位者。不管哪种方法，目的都是把茶焙到好喝、稳定又不刺激。当然，焙火是可以改变风味的，不是只有修饰或者提纯这么简单。所以我们也可以反过头来说，做青的时候尽量把青做好，把刺激性物质最大程度做掉，这样可以大幅度降低后续焙火的困扰。毕竟焙火是一把双刃剑，是一种通过消耗茶质，让茶叶的内含物质、芳香物质与刺激性同归于尽的做法，用得好能提升品质，达到味觉的协调感，反之则伤及本体，让茶汤喝起来空空如也。当然，这也跟原料有关，好原料还是更经得起提炼，甚至在得当的淬炼之后还能好上加好。一切都得就茶论茶。

这几年武夷山做青的功夫有在进步，有越做越好的趋势，尤其是一些高端茶、动辄大几千块几万块的高价茶，不少做青的功夫也是十分了得的。用商业的逻辑来看，要卖高价的茶能不做好吗？肯定处处谨慎，务求极致。但如果接触到的岩茶够多，可能会发现一种现象：武夷山的做茶人，大部分一开口就是一个字——"焙"，好像让武夷山的做茶人最自豪的就是焙火的功夫，仿佛所有问题都能透过一把火来解决似的。因此武夷岩茶给大多数人的印象就是火

正岩核心区的茶青需要人工挑运

味浓重，开汤有点焦焦的，甚至有人说像炭烤咖啡，而实际上这些都是有问题的。真正高端的武夷岩茶，焙火反而不会太重，它所追求的是"透"，过犹不及。或者说高端茶在做青的环节就已相当注意，做青已经做得相当到位了，不管后期焙火做了几次，都是以提升品质为目的的。用句老前辈的话来说，真正好的火功是"入火不伤品种味"，让人感到很舒适，不带任何火气，而不是用来修正或掩盖做青不足的缺陷。在做青精准到位的基础上焙出来的茶当然好，而且品质稳定，不容易返青。

这里出现了一个词——返青。返青是什么呢？做茶其实就是"把树叶做成茶叶"的过程。树叶的味道不好，茶叶的滋味让人愉悦。返青就是指茶叶的制作工艺不到位，特别是做青的时候没有做透，里面还保留了很多树叶的个性，只是这些个性暂时被工艺，或者焙火的火气掩盖、压制住了。间隔一段时间之后，这些树叶的特质如青气、刺激性等又返出来了。返青的茶味道不甚友善，如果只是稍稍带点青气的话还好点，如果喝到严重返青的茶，那简直就像在喝鲜榨树叶汁一样，对于口腔、肠胃都是很大的挑战。反之，如果做青做到位了，不管最后的火功是高是低，都不容易返青。要是做青没做到位，后面再怎么焙火效果都很有限。我曾经遇到过不少已经焙火焙到接近炭化的茶，最后还是返青了。所以，乌龙茶的工艺关键应该还是在于做青，青做好了再来琢磨合适的焙火。

值得注意的是，现在市场上有一类岩茶，在做青的时候极为讲究，恨不得要把茶汤做到极甜、特别顺口才罢休，而这种工艺做出来的茶，往往也标榜做青要做"透"。那样的茶也有一定的市场，因为甘甜顺口、软绵绵的，没有什么刺激性。但是，如果只喝岩茶还好，可能会觉得这种风味挺不错，若是个喝遍各大茶类的"杂食动物"，那就受不了了。因为，如果想喝这种甘甜顺滑，还有无数种其他茶类可以选择，而且还可能更甘甜、更顺口，为什么要喝价格这么高的武夷岩茶呢？根据我们的判断，这种失去骨鲠的岩茶，在做青上其实不是"透"，而是有点"过"了。

做茶讲究的是恰到好处，过犹不及，做青不透是不及，而做青过了依然不符合"中"道。我们固然希望通过工艺降低茶叶的苦涩、刺激性，但这是在保证茶的特色和内含物质的前提下才成立的。如果在做青过程中把茶叶的内质给过度消耗了，茶汤固然不苦不涩，然而相应的冲击力、立体感、饱满度、丰富度也同归于尽了。打个不恰当的比方，这种伤敌一千、自损八百的行为，就像得癌症做化疗一样。健康的治疗应该是调动有机体的自我疗愈能力，解决掉病变的问题，同时保护好正常的身体机能。可高强度的化疗不同，高强度的化疗几近同归于尽，把好的坏的都消灭掉。化疗之后，癌细胞是被控制住了，可同时病人也元气大伤、濒临崩溃了，甚至还可能没控制住癌细胞，又引起其他的并发症。对于这种如化疗般消耗内质，在做青时生生地把茶叶的苦涩刺激拖掉，拖到有气无力的"不苦不涩"，我个人还是持保留意见的。

岩　韵

有一个问题：我们喝岩茶，到底喝的是什么？

如果你是岩茶的铁杆粉丝，只喝岩茶，其他茶一概不喝，那可能还好点。但若你是像我们一样杂食，什么茶都喝，只要茶好都喜欢喝，那么这个问题还真值得思考一下。荷包里的银子毕竟有限，武夷岩茶的价格又是如此昂贵，怎样才能让自己的大洋花得更能听见响儿呢？我们的答案是——岩茶喝的就是岩韵。

何以见得？因为那些没有岩韵的武夷茶所能带给人的愉悦感，是我们从其他茶类里也可以轻易取得的。而若是从其他茶类取得的话，大概率花费还更低。但是岩韵不一样，岩韵就只有武夷岩茶有。

上一章我们提到，如果单纯看"岩茶"的原始定义，那些岩石地质出产的茶叶，即使它们已然是上等品了，但并不是非武夷山不可，在其他产区也可以找得到。那样的茶叶会带有"泉石气"，喝起来也是愉悦感十足。但是，如果你想要武夷山独有的泉石气，想要带有武夷山顶级的坑涧山场气息的茶叶，那还非得武夷山不可。若你喜欢武夷岩茶是因为它的品种味、工艺味，那更简单，毕竟水仙、肉桂这类无性系品种具有一定的稳定性，改换生长环境也可以保持差不多的味道，至于工艺，就更是什么茶都能做的了。现在闽南地区很多茶叶也开始揉捻成直条状，甚至有些直接用武夷山的品种和工艺来做，仿制"武夷岩茶"，那些茶换件衣服在市场上跑，非专业者也不好区分。但是，要出"岩韵"的茶，则必须是山场、品种、工艺三位一体，甚至包括种植、茶园管理等都不容马虎，非武夷山不可，也非武夷山尽可。

现在的武夷岩茶，动不动就讲岩韵，好像岩韵是多么普遍的表现似的。实际上，岩韵所代表的，与其是说武夷岩茶的品质特征，不如说是最高标准。那么，什么样的岩茶算是有岩韵的岩茶？或者说，岩韵的获得需要哪些条件来保障呢？

首先，山场要正、原料要纯，成茶要带有浓浓的武夷正岩，乃至坑涧茶的山场气息，保证"道地的风味"。岩韵的基底是武夷山正岩核心区的好山场，这一点毋庸置疑。近年来，偶有耳闻一些人教育消费者不要在意山场，甚至说山场是营销，是玄学。如果真是这样，那也太妄自尊大，把古往今来这么多的鉴茶行家视若无睹了。不过，话又说回来了，好山场毕竟是少数，就连炙手可热的非遗传承人，他们其实也只是工艺传承人，而非山场传承人。

其次，工艺要到位，要把茶叶优点、特点尽可能很好地展现出来，保证"地道的品质"。除了做青、焙火缺一不可，其他工艺环节同样不容马虎。再好的山场、再好的原料，如果没有合适的工艺把它表现出来，一切都是白搭。

再次，就是品种、种植和茶园管理的问题了。

武夷奇种

武夷山的当家品种是肉桂和水仙，它们能在众多名丛中脱颖而出，综合实力不容小觑。人们常说"香不过肉桂，醇不过水仙"，虽然也算贴切，但若是固化理解也可能造成偏差。实际上，好山场的肉桂和水仙都是又香又醇，而且山场越好，品种的特征反而未必符合所谓的"规律"。有一次，我分享了一泡牛栏坑肉桂给一位北京的茶友，她很开心地拿去和朋友一起品鉴。喝的时候气氛很好，宾主尽欢，但是喝完之后检查叶底，一位评茶师朋友不淡定了："这泡茶有的叶子很大，怀疑混了水仙在里面！"当那位茶友战战兢兢跟我提起的时候，千懿正好在旁边，她刚喝下去的一大口茶差点儿没全喷出来——牛栏坑一些特定地块的肉桂茶树叶子就是比较大，但难道叶子大的都成水仙了吗？况且，如果有人要造假一泡牛肉，是得有多么清奇的思路，要靠混杂水仙在里面以降低成本？这种远离实践的"专家"，还真的有点让人啼笑皆非。

其实，若是对武夷山有稍微多一点的了解，很多话就不敢说。就好比肉桂和水仙，不论是长相还是口感，都不是教科书说得那么"一刀切"。一位做武夷茶多年的朋友曾跟我分享，说自己在武夷山待得越久，越发现自己连肉桂和水仙都分不清了，因为实际的情况实在是太复杂了。走在武夷山，会发现早年留下的肉桂、水仙品种，和近些年新种的会有些差异，外观不太一样、采摘期不太一样，香气滋味更是不一样。至于某些相对特殊的地块，就更不用说了。

肉桂、水仙之外，还有四大名丛，当然现在新品种瑞香、黄观音、金牡丹等有急起直追的趋势。四大名丛有不同的版本，我个人比较赞同水金龟、铁罗汉、半天腰[1]、白鸡冠四个品种并列的说法。主要是这四个品种综合实力都强，

---

[1] 半天腰又名半天夭、半天妖、半天鹞。半天腰的母树生长在九龙窠三花峰的峰腰之上。其地山势险峻，位于半山之腰，茶名或由此而来，岩壁上亦有"半天腰"字样的石刻。"夭"有草木茂盛美丽之意，林馥泉先生称此品种为"半天夭"。又有名"半天妖"者，或许是形容其香气，此品种香气高而奇，有"妖"之感。至于"半天鹞"之名，相传半天腰母树非人所植，乃鹞子由他山衔茶籽飞来，茶籽落地而生。林馥泉《武夷茶叶之生产制造及运销》记载，半天腰母树最早由天心岩樵夫发现，归告僧主，故此茶曾数年由天心岩采摘，后于清代三花岩业权转属漳州林奇苑所有，两家曾一度为之公庭讼陈，诉讼费耗费千余金。如今的半天腰茶树，传说系从半天腰的母树、副株及其后代无性繁殖而来。

而且各有特色，足以在众多小品种中脱颖而出。至于大红袍（指品种），它虽然有名，但自身品质的表现并不算很有优势。2017年我们曾访谈过"大红袍之父"陈德华先生，陈老先生私下里对大红袍品种的评价也不高。现在的大红袍主要是拼配茶，纯种大红袍听起来厉害，实际如果剥落掉茶以外的东西，不要说纯种大红袍了，就是九龙窠岩壁上的"半壁江山"大红袍[1]，预估品质也未必比得上武夷深山里那些真正顶级的东西。特别是考虑到现在大红袍那片地儿每天游客比肩接踵，茶叶蛋浓香四溢，妥妥的"结庐在人境"。茶树还是喜欢不被打扰，深山里的茶好不是没有原因的。

品种之于岩韵的重要性不言而喻，合适的茶树品种更利于表现风土的优势与特征。前面讲到清代武夷茶大火的时候，那些"小种""名种""奇种"，大概率是有性系的群体种，但是现在武夷山的群体种却相对没落了。当地人把群体种称为"菜茶"或"奇种"，一提起菜茶，往往都是一副摸不着头脑的模样。前面安徽绿茶那章我们提到过，群体种有个劣势，就是它很依赖山场。山场好，品质可以极好，若山场差，则可能很一般，甚至远不如后期选育出来的良种。现在武夷山正岩核心区是寸土寸金，不要说群体种，就是各种小品种，乃至很多树龄不高的水仙都被拔掉改种肉桂了。我曾和一些茶友私下讨论，说现在越来越难喝到好的正岩大红袍了。为什么？因为大红袍需要不同的品种来拼配，正岩区的其他品种很多都被拔掉了，拿什么来拼配？

在当代，武夷山的"奇种"一直是"不入流"的。从做茶的角度来说，奇种系种子繁殖的群体种茶树，性状比较多元，在加工上节奏不一致、难度较大，容易顾此失彼，能做得好的实在不多。且奇种的经济价值也不如当红的肉桂、水仙，名气甚至不如黄观音，故能保留下来的少之又少，能在好山场幸存下来的就更稀少了。我曾经有幸喝过正岩核心区的群体种，茶青量很少，要挑出来单独手工做，基本上有点清代康熙、乾隆年间的"老树小种"的意味在里面了。其茶汤的丰富度、厚实度、饱满度，水路圆润、元气满满，又饱经风霜

---

[1] 林馥泉先生认为，大红袍母树有正、副二株，九龙窠岩壁上有"大红袍"三个红字在旁的六株三棵是副株，正株在天心禅寺后山的岩壁之上。他在做"武夷菜茶中五大名株形态调查"时，选取了正株进行调查（参见林馥泉《武夷茶叶之生产制造及运销》，第21页）。

通往半天腰母树生长地的岩缝　　　相传为林馥泉先生调查的"大红袍正株"生长地

的感觉，真的是任何无性系品种难以替代的。和同一片区的肉桂相比，它不但毫不逊色，甚至隐隐有压过的趋势。

　　喝着正岩群体种的极品岩茶，再反观有些专家的鼓吹，说武夷山是茶树品种的基因库，便让人感到啼笑皆非。基因库本该是充满各式各样天然的"基因"，如果所保存的绝大部分是无性系品种，同时还有一天天趋同的趋势。很难想象，如果有一天正岩核心区的群体种茶树只剩下几株，其生命还无时无刻不受到改种的威胁。如此光景，何谈基因库？

客　土

　　讲岩韵，不得不提到客土。客土是武夷山传统的耕作方式，又叫填山，有些茶区则称为填土，其实就是从他处运土填入茶园的意思。武夷山山势峻峭，土质以碎石、砂砾壤居多，雨水冲刷之下土壤中的养分流失较快，早期的武夷

九龙窠茶园土壤　　　　　　　　　　　　马头岩茶园土壤

客土

　　茶园不施肥，故需客土以补充土壤耕作层厚度及肥力。如果客土得当，也可以改善土壤的酸碱度，促进茶树根系生长，还有利于提升土壤的微生物活性和养分分解等。一般来说，客土在深耕之后、早秋至入冬之间进行。

　　客土要客什么土呢？张天福老先生曾总结出客土的规律：客土可以用"房前屋后肥土、草皮土或红黄壤新土等"[1]，而具体的选择则视茶园实际情况而定，如果茶园土壤偏黏性，则客入砂质红壤土；如果是砂质土为主的，则客入黏性土；产量较低的老茶园，则优先选择红黄壤的表层土。武夷岩茶泰斗姚月明老先生则指出：武夷山当地原本没有施肥习惯，一直以客土来补充茶园土壤

[1]　张天福《福建乌龙茶》，第75页。后不复注。

的肥力，后来改用菜子饼混合草木灰客土，但菜子饼单独施用有香气，容易引诱野猪伤害茶树根部或引起白蚁集中蛀食，因此，"菜子饼与少量'六六六'粉剂及草木灰配合施用，或与茶子饼配合施用，或与桐子饼各半单独施用"是比较有效的方法。此外，武夷山的天然肥也是很好的选项，例如"搜集岩壁及斜坡上的低等植物及其周围初风化的土壤（腐殖层），制成堆肥施用，劳力省而且其肥效大于从远处移来的黄土"[1]。

这里涉及岩韵的另一个要素，那便是土壤。土壤跟先天条件有关，但也和茶园管理有关。先天条件只是代表土壤的起跑线，至于在起跑线之后是向前还是向后跑，就得看人的作为了。我们前面说武夷山坑涧茶比普通正岩区好，正岩核心区比正岩周边好，和地形、小气候有关，也和土壤有关。《茶经》说："上者生烂石，中者生砾壤，下者生黄土。"一般认为，土壤疏松、土层深厚、排水良好的砾质、砂质土壤比较适宜茶树的生长。茶树喜欢风化岩，从烂石，到砾壤，再到黄土，恰描述了一个风化程度越来越高的过程：岩石、碎石—砂砾—风化较完全的"土"。在其他条件一致的情况下，可能土壤风化得越完全，而茶叶的品质不一定越好。武夷正岩茶为什么好喝？便是出自烂石、砾壤。然而，回看前面引用的关于"客土"的土壤选择，不管是"房前屋后肥土、草皮土、红黄壤新土"，还是"搜集岩壁及斜坡上的低等植物及其周围初风化的土壤，制成堆肥施用"，其实都有个共通的特点，就是就地取材。

然而，如果着重关注品质而非产量的话，茶树并不适合种在过分肥沃的土地上。明代程用宾认为，种在"肥园沃土"且人工管理到位的茶园，萌发的新芽丰厚硕美，成茶香、味充足，但也只能算是中等档次，比不上"生于幽野，不俟灌培，至时自茂"[2]的茶园，后者才算上等。罗廪则指出，种茶宜选"高燥而沃"[3]之地，高海拔、干燥，并且土壤肥沃。尽管他点出土壤肥沃，但仍然有"高燥"的前提，高则冷、燥则干，又干又冷的地方，自然减弱了微生物和土壤养分的分解作用，在此前提下的"沃"，或许刚好满足茶树生长所需的

[1]　姚月明《武夷岩茶·姚月明论文集》，第57页。后不复注。
[2]　程用宾《茶录·原种》。
[3]　罗廪《茶解·艺》。

养分，而不至于过肥。清中晚期，罗伯特·福琼到武夷山，也发现武夷山人不喜欢出自太肥沃的地方的茶叶，而是偏好中等肥沃程度的土壤。这些材料都指出，至少在清代以前，过分膏腴之地出不了好茶，应该是种茶人的共识。综合这些材料和实践经验来看，最合适的客土，应该是"就地取材"和"肥沃度适中"了。

很可惜的是，现在武夷山的正岩核心区内便有用红黄壤一类的"黄土"来客土的。这类土壤明显与武夷山景区原本的土壤有很大的差异。或者也有直接客入肥度较高、直接作为肥料的配方土，如前文所述"菜子饼与少量'六六六'粉剂及草木灰配合施用"的客土便可以理解为配方土。然而，武夷岩茶的"岩韵"，首先得益于它得天独厚的环境，包括小气候和土壤，假使土壤在客土的环节被一点一点置换掉了，那"岩韵"还会是原来的岩韵吗？

西方哲学有"忒修斯之舟"的比喻，讨论的就是类似的问题。忒修斯之舟是一艘可以在海上航行几百年的船，它会不间断地维修和替换部件。比如一块木板腐烂了，就用一块新的替换上去，以此类推。慢慢地，它所有的部件都不是最开始的那些了。这里就产生了一个问题，那就是，部件全部替换掉的忒修斯之舟是否还是原来的那艘忒修斯之舟呢，还是它已经变成了另一艘完全不同的船？武夷山的土壤不可能被全部替换掉，但即使是部分替换掉，如果每次都替换成性质完全不同的土壤了，那武夷山还是原来那座武夷山吗？或许，这就是我们几乎年年感叹，为什么岩茶的"岩韵"有越来越稀薄的趋势的原因之一。

品种香

现在，武夷山比较好的山场大部分都改种肉桂了，连水仙的种植面积都在缩减。肉桂的知名度大，市场好，价格高，只要拿出来是肉桂，大家基本上都听过，觉得是好东西。但是，武夷山还有很多别具特色的品种，例如四大名丛——铁罗汉、水金龟、半天腰、白鸡冠。别的不说，这四款茶就有它们各自的品种香，和肉桂、水仙完全不一样的品种香。如果我们用清末"名种""奇种"的观念来看，尤其是"奇种"（清末"奇种"的定义与现在不同，详见前文所述），奇种之所以珍贵，就是因为它们有独特的香气，而且产量稀少难得。或许我们可以做个不太恰当的类推，以此标准来看现在的四大名丛，或者水仙、肉桂以外的其他原生品种，没准儿它们都曾享受过"名种"或"奇种"的待遇。换句话说，名丛的品种香是很特殊的，制作上应该多考虑如何让品种香更清晰地凸显出来。

这也是现在到武夷山很矛盾的一个点，要说黄观音、金观音、金牡丹这类的茶，它们的香气很有特点，甚至有些妖艳，这些高香新品种的香气通常表现得还不错。反而是传统的名丛如水金龟、铁罗汉等，除非少数的高价精品，其他的就不太容易捕捉到它们特有的品种香——如水金龟的蜡梅花香，铁罗汉有股独特的、略带钻鼻的果香。当然，白鸡冠天生就比较特殊，焙火一般不会太高，品种香得以较大程度地保留。也许是名丛的价格不太好、加工略显草率，也可能是为了满足市场对岩茶火功的认知，焙火时给焙掉了。我曾经在某位岩茶非遗传承人家里喝茶，他拿出来的肉桂、水仙、水金龟、铁罗汉都是差不多的味道，火上得挺足的，一开汤就是一股直愣愣的火气，倒是挺符合市场对武夷岩茶的认知的。假如名丛这类以特殊香气见长的品种，没有办法在传统做青、适度焙火的基础上，把它特有的香气表现出来，只剩下一个虚名还有什么意义呢？

最后，还是必须强调，我们是很不愿意碰触武夷岩茶的内容的。主要是因为讲的人太多、观念太混乱，如果没有相关的茶来对应，实在很容易产生误解。用的可能是同样的名词或概念，但对于名词的理解完全不在同一条线上。

分享一则小故事作为稍显冗长的岩茶部分的结尾：

一日，一友人介绍富商到熟识的店里买茶，店主也真诚招待。

先上一款好茶。富商曰："太嫩了。"店主一想，今年雨水多，茶是赶着采的，确实嫩了些。

再换一款茶。富商曰："这茶不甜。"店主自忖，今年加工确实偏重香气，反而忽略汤感了。

再换一款茶。富商又曰:"树龄不足!"店主讶然,这茶确实不是老丛!寻思着碰上高手了,于是反向富商求教。

富商叹了口气,十分郑重地从包里请出他的茶,没想到是一泡建瓯的黄片——确实是叶大(而粗老)、水甜(而内质空空),至于树龄……富商喟然曰:"呜呼,天下无茶!此乃宋皇北苑之千年古树也!今天有幸,教你见识何为真正的好茶!"

……

还是那句话,要就茶论茶。同样的名词、同样的话语体系,如果没有落到实际的茶上,最终可能是各自解读、互相耽误。

注 子

现在武夷山做红茶的少了，大部分都做岩茶。岩茶的价格高、市场好，经济价值可比做红茶高得多。如果我们把时间轴拉回到19世纪，那时的武夷山已经享誉国际多年了。不过，享誉国际的不是别具一格的武夷山水，而是"红茶"。为什么是红茶呢？而那时候的红茶，指的又是什么？

红茶茶树

其实中国的茶叶登上国际舞台的时间还挺早的，至迟在16世纪的时候就已经传入欧洲，品质也比较受到国际认可。其一，茶叶是中国的特产，其他地方基本没有，无从比较。其二是中国人有一套独特的茶叶加工技术，可以把普通的树叶做成香气、滋味都别具一格的饮料。到18世纪，中国的茶叶在西方，尤其是英国，已是上流社会的饮品。

15

正山小种：正宗的小种茶什么味道？

桐木村

　　那时候的英国人对茶叶的认知是比较可爱的，怎么说呢？当时中国出口的茶叶有红茶和绿茶两种品类，英国人还不明白红茶和绿茶是怎么回事，意见分成两派。其中相对主流的一派认为，中国有两种茶树，一种是红茶茶树，另一种是绿茶茶树，红茶茶树来自广东，绿茶茶树则种植在广东以北的区域，例如徽州、婺源等地。红茶来自红茶茶树的鲜叶，而绿茶则来自绿茶茶树。当时武夷山的红茶很有名，他们也认为"武夷山的红茶都是由广东的这种茶树生产而来"[1]。现在听起来可能会觉得这种观点好傻好可爱，但当时英国的植物学家们确实是发自内心这样认为的。一直到罗伯特·福琼到中国考察，一切才真相大白。

　　罗伯特·福琼是谁呢？他也是个英国人，曾在1843—1861年间五次到访中国。此人往伟大了说，是一个扭转历史的人物，他为当时的西方人解开了关于中国茶的种种谜团。往恶劣地说，他就是一个国际的商业间谍，来中国收集茶种、茶苗，学习制茶技术的。当然，当时中国政府根本不允许制茶技术外

[1] 罗伯特·福琼《两访中国茶乡》，第373页。

泄，福琼的行动是在隐藏他洋人的身份下进行的。在罗伯特·福琼来中国之前，全世界的人要想喝茶，只能从中国采购。当他离开中国的时候，差不多就注定了中国人即将失去茶叶领域在世界上的话语权了。世界茶产业的格局也打破了中国一家独大的状态，作为经济作物的茶叶，中国不再是它的唯一原料供应地。自罗伯特·福琼把中国的茶树品种和制茶技术引入东印度公司开设在喜马拉雅山麓的茶园以后，英国人想喝茶，自家的殖民地就有，不用再依赖中国了。不但如此，他们还能把自家殖民地的茶叶拿出来做国际贸易，在当时那也是一块很有战略意义和经济价值的肥肉。

"加料"

现在讲起世界的茶，直觉就只想到红茶，反而不会去提起绿茶。绿茶是怎么从国际视野中消失的？这和福琼也有关系。福琼是为了茶来到中国的，他在中国考察了好多茶区，有一次他到安徽徽州地区走访茶厂的时候，就发现工人的手怎么是蓝色的！当时是怎么弄呢？福琼说，因为很多欧洲人和美洲人喜欢色彩鲜艳的绿茶，所以徽州地区针对这些外国客人研发出了一套特殊的工艺——在绿茶初制差不多完成、干燥得差不多的时候，茶场的监工会在锅里加入一勺染料，然后工人快速翻炒，计茶叶上色均匀，所以工人的手都是蓝色的。这种染茶的蓝色染料，当时被称作"普鲁士蓝"，实际上是用石膏和普鲁士蓝按照4∶3的比例调出来的染料。只能说中国人的技术保密做得太差，不是只有比例，连调染料的石膏怎么加工的，都被福琼给记录下来了。

染色的其实不只徽州地区，在广州，人们就用姜黄根给茶加色，有些地方也会用浅白色的粉末来调色。这种浅白色的原料，据福琼的记载是矾土、高岭土一类的材料。这是当时中国的茶厂针对外国市场所开发出来的一套工艺。商业的初级阶段就是这样，反正死道友不死贫道，以赚钱为首要目标。可能好不容易做出正常的绿茶，客户觉得汤色不好看，不买，于是动点脑筋、加点料、染个色，也不增加多少成本，看了赏心悦目还好卖。反观现代，现在有些廉价红茶加糖、加色素，比起那个时候，已经客气许多了！

其实，中国人也不是到清代才开始给茶叶"加料"的。比如唐代，当时有文献点赞江西婺源的茶，说它"制置精好，不杂木叶"[1]。既然专门点出了"不杂木叶"作为婺源茶的优点，其实就侧面反映了别的茶类会有掺杂其他叶子的情况。到了宋代，就连著名的建州茶也会偷偷"加料"，而且这添加剂还不断更新换代。宋孝宗乾道六年（1170），曾在建州主持贡茶事务多年、增补刻印过《宣和北苑贡茶录》的熊克就曾经向陆游透露，说："建茶旧杂以米粉，复更以薯蓣，两年来又更以楮芽，与茶味多相入，且多乳。"[2]米粉就是大米磨成的粉，薯蓣是山药，楮芽是楮树的芽。这些添加剂混到茶叶里面，不易被识别，还有增白、增乳的效果。之所以要增白、增乳，大概是为了迎合当时人们的审美偏好。宋代人喝茶喜欢"色白"，点茶追求"多乳"。既然消费者喜欢，那就想办法做呗！所以，我们喝茶千万不要用看的，卖茶的人清楚消费者爱看什么，做茶的时候投其所好，按套路剧本演出，消费者如果只会按图索骥，怕是反而把自己给套进去了。这种血淋淋的例子到现在还不断上演。

福琼很敬业，他不只是看到了、详细记录下来这么简单，还带回了染色剂的样品。1851年，这些样品被送到英国，被当时药剂师协会的沃灵顿先生写到论文里，并在一次化学协会的会议上发表。这样，中国绿茶"加料"的秘密就算被彻底曝光了。之后，中国的绿茶瞬间滞销，大家不敢喝了，国际市场这才转向红茶。从清末一直到现在，国际市场依然是以红茶为主流。当然，染色只是原因之一，其他还有部分中国人做生意不诚信、经常在茶叶里夹杂树叶或者其他杂物来增加重量，以及国际政治的博弈等的因素，这里我们就不详细展开了。

武夷"红茶"

19世纪时，中国红茶的名气以武夷红茶为最。1851年2月，罗伯特·福琼

[1] 杨晔《膳夫经手录》。
[2] 陆游《渭南文集》，卷43。

将他采集的约2000株茶苗、1.7万粒茶树种子从上海转运到印度。在他的游记《两访中国茶乡》里，福琼很骄傲地写道："如今，喜马拉雅茶园可以夸口说，他们拥有的茶树树种许多都来自中国第一流的茶叶产区——也就是徽州的绿茶产区，以及武夷山的红茶产区。"[1]

当时武夷山是怎么做"红茶"的呢？福琼也把制作的过程给记录下来了。

红茶的制作跟绿茶不一样。绿茶的摊晾时间比较短，茶叶采下来之后稍微摊晾便下锅炒了，炒好了就揉，揉好了再下锅用文火炒，直接炒干就行。大概就是这样的工序，和现在炒青绿茶的做法差别不大。红茶和绿茶就不一样了，红茶的鲜叶采下来后，摊晾时间会比绿茶长很多，晚上采下来的茶青，一般要摊晾一夜，到隔天早上才做。这和现在做红茶的萎凋工艺很像，萎凋得做足，让茶青充分走水。萎凋完成后，工人会把茶青抛向空中，要让茶叶在空中自然散开，掉到地上。掉到地上还不够，还要"用手轻轻地长时间拍打这些茶叶"。我想，福琼记录的"轻拍"应该是轻翻，有可能是让茶叶还阳，促进持续走水。等到茶青又变软的时候，再把它们堆起来，大概堆一个小时或者更长时间，促使茶叶变色、发香。其实这就是让茶叶发酵（氧化）的过程，有点像乌龙茶的工艺。有些地方做乌龙茶，会在做青差不多要结束的时候把茶叶堆起来发酵，然后再下锅杀青。

福琼记载的红茶工艺也是要下锅炒的，大概翻炒个5分钟左右再起锅揉捻，揉好了之后把茶叶薄摊上筛，露天静置3小时左右。这3小时是晒太阳的，最好是晴天、干燥天，但是不可以暴晒。晒得差不多了还要回锅炒，炒个三四分钟，再揉、再烘、再揉、再烘，一直烘到茶叶乌润油亮、差不多干了，再下焙笼焙到足干。

以上是福琼记载的当时整套的"红茶"工艺。有没有发现，这跟乌龙茶的制作方法有点相似？或者说这种操作是介于现在乌龙茶和红茶的两种工艺之间的做法。要说它前期有乌龙茶做青的环节，好像也能说得通，有些乌龙茶也有

[1] 罗伯特·福琼《两访中国茶乡》，第401页。这句话是福琼描述他1850年夏天得知其从中国运送的第一批茶苗安全抵达印度之时的心情。不过后来这批茶苗未能存活，1851年他再次从中国运送茶苗往印度，并携带了大量茶籽和一个成熟的制茶团队。

Furnaces and Drying Pans.　　　　　福琼手绘杀青锅

The Rolling Process.　　　　　福琼手绘揉捻台[1]

[1] 图源：Robert Fortune, *Three Years' Wanderings in the Northern Provinces of China.*

二炒二揉的工艺。要说它重萎凋，揉捻完后还要日晒三四个小时，类似红茶加温的发酵工艺，可能也有点这个意思。而且，现在市场上流行的发酵比较轻的花香红茶，前期的萎凋比较重，也用了类似乌龙茶的摇青工艺来诱发花香，好像和福琼的记载又不谋而合。[1]

所以说，当时的"红茶"这个词，它所指的到底是乌龙茶还是红茶，其实是有争议的。可能介于二者之间，或者其实更偏乌龙茶一些。不过，福琼所到的地方是武夷山，还不是后来正山小种的主产区桐木村一带。桐木红茶或者正山小种已经是后期的概念了。

国家标准

前面"武夷岩茶"的部分我们梳理了武夷山的"小种"茶。"小种"最开始应该是绿茶，而且是武夷菜茶（群体种）单株制作的小众精品绿茶。随着时间的推移，"小种"的含义越来越泛化，渐渐地就被用来指代桐木村的茶了。

江湖上流传着一种说法，用清代方志"岩茶汤白，洲茶汤红"[2]的记载来论证高端岩茶无须焙火，汤色以清白为贵，这就有些牵强了。清康熙年间的武夷山正处在工艺转型期，"武夷松萝"（绿茶）颇有好评，同时乌龙茶的工艺雏形业已出现。"汤白""汤红"很可能指代的是两种不同的茶类——深山里像"小种"这类少而精的绿茶，其汤色自然浅（"汤白"），而到了九曲溪沿岸、武夷山周边，可能不乏一些乌龙茶、红茶的雏形，或者是介于乌龙茶、红茶之间的工艺，甚至包括部分没做好或者放久变色的绿茶，汤色自然深（"汤红"）。六大茶类的划分是很晚近的事情，我们不能拿今天的茶叶分类去硬套古代的历史，尤其不能看到"红"字就很兴奋，认为那就一定指代当今的红茶，或者焙

---

[1] 当代有红茶专家宣称花香红茶是新创自坦洋的工艺，或者也有人批评花香红茶是"新工艺"，发酵不足，不够传统。实际上，只要简单读一点清代的材料就会发现，这种工艺也算古已有之，福琼在武夷山记录下来的"红茶"工艺便很相似。不只福琼，其他中外文献也有相关内容。

[2] 王复礼《武夷山九曲志》，卷16。

火程度较重的武夷岩茶。

那么，现在的正山小种是指什么茶呢？按照现行的国家标准，红茶分红碎茶、工夫红茶和小种红茶三大类：

> **红碎茶：**以茶树的芽、叶、嫩茎为原料，经萎凋、揉切、发酵、干燥等工艺制成。（GB/T 13738.1-2017）
>
> **工夫红茶：**以茶树的芽、叶、嫩茎为原料，经萎凋、揉捻、发酵、干燥和精制加工工艺制成。（GB/T 13738.2-2017）
>
> **小种红茶：**以茶树的芽、叶、嫩茎为原料，经萎凋（熏松烟）、揉捻、发酵、干燥（熏松烟）和精制加工工艺制成。
>
> 小种红茶根据产地、加工和品质的不同，分为正山小种和烟小种两种产品。正山小种是指产于武夷山市星村镇桐木村及武夷山自然保护区域内的茶树鲜叶，用当地传统工艺制作，独具似桂圆干香味及松烟香的红茶产品。……烟小种指产于武夷山自然保护区域外的茶树鲜叶，以工夫红茶的加工工艺制作，最后经松烟熏制而成，具松烟香味的红茶产品。（GB/T 13738.3-2012）

按照国家标准的规范，工夫红茶和小种红茶的主要区别在茶青萎凋、干燥的过程中有没有熏松烟。熏了松烟就属于小种红茶，没熏松烟就属于工夫红茶。而正山小种的"正山"则是对产地与工艺的双重强调，产地、工艺到位了，品质自然没话说。

不过，国家标准的规范是一方面，市场的习惯又是另一方面。现在市场上对"正山小种"的认知，主要还是看产地是否正宗，特别是茶青原料是否来自桐木村。至于茶叶是否熏松烟，很多人并不在意。甚至有不少人还不习惯熏了松烟的味道，反而喜欢来自桐木村的工夫红茶，并称之为正山小种。面对这类规范与现实的龃龉，如果不是做专业研究的话，其实不必非得争个对错，能达成真正的交流、不致误解即可。

烟熏工艺

正山小种的核心产地在武夷山市星村镇的桐木村。星村在九曲溪上游，约莫"九曲"的尽头，从清代起便是著名的茶叶交易市场，或者说茶叶精加工的集散地。它紧邻九曲溪，得水运之便，很多茶商聚集于此贩运茶叶。桐木村虽然在行政区划上属于星村镇，但实际地理位置则跟镇上有一定的距离。从九曲出发一路向西往桐木去，大约要一个小时车程。说桐木村大家可能不熟悉，一说桐木关就知道了，桐木关是桐木村里的一个关隘。

正山小种的烟熏工艺是怎么来的呢？相传明末清初的时候，有部队行军路过桐木一户正在做茶的人家，茶叶正铺在楼里萎凋，结果军队一来，就地安营扎寨，士兵晚上直接睡在茶叶上，老百姓也莫可奈何，以为茶叶毁了。没想到隔天部队一撤，可能是住得人多、热量够，让茶叶发酵了，而且特别香。这户人家就赶紧把被士兵踩躏过的茶叶收拾收拾下锅炒了，没想到芳香异常。据说这就是正山小种红茶的前身。这种历史的偶然大家信吗？有可能是存在的。但是中国这么多的茶区，类似的传奇故事着实不少，甚至还有一定的相似性。如果以文字记载来看，"小种"或者"红茶"这个词，出现比较早的估计还是在武夷山。

民国时期有个"星村小种"，风味倒是和现在的松烟小种有点类似。星村一直是茶叶加工、销售的集散地，当时的桐木红茶也会拉到星村精制，名字就叫作星村小种。星村小种有一种特别的烟熏味。这股烟熏味怎么来的呢？可能在焙制的时候烧的炭不纯，夹杂了一些松毛、松枝之类的木材，焙出来的茶串味儿了，才多了一股松烟的味道。1944年的茶叶期刊里就有人专门吐槽过星村小种的松烟香，说："这种古怪的香气，我们并不感兴趣。"[1]

从同样是1944年的另一篇文章可以发现，当时，小种红茶有股松香大概已经出现一段时间，成为小种红茶的一种独特风味了。而且那篇论文里用的是"正山小种"，很显然地，那时候已经有正山、外山的概念了。文章写到，正山

---

[1] 叶秋《星村小种》，载《茶叶研究》1944年第2卷第4·5·6期，第49页。

小种的特点是"泡水鲜艳浓厚，呈深金黄色，叶底光滑，泛旧铜铁色"，而且"香气极高，微带柏油味"，入口是"清快活泼，精神为之一振"，茶汤吞咽后"齿颊流芳，浓香扑鼻而出，殊足以清神解渴"[1]。从这段介绍里面可以了解，当时的正山小种红茶品质还是很好的，但是香气高扬之中带有一股柏油味，而且能提神。这个"柏油味"，我想可能是不太浓烈的松烟香。

何以见得？当时有其他几种用来冒充正山小种的红茶，例如东北岭小种，据说烟味极重，入口有股强烈刺激的烟味冲鼻而出，其他还有坦洋小种、政和小种、古田小种。坦洋小种的品质可能比东北岭小种还差，古田小种和东北岭小种差不多在一个档次。而外山茶以政和小种的品质最好，品质好的政和小种用松木熏烟之后，与正山小种的品质较为接近。前面提到的几个地方，例如坦洋、政和都是工夫红茶的产地。政和现在以白茶为主，也生产工夫红茶，政和有些山场还真的跟桐木正山有些相似，用当地菜茶（群体种）做成的政和工夫，其香气、滋味、风格与今日桐木村无烟的工夫红茶也有几分相仿。

正　味

问题来了，到底"传统"的正山小种有没有松烟香？在罗伯特·福琼所处时代的武夷红茶，大概是没有烟熏的。但是这种红茶的工艺到了桐木，有没有可能烟熏呢？红茶的萎凋通常比较重，萎凋其实就是一个让茶叶均匀走水的过程，但是桐木的海拔高、气温偏低，湿度也比较大，在这样的环境下想让茶叶自然萎凋到位，其实是有点困难的，不容易把控。现在桐木做松烟工艺的正山小种，会使用一种独特的"青楼"。青楼一般是三层楼木造建筑，最底层是烧柴加热的，往上一般有两层，可以铺放茶叶。但青楼现在已经很少了，因为木质结构，一不小心就容易引发火灾，有些安全隐患。

而桐木这个地方的松木多，假设以前做茶也是用木造的青楼来做的话，还真的有可能就地取材，燃烧松木加温以增加茶叶萎凋和干燥的效率。在青楼底

[1] 廖存仁《闽茶种类及其特征》，载《茶叶研究》1944年第2卷第4·5·6期，第31页。

青楼

松烟焙干

松木

桐木村茶树芽叶

层烧柴加热的过程中，烟也会跟着热气向上蹿，特殊的松烟味为茶叶所吸收后，就出现了独特的松烟香，行之有年便成了"传统"。传统的安化黑茶用七星灶烘干也会自然带点柴火烟熏的气息，这可能是特殊的自然环境、加工环境以及生产方式所造就的风味，久而久之便形成了专属的印记。因此，用传统青楼做出来的正山小种，品质特征便是"松烟香、桂圆汤"。

随着时代改变，现在桐木村里的红茶未必都采用烟熏工艺了，甚至要从市场上找寻烟熏工艺恰到好处的正山小种，还真有点难度。一方面是现在的市场不怎么偏好松烟风味的茶；另一方面，自然保护区内禁止砍伐松木，客观上也提高了熏松烟的成本。其实，从我个人的角度来说，倒不甚纠结桐木的红茶是否熏了松烟。熏松烟有熏松烟的魅力，不熏也有不熏的美好。相比于纯正的原料，具体的工艺选择不是最重要的。不过，在品种上，我们还是偏好桐木村原生的群体种茶树，就是当地惯称的"菜茶"。

对于桐木村的茶，我个人会比较偏好麻粟老丛。麻粟是桐木村里的一个村民小组，海拔很高，有不少老丛茶树。麻粟老丛的花香中带有淡淡的木质香，有一点点苦底，茶汤蕴含着山场岩石地质所呈现出来的立体感，入口有些冲击力，喝起来相当舒服，尾水山场气息幽幽，回味无穷。相比而言，现在很多正山小种，或者说市面上好一点的正山小种产品，滋味固然不错，就是香气大多比较浓艳。这类香气浓艳的茶，很有可能调了黄观音、金牡丹这类的高香品种在里面提香。如果拼配得当，可以调出花香、奶香，甚至是有点类似荔枝的甜香，也相当迷人。但是，就风味来说，可能跟纯正的、档次比较高的正山小种相比还是有一些差距。大学者王国维将诗词区分"有我之境""无我之境"，其实茶也是如此。相比于隐去自我、努力把好原料自带的大自然的风味充分地展现出来，那些过分人为的味道往往显得刻意，也不耐回味。初喝可能惊艳，喝多了就有点腻，经不起一直喝、反复品。

量还是质

从生产的角度来说，红茶是最方便大规模、全机械化生产的茶类了。19世纪罗伯特·福琼来中国收茶种、学技术，在喜马拉雅山建立了大产量、大规模的茶庄园，看起来好像让中国的茶瞬间失去了竞争力。从民国时期的文献来看，好多前辈提出过改良方案，包括生产种植、加工方法、机械试点等等，当然那是在特定的时代背景所提出来的论点。民国时期的茶叶是政府用来抗战的资本之一，那时候的资源也相对匮乏，要求可能还没那么高，不过要能出产量、要标准，这样对外卖货才好卖。

但是，好东西总是出不了量的。常有人说，中国几万家茶企抵不过一家立顿。然而我们从实际的情况来看，现在的物资已经不像过去那么紧缺了，喝茶的人手头也比较宽裕了，我们对茶叶的要求其实早已经在立顿之上了。杨绛先生曾经说，他们在国内买不到印度出产的"立普登"（即立顿，Lipton）茶叶，只能用三种中国红茶掺和在一起，"滇红取其香，湖红取其苦，祁红取其色"[1]。可能在大生产的时代，茶叶加工的品质相对低下一些，只能通过大批量匀堆拼配的办法让茶的风味趋近协调，而现在，中国的茶叶加工水平已不可同日而语，在茶的审美方面也有大幅度提升，总体品质早已超越立顿许多。比起工业化产品的立顿红茶，我更愿意关注自己眼下这杯即将入口的红茶。任弱水三千，只取一瓢饮。立顿规模再怎么大，又与我何干？

不过，很吊诡的是，尽管现在中国的茶产量已经供大于求了，国内的茶园仍然以每年3%—5%的速度成长，还有学者在不断检讨中国茶园的平均单产太低。[2]我就不太能理解，在产量过剩的情况下，不是应该要设法进行品质升级，而不是继续盲目追求产量吗？就算是讨论出口，那我们到底是要延续过去的低单价农产品出口模式，还是在已有的基础之上尝试多走一些"名优茶+茶文化"的路线？如果单位产值能提升，那么产量减少一些又如何？

我是在第一线跟生产者打交道做产品的，总是尽可能地在有限的条件下，尽量把茶做好，做出专属于产地的风味来。如果我们把所有的红茶产品都做成立顿的样子，那么对品位有要求的用户还会买单吗？

[1] 杨绛《我们仨》，第78页。
[2] 根据2021年8月25日新华社发布的《第三次全国国土调查主要数据公报》，截至2019年12月31日，全国茶园面积为168.47万公顷（2527.05万亩）。这个数字和国家统计局（310.5万公顷/4657.5万亩）、中国茶叶流通协会（4597.87万亩）的数据存在较大差异。故文中关于国内茶园面积增长率、平均单产等数据，亦仅供参考。

零捌

小满

5月21日前后小满。

"小满者，物至于此小得盈满。"

小满是夏天的第二个节气，也是升温速度飞快的一个节气。闽南地区有句俗语："立夏小满，雨水相赶。"小满前后的雨水一茬接着一茬，加上气温升高，茶树的芽叶长得飞快。然而，就像赶工出来的活儿终究粗糙一样，一阵阵雨水催生的茶叶总归少了点厚积薄发的味道。小满对于茶来说，可能不算什么太合适的时节。

有一年小满，一位同事联系到我，问能不能帮忙联系制作乌龙茶的企业。说之前因故耽搁了时间，原本计划立夏到产地做乌龙茶相关的实验，却一下子给拖到了小满，可连问了几家茶企，他们的春茶都已经结束了。实验不能按时完成，会直接影响毕业，学生急

得团团转，便辗转联系到了我这边。

的确，到了小满，大部分乌龙茶的春茶都制作完毕了。现在中国的茶叶产量过剩、人工成本又高，如果放到过去可能还会有不少夏茶，现在很多名优茶的产区也不做夏茶了。后来，我帮那位同事联系到了一家制作东方美人的企业。东方美人的传统便是在夏天采制，一般是端午节，也就是芒种前后开始。小满虽不是美人茶的正季，但好歹美人茶的茶厂不放暑假，工人们都在。少量采收一些鲜叶，专门制作一批乌龙茶供实验使用，也是解了燃眉之急。

小满虽不是原味茶的产季，却不妨碍自己摆弄点花茶。这个时节，玫瑰、木香、白兰、野蔷薇都可以拿来窨花，有的还有药用价值。比如野蔷薇花，那种常常生长在田边、路旁或灌木丛中、五六月份开花的浅白或粉红色的小花，不止一部古书记载，采摘带着花蕊的野蔷薇拌茶，患了疟疾者"烹食即愈"。

春花灵秀，夏花烂漫，春夏之交的花儿，是否灵秀而烂漫呢?

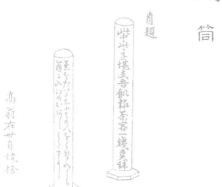

16

玫瑰红茶：到底是熏花，还是窨花？

　　正山小种的松烟香可能有些人不太喜欢，但是一讲到玫瑰香，能接受的人就多了。不过，这里的玫瑰，不是那种情人节花店卖的玫瑰。在英语中，玫瑰、蔷薇、月季三种花都叫作"rose"，花店里卖的"玫瑰花"其实是汉语中的月季。而真正的玫瑰因为枝干硬刺多、不易处理，且剪下的花枝会较快萎蔫，并不适合包成花束售卖。

　　为什么要在小满这个节气讲玫瑰红茶呢？其实窨花的茶坯在春天就已经做好收起来了，之所以放到小满，主要是为了等花，等山东平阴的重瓣红玫瑰开花。小满节气差不多在每年的520前后，正好是平阴的玫瑰花产季，特别浪漫。虽然平阴的玫瑰一般五一假期期间就开始采收了，最好的花冠还是半夜戴着头灯采的，但是五一期间玫瑰花刚出来，价格比较高，用那时候的花来窨茶成本就有点高了。用来做花茶的花最重要的还是香气，香气浓郁、纯净、甜美即可，花长得不

山东平阴重瓣红玫瑰

茶花拌和

是最美或者开花稍微迟一些，都不是什么要紧的问题。

熏香茶法

说起花茶，其实中国人用花香入茶的历史挺悠久的。不过，早期还是局限于个别文人自己玩，且更多地只有单纯的花，虽名之曰茶，实际没有茶叶在里面。花茶真正的历史，一般会从明代朱权开始讲起。[1] 朱权是明太祖朱元璋的儿子，明成祖朱棣的弟弟。朱元璋死后，他被朱棣裹挟，不得已加入朱棣阵营参加靖难之役。朱棣当上皇帝之后，朱权就开始韬光养晦，整天琴棋书画风花雪月，最后得以善终。他有一本《茶谱》，里面就记载了当时花茶的制作工艺。当然，这种花香入茶的做法可能更早，只是我们讲到花茶时，会以朱权的记录为滥觞。除了《茶谱》之外，古琴里著名的《神奇秘谱》也是朱权编的，《神奇秘谱》是现存的保存古代的音乐作品比较完整的集子之一，很有史料价值。

朱权《茶谱》是怎么记录花茶工艺的呢？做法很简单，在花开的季节，找一个合适的竹笼子，把竹笼分成上下两层，中间用纸糊起来，上层放茶，下层放花，再把整只竹笼密封起来。经过一个晚上，取出旧花换上新花。这样反复操作几天，茶就自带花的香气了。用朱权的话说，叫作"其茶自有香味可爱"[2]。原理很好懂，就是利用茶叶的吸附性吸附花香，让茶"串味"。这种做法很可能借鉴了古人的熏衣之法：将衣服盖在熏笼之上，再以沸水置于熏笼之下，水汽蒸腾，自然带香入衣，"润气通彻"[3]，使得衣服吸附的香气久久不散。不过，朱权的记载还属于花茶工艺的初期阶段，如同熏衣服一样，茶不与花直接接触，只是通过空气或水汽等媒介，让香气附着上去。在这种方式下，茶叶所能吸收的花香相对

---

[1] 题名南宋赵希鹄的《调燮类编》也记载了花茶制法，部分学者据此认为花茶历史始于宋代。然据考证，《调燮类编》实为清代书籍，赵希鹄是托名。《调燮类编》的最早版本《海山仙馆丛书》本只有题写"道光丁未镌"字样，未著撰者；晚清大学者俞樾称其为"国朝无名氏《调燮类编》"，并指出该书"未知何人所著"（《茶香室读钞》卷7、12、24，《春在堂随笔》卷9），查《调燮类编》亦有多处引用宋代以后文献情况。故若以此书论证宋代花茶的历史，不足为据。

[2] 朱权《茶谱·熏香茶法》。

[3] 洪刍《香谱》，卷下。洪刍将这种方式称为"熏香法"，与"窨香法"相区隔。"窨香法"详见后文。

有限，基本属于"表香"的层面，香气不容易进到茶叶的骨子里。我们也可以注意朱权的用词，他称此为"熏香茶法"，用的字是"熏"，还不是"窨"。

莲花茶

除了朱权用竹笼熏茶之外，明代比较著名的还有"莲花茶"。

现在人们提到莲花茶，大多与元代著名画家倪瓒绑定，认为莲花茶是倪瓒所创，或者至少在倪瓒时代就有了。这种看法所依据的大约是倪瓒文集或《云林遗事》《云林堂饮食制度集》等文献（倪瓒号"云林子"）。然《云林遗事》为明代顾元庆所编，《云林堂饮食制度集》也是托名倪瓒。而倪瓒的诗文生前无刻本，死后无完稿，文集皆为后人辑录。其中提到莲花茶的《清閟阁遗稿》和《清閟阁文集》，都收录了《云林遗事》的内容。[1]换句话说，倪瓒文集中把莲花茶和倪瓒关联起来的那些内容其实都来自顾元庆。顾元庆在倪瓒死后一百多年才出生，二人的时代相距甚远。从倪瓒本人涉及茶的诗文来看，实未发现有关花茶的痕迹。

值得一提的是，顾元庆还曾编刊过一本《茶谱》，里面有莲花茶工艺的详细记载，和《云林遗事》中的非常接近。根据顾元庆《茶谱》的描述，制作莲花茶要在天蒙蒙亮、太阳还没出来的时候选取半含的莲花，稍微剥开，放一撮茶叶到花蕾之中，然后用麻皮略略缠起，让茶在里面吸香。等到隔天早上再把莲花摘下，将里面的茶叶倒出来，用纸包着焙干。之后再把茶叶放到别的花蕾中，如此反复操作几次，让茶充分吸收莲花的香气。[2]

当代也有一些爱茶人会在夏日自制莲花茶。然而，可能受限于城市化进程，他们所做的"莲花茶"大多取用已然摘下的莲花。有的甚至会满满当当把花苞撑鼓，里面塞的茶也是种类繁多。摘下的花儿很难保证长时间纯净地吐香，而有些茶类的吸香效率也不高，或者和莲花的香气不协调。我想，如果有条件的话，还是可以尝试更贴近古人一些，选用绿茶之类吸香效率高且和莲花

[1]　参见倪瓒《清閟阁遗稿》卷14、《清閟阁全书》卷11、顾元庆《云林遗事·饮食第五》。
[2]　参见顾元庆《茶谱·制茶诸法》。顾元庆《茶谱》初刊于明嘉靖二十年（1542），其中大部分内容辑抄自钱椿年《茶谱》，并非顾元庆自己的创作。

气质契合度更高的茶类，不要急着摘花，而是让莲花在池塘里开心地吐香。

莲花茶之外，还有其他的花例如木樨（桂花）、茉莉、玫瑰、蔷薇、兰蕙、橘花、栀子花、木香、梅花、珠兰等也都能用类似的方法操作，明代应该都有人试过。当然，这些花儿没有莲花大，故而不是把茶塞到花蕾里面，而是跟花放在一起，或者像朱权那样把两者用一层透气的纸隔开密封，让茶吸收花香。这是比较原始的做法，简单来说就是熏香。"熏"听起来就比较轻盈、轻飘飘的，而这种做法所能得到的大概还是停留在茶叶表层的花香，而不像后来的窨花工艺，可以把花香窨到茶叶的骨子里去。

"窨"字读音

《说文》："窨，地室。从穴，音声。于禁切。"[1]"窨"的本意是地下室，字的上半部分"穴"是偏旁，下半部分"音"是形声，读音为"yìn"。"窨"活用为动词是窨藏之意，如段玉裁所说："今俗语以酒水等埋藏地下曰窨。"类推到花茶的制作上，"窨"字侧重窨藏、久藏，表达的是花香与茶深入骨髓的交融，也是茶对花香深刻持久的窨藏。从音韵上来说，"窨"这个音听起来也很深刻，要把花香"印"到茶的骨子里，要让茶吃透花香的感觉，是有重量的。

如果只按照花茶的工艺来看"窨"，其说服力可能还不太足够。若是从制香的角度来理解，便足以说明花茶的"窨"是怎么来的。北宋黄庭坚的外甥洪刍的《香谱》记载了"窨香"之法：

> 凡和合香，须入窨，贵其燥湿得宜也。每合香和讫，约多少，用不津器贮之，封之以蜡纸。于静室屋中入地三五寸，瘗之月余日，取出，逐旋开取然之，则其香尤觭馤也。[2]

做合香也用"窨"。窨的目的在于让几种香材融为一体，方式就是把几种香材

［1］ 许慎撰、段玉裁注《说文解字注·窨》。后不复注。
［2］ 洪刍《香谱》，卷下。此窨香法可能取自沈立《香谱》，然沈书已佚。

按比例调配好，放到干燥的容器里，用蜡纸封好，埋藏入地下。埋的深度大约三五寸（约合9.4—15.7厘米），时间月余，便大功告成。明代人将存放香材窨香的器具称作"香䆫（䆫）"，《香乘》的解释是"窨香用之，深中而掩上"[1]。由此可知，"窨香"其实是制作合香的一套工艺，也有相应的工具。虽然它有埋入地下的步骤，但其目的仍然是使诸香交融，埋入地下只是为诸香交融提供一个合适的环境，只是一种达到目的的手段。洪刍《香谱》在"窨香法"之后紧接着记载了"熏香法"，"熏香法"就是前文提到的给衣服熏香的方式，这种分类也为后来《陈氏香谱》《香乘》等诸多香学文献所继承。可见，在古人那里，窨香和熏香是完全不同的两种工艺。

其实，在花茶制作上也是如此。明代人制作花茶，窨花工序同样有将花和茶置入坛、瓮一类的容器密封，甚至使用蒸、晒等方法辅助，使茶吸收花香，达到交融一体、不复离解的目的，放到花茶上来说，就是要让花香深刻入骨，再也拔不出。换句话说，"窨花"与"窨香"有异曲同工之妙，推测窨花工序或有承自窨香的可能，因为它们同为古时文人的生活雅趣，又原理相近、目的相同，用"窨"来表示这一类做法或工艺，实为精准。

"窨"字现在很多人读"xūn"。其实"xūn"是后来才有的音，最早可能要到新中国成立之后了。《说文》《唐韵》《广韵》《集韵》《韵会》，乃至《康熙字典》，"窨"字都没有"xūn"的读音。《现代汉语词典》念"窨"为"xūn"应是借了"熏"的读音。然而，如果稍微了解一点花茶工艺就会知道，窨花绝不是"把茉莉花等放在茶叶中，使茶叶染上花的香味"[2]这么简单。窨就是窨，熏就是熏，二者指代的是不同的工艺，不宜混为一谈。

从"熏"到"窨"

那么，现在的"窨花"是怎么回事呢？明初朱权的"竹笼熏茶"大概是萌芽期的花茶工艺。或者也称不上工艺，自己摘点花，在家就能做出来，比较简

---

[1] 周嘉胄《香乘》，卷13。
[2] 《现代汉语词典》第7版，第1492页。

单。后来窨花的工艺则要复杂许多。后来怎么做的呢？

      首先要找一个瓷罐子，把茶和花一层一层地铺到罐子里，一层茶、一层花、一层茶、一层花，逐次把罐子铺满，再用纸、箬叶、花蜜一类的材料密封罐口。等到午间的时候，把整个罐子放到太阳底下晒，因为太阳有热量，能促进罐子里的花释放香气。晒的过程中还要上下翻覆罐子三次，以便茶、花更充分地融合。晒完之后，再将整个罐子放到锅子里隔着水慢火蒸，通过热量进一步催出花香。要蒸到什么程度呢？蒸到罐子的盖子极热、十分烫手的时候就可以熄火了，要等到罐子完全冷却了（原文写的是"极冷"），才能开罐取茶筛花，把茶、花分离。然后以纸包覆茶叶，每一罐大约作三、四纸包，将之晒干或烘干。如果选择晒干的方式，在晒的过程中还要经常打开纸包抖动，让茶叶分布得更加均匀。完成以上步骤，算一个窨次。之后再换花，进入下一轮窨制，如此反复操作三次。[1]

这其实反映了从"熏花"到"窨花"的工艺转变，二者的最大差异大约在于空间和温度。现在我们做花茶也讲究温度，一般要在相对比较高的时候，差不多四十来度、洗澡水的温度，比较适合催促花香、窨制茶叶。也许是后来这种以小空间加热做法出来的花茶品质更好，明末清初渐有形成产业的趋势。例如著名茶人闵汶水的"闵茶"，据说兰花香明显到可以做成香囊佩戴。当时就有人怀疑闵茶不是原味茶，而是"假他味逼作兰香"，甚至有文献直接点出闵茶是窨了珠兰花的。[2] 闵茶可以窨入花香而不被大多数人察觉，可见当时的窨花技术还是比较成熟的。

    我曾经总结相关文献的词频，发现进入清代之后，涉及花茶的文献开始

---

[1] 参见钱椿年《制茶新谱·制茶诸法》《云林堂饮食制度集》。瓷罐蒸晒花茶的工艺记载在钱椿年《茶谱》之后见于多种文献，反而是出身贵胄、喜好风雅的朱权没有在他的《茶谱》中提及。这很可能是朱权之后，甚至到了明代嘉靖年间才出现的工艺。

[2] 参见周亮工《闽小纪》卷1、陈淏子《秘传花镜》卷3。闵汶水即张岱《闵老子茶》所写的"闵老子"，闵茶在明末清初的名气很大，很有影响力。

歙县珠兰花

较频繁使用"窨"字，而不是像从前以"熏"为主了。当时"窨"的读音就是原音"yìn"，而不是"xūn"。比较典型的是珠兰花茶：乾隆年间《本草纲目拾遗》就写到"珍珠兰，味辛，窨茶香郁"[1]；汪由敦《松泉集》有"俗用末丽（茉莉）、珍珠兰窨茶"[2]；清末杜文澜还有首写珠兰的词，最后两句是"一生消瘦美人怜，余馨还窨茶瓯里"[3]，用的也是"窨"。类似的例子还有很多，从中我们可以摸索出花茶工艺从简单的竹笼熏茶、拌花串味发展到有一定技术难度的"窨"的演变过程。

平阴玫瑰

如前文所述，窨茶是需要有一定的温度的。温度能够促使花开花、发香。只有花的香气更大程度地发出来，茶才有更多的香气能吸收。要保证温度有两

[1] 赵学敏《本草纲目拾遗》，卷7。
[2] 汪由敦《松泉集·诗集》，卷2。
[3] 杜文澜《蹋莎行·珠兰》，载《采香词》，卷4。

种方式：一种是像古代的工艺，把花和茶塞满罐子里，放到太阳底下晒、加温，晒完再放锅里蒸，这是针对空间的加温。另一种是花的量大，聚在一起释放热量，这也会起到加温的作用。后者是现在茶厂做花茶的环节之一，需要先把大量的花堆在一起，借由热量促进花朵开花、释放香气。

窨制玫瑰花茶，我倾向于选用山东平阴的重瓣红玫瑰（*Rosa rugosa cv. Plena*）。它是中国地理标志产品，也是国家卫健委公布的药食同源名单中的玫瑰品种。窨制花茶使用经过实验认可、受到法规保障的平阴重瓣红玫瑰，从食品安全的角度来说也是相对稳妥的。当然，做茶绝不能只考虑食品安全——食品安全是对一款茶最低的品质要求。如果一款茶仅仅标榜自己"食品安全"，那么这款茶也有可能是款不好的茶。

平阴玫瑰香甜柔美，和红茶的气质很契合。窨茶之前，我特意把事先做好的红茶拉到做玫瑰花的厂子，专门找了间干净的车间当窨花室操作。虽然是在5月份，但是厂子里特别热，因为几个大型烘房同时在烘玫瑰花，平均温度大概43℃左右。烘花的过程中会产生水汽，湿热的环境让人很难受，空气中则弥漫着浓郁的玫瑰花香。平阴的玫瑰镇与出产阿胶的东阿县相邻，整个镇子都种玫瑰花。玫瑰是体质型的香花，花瓣就自带香气，不像茉莉花只有开花时才吐香。或许也因此，平阴的玫瑰香不一定要到加工厂才有。从县城出发，过了玫瑰镇的牌坊，就开始能闻到一阵一阵的花香。

做玫瑰红茶的起手式和茉莉花茶差不多，也是一层花、一层茶、一层花、一层茶地打窨堆，只是做玫瑰花茶时，"通花"的间隔时间会比茉莉长一些。因为玫瑰是体质型的香花，花和茶的相处时间能适度延长，不像茉莉那么纠结。明代人做花茶有个比例——"三停茶叶一停花"，茶和花大约3∶1。至于为什么选用这个比例，他们也有解释："花多则太香而脱茶韵，花少则不香而不尽美。"[1] 质言之，花香只是用来辅佐，做花茶讲究的是气味调和的状态，让花香跟茶味融合到一起，甚至让花香沉入茶汤之中，相互交融，不显突兀。像茉莉花茶常被批评的"透兰"或者"透素"，指的就是一种不协调的味觉状态。

[1] 钱椿年《制茶新谱·制茶诸法》。其他文献此句话多源自钱椿年。

茶　坯

　　做窖花茶，除了花要讲究之外，茶坯也会影响最终风味的呈现。按我的理解，做玫瑰红茶的茶坯质感要轻盈一些，一则发酵不能太重，二则烘干温度不能过高。发酵太重的红茶容易"抢戏"，和玫瑰花的香气不太协调。而红茶本身就容易吃火，市面上很多带有浓重薯香的红茶，有些是发酵过头了，有些是后期的烘干温度太高，把红茶自带的清甜烤成焦糖了，这类茶本身的香气已经太过熟化，不够轻盈甜美，也不适合拿来做玫瑰红茶。

　　回到先前的窖花环节，红茶和玫瑰花一层一层堆好之后，这期间要通花。通花就是要把茶和花进行翻动，翻动的同时也达到通氧的效果。为避免窖堆中心或底层劣变出现馊味，一段时间就得通一次花。等到茶坯充分吸收玫瑰花的水分，用手握抓茶不致碎掉，甚至带点弹性的时候就可以烘干了。烘干之后筛出玫瑰花干，放一段时间再操作下一次窖花，窖花工序跟前一次一样，但茶的花香会比先前更浓郁一些。等到整个操作完成了，再把茶送回茶厂补火、分装。补火这道工序十分重要，是确保茶品质稳定的关键所在，补火会牺牲一些花香，但可以让茶性更稳定，更耐存放。

　　现在常见的玫瑰红茶，大部分是用干的玫瑰花瓣和茶拌在一起的，属于"拌花茶"，和鲜花窖制的窖花茶还不一样。拌花的做法对工艺要求相对没那么高，买点玫瑰花瓣，找一个罐子，把玫瑰花瓣和茶放在一起就可以了，自己在家就能做。或者泡茶时加点玫瑰花瓣，也能有差不多的效果。但是比起窖制的玫瑰花茶，拌花茶的花香和茶汤的融合度相对没那么高，两三泡之后花香就会变淡，或者花香与茶味分离。而窖制的玫瑰红茶，玫瑰花香会相对持久一些。窖得好的话，一直泡到尾水，花香依旧，且和茶汤水乳交融，丝毫不感到违和。我想，这也是花茶工艺从"熏"发展到"窖"，体现在茶叶品质上的差别吧。

芒种

6月6日前后芒种。

五月初五端午节，一般在芒种前后。

《说文》："午，啎也。五月，阴气午逆阳，冒地而出。"午乃违逆、抵触之意。农历五月是阴阳冲会的时节，此时阴气忤逆阳气，想要冒地而出。端午节之所以叫"端午"，便是要端正此"午"。

端午有很多辟邪的习俗，大家熟知的有赛龙舟、挂艾草菖蒲、拴五色丝线、打午时水、饮雄黄酒等。北宋温革《琐碎录》记载，在端午的午时用朱砂写一个"茶"字倒贴在墙上，可以达到"蛇蝎蜈蚣皆不敢近"的效果。据温革表示，他亲测有效。可惜我的住宅周围不够生态，端午没有毒虫，不然真想自己也试验一把，顺便看看如果换成"茶"字是否效果依旧。

芒种："谓有芒之种谷可嫁种矣。"芒种之所以叫芒种，是说到了这个时节，种子的壳上有芒（细刺）的谷物便可以播种了。

茶树不属于"有芒之种谷"，但在繁育的节令上也有相似的讲究。曾听安溪铁观音的传承人魏月德先生分享：如果要通过扦插法繁育铁观音茶树，必得等到芒种之后、茶树枝条成熟了再扦插。芒种之后再扦插，新茶树要两年之后才能采收，但性状稳定。若是急功近利，在芒种前便扦插，虽然第二年便可采收，但是新茶树更容易发生变异，不如芒种后再扦插更能保持原品种紫芽、歪尾、圆叶、背卷的性状。

这种说法或许在茶叶科学领域尚有争议。然而，我走过许多茶树品种园，虽然它们中的不少都种有铁观音茶树，且源头大都来自安溪，但是却极少能见到具备正宗铁观音品种特征的铁观音。不知道如果在选种、繁育的过程中能够多注意一些类似的小细节，情况是否会有所改善呢？

水注

興社瓷

今皇都其家藏

大树普洱：皇上喝的居然不是老茶？

过了小满，便是芒种。按一般的年成，云南普洱的春茶自3月中下旬开始，会一直做到5月份。如果按头春头采的时间来算，新茶做好之后稍微放两个月，差不多到6月初、芒种时节就可以压饼上市了。当然，现在的产业自由度比较大，有些人春茶一做好就立即压饼，也有些人不着急压饼，一方面让毛茶的青气退散得更完全一些，另一方面是散茶的自由度大，可以根据不同的需求拼配、压饼，利于销售。而压饼时间的早晚，对茶的后期转化也是有些影响的。

生茶，熟茶

普洱茶属于争议比较大的茶类，市场上的认知至今仍因商业的干扰而混乱不堪。首先，普洱茶分生茶、熟茶。生茶是叶子采摘下来后稍加摊晾即下锅炒，炒熟了揉捻，揉捻完一般已经晚上了。次日清晨太阳出来之后，把茶直接薄铺到太阳下晒干，初制工作大致就算完成了。这种做法其实比较接近绿茶工艺。值得一提的是，这流程看似简单，其实每个步骤的处理都有一定的讲究，反映出制茶人对普洱茶的理解。一般来说，学院派（茶学科班出身）的人士，会习惯把普洱茶的初制做得更偏向绿茶一些。不同的初制手法对茶叶的后期转化颇有影响。为此，我曾专门做过一些控制变量的对比试验。相同的原料，同一个人制作，采用不同的初制手法，经年观察下来，茶叶后期转化的路径是不同的。

绿茶在制作工艺上分炒青、蒸青、烘青和晒青四大类。炒青、蒸青是杀青方式不同，炒青是用锅子炒熟的，蒸青是用蒸汽蒸熟的，而烘青、晒青则是干燥方式不同。一般来说，用蒸汽蒸熟的茶叶就直接归类到"蒸青"，比如恩施玉露、日本煎茶，明代以前的绿茶基本都是蒸青。而用锅子炒熟的，还得看干燥方式如何：茶炒熟之后，仍以炒锅干燥的叫"炒青"，比如西湖龙井、洞庭碧螺春；出锅入焙笼烘干的叫"烘青"，比如黄山毛峰、太平猴魁、六安瓜片；若是炒好之后日晒晒干，则叫"晒青"。普洱茶用的是锅子炒熟、日晒干燥法，所以普洱茶的毛茶在产品配料表上写的是"云南大叶种晒青毛茶"。云南大叶种是云南普洱茶茶树品种的统称，晒青则说明其制作工艺。当然，"晒青"只是普洱茶初制环节的干燥方法，其蒸压之后便不再晒，而是置入烘房，低温烘至足干更能确保茶叶的品质。我们区分炒青、烘青和晒青时，讲的是它干燥的主要方式、工艺的侧重点，以及最后的品质表现。

初制完成的茶叫作"毛茶"或"初制茶"，形态是散茶，散茶已经可以喝了。但是散茶很蓬松，占地儿，为了远方贸易、长途运输，普洱茶一般会紧压成茶饼。以毛茶为原料，直接用高压蒸汽蒸软、压制，出来的还是生茶，即市场上的"生茶饼"或"青饼"。如果把初制的毛茶（散茶）拿去湿水渥堆，经过一个月到一个半月的时间，让茶在湿热作用的环境下发酵熟化，出来的叫作"熟茶"。生茶的汤色一般比较浅，浅黄居多，如果有点年份的，颜色会偏红一些。而经过渥堆发酵的熟茶，茶汤基本是酱油汤的颜色，渥堆程度轻一点的则多是酒红色。生茶和熟茶的香气、滋味完全不同，后期的转化空间也不一样。总体来说，二者的最大差别在于工艺，以是否经过渥堆发酵为判断标准。所

普洱茶毛茶

以，生茶放再久也顶多是老生茶，不会变成熟茶。

"老味道"

说起普洱茶生茶、熟茶之间的故事，估计又让不少人坐不住了。只要涉及经济利益的事情，大概就很难让人心平气和、理性地讨论。一直以来，江湖上流传着一类故事，这类故事听起来很真实，似乎也可以用来佐证普洱茶的生茶"不能喝"：

清朝时，普洱茶都走茶马古道离开云南，茶马古道的山路弯弯曲曲，从云南一路运到外地销售（或者给皇帝进贡）。途中的天气变化太大，经历了刮风、下雨、太阳暴晒等等，干干湿湿地，可谓颠沛流离。且彼时交通不方便，长时间的运输加上各种不稳定的因素，到了目的地以后茶已经陈化变味了。没想到陈化后的普洱茶变得十分温润，更加受到市场喜爱。但是随着科技进步，交通条件改善了，以前投入大量人力、马匹运茶的方式被时代给淘汰了，取而代之的是公路、汽车，甚至航空货运等，以前那种长途跋涉让普洱茶自然陈化的条件没有了，市场上的茶"变味了"，引得很多爱茶人拿着茶饼到产区，企图寻找他们记忆中的"老味道"。

有没有发现这类茶马古道运茶、茶叶陈化的故事似曾相识？不只普洱茶熟茶，老安茶也有类似的故事。当然，我们并不否认这类说法有一定的真实性，听起来也挺合理。但我们可以设身处地地站在当时"快递公司"的立场感受一下，如果运送级别特别高、特别金贵的茶，或者特贡级别、皇家专用的贡茶，肯定防湿防潮、防贼防盗，从装箱到运输对货物的保护都十分上心。如果是贡茶的话，更是要尽量保证督办官员在产地认准了的茶，到京城给皇上喝了没有太大的变化才是，如何能旷日费时让茶经历风吹日晒、劣变陈化呢？

不知道是什么原因，很多人就愿意相信古代特别落后、运输特别困难的故事。记得某次我和一位茶叶科学领域的专家分享，说到唐代四川茶远的可以卖到越南北部。他很是吃惊，说自己原以为古代茶叶都运送困难，只能在产地周边销售。实际上，1200 年以前四川茶就可以运销四方，不但如此，而且它"皆自固其芳香滋味不变"[1]——运到售卖地，香气滋味还和在产地时一样，根本没什么劣变陈化的情况。至于贡茶就更是如此，前面顾渚紫笋那章我们就提到过，唐代顾渚贡茶从浙江湖州运送到陕西西安，为了赶皇帝的清明宴，1300 公里路也是 10 天就运达。"快递"的速度虽然赶不上当代，但也不至于到故事中那种旷日持久的地步。唐代尚且如此，近代就更不用说了。按常理推断，要旷日持久、风吹日晒除非一种情况——运送的茶本来就等级低、不值钱，不值钱的茶量大而价廉、成本低，为了节省运费，例如早年的边销茶，才有可能一路上风吹日晒雨淋，罔顾茶叶容易受潮串味的本性。

故事里的"老味道"，说白了就是普洱茶在运输过程中自然陈化的味道。美其名曰"自然陈化"，其实是保存不当、茶叶劣变了的味道。到了 20 世纪 70 年代，相关的生产单位研发出湿水渥堆的做法——把干毛茶堆起来、洒水，让茶在高湿的环境下快速发酵。除了本身引发的湿热反应之外，还有一些微生物作用参与。让茶在这种环境下渥堆一段时间，渥堆期间要翻动茶叶通氧散热，时间差不多持续一个月、一个半月，或者两个月的都有。渥堆之后烘干，出来就是熟茶的散茶了。做熟茶，除了原料之外，渥堆的节奏控制是技术的关键，

---

[1]　杨晔《膳夫经手录》。

决定了茶品质的好坏。市面上有很多"堆味"特别重，一打开就是腥臭味、馊味的茶，如果堆味长时间无法退散，大概率是渥堆环节粗制滥造，原料自然也不会好，没什么价值。这类茶不宜多喝，喝多了容易造成身体负担。

历　史

那么，普洱茶是什么时候开始有的，早期的普洱茶又是什么味道呢？

唐宋时期，云南茶还是以散收为主，人们只是把茶叶当作普通食物，和花椒、生姜、肉桂等放在一起煮饮，没有什么特别的采制工艺。根据樊绰《蛮书》的记载，当时的云南茶出自"银生城界诸山"[1]，即今普洱市、西双版纳傣族自治州一带。这也是当代普洱茶的主产地。到了明代前中叶，云南茶中比较知名的有大理府的感通茶和湾甸州的湾甸茶。感通茶出于大理点苍山的感通寺，湾甸茶出于孟通山，后者位于今保山市昌宁县南部。此外，澂江府阳宗县、广西府、临安府、金齿军民指挥使司等地也产茶。[2]阳宗县在玉溪，广西府、临安府在红河、文山一带，金齿军民指挥使司在保山。大理、保山、玉溪、红河、文山，这几个地区如今都不算是当代普洱茶的主产区，当时所产应皆为蒸青绿茶。

关于普洱茶的记录差不多出现在明代隆庆、万历年间。隆庆六年（1572）的《云南通志》载："车里之普耳，此处产茶。"[3]"车里"指车里宣慰司，"普耳"是地名，也是山名，当地有普耳山（普洱山）。明清时期的车里宣慰司大致相当于现在的西双版纳全境加上普洱市思茅区及老挝的勐乌、乌德等地，其疆域和唐代的"银生城界诸山"、清雍正以后的普洱府有一定的重合，而普洱山则在今

---

[1]　樊绰《蛮书》，卷7。

[2]　参见《寰宇通志》卷111—卷113、《大明一统志》卷86—卷87、景泰《云南图经志书》卷5—卷6、正德《云南志》卷2—卷14。明代云南茶产相对著名的还有昆明的太华茶等，不过，太华茶出现的时代比上述几个茶稍晚一些，差不多要到炒青绿茶盛行的万历年间（参见王士性《广志绎》卷2、谢肇淛《滇略》卷3、徐弘祖《徐霞客游记》卷10上）。

[3]　隆庆《云南通志》，卷16。这句话到天启《滇志》变成了"车里之普耳山，其山产茶"（卷30）。

普洱市宁洱县一带。不过，这里虽然提到了车里宣慰司，但最早的普洱茶应该主要指普洱山一带出产的茶叶，和后来普洱茶的主产地有所不同。

万历四十六年（1618），谢肇淛任云南布政司右参政，后著《滇略》。书中提到了普茶："士庶所用皆普茶也，蒸而成团，瀹作草气，差胜饮水耳。"[1] 一般认为，这个"普茶"就是指普洱茶。从谢肇淛的记述可以看出，当时已经有将散茶蒸压成茶饼的工艺了。谢肇淛祖籍福州，出生于杭州，喜欢松萝、虎丘、罗岕、龙井等长江中下游地区精致的绿茶。他对普洱茶的评价不高，说它泡起来有"草气"，只是勉强胜过白开水。这可能与个人口味有关，或者当时的普洱茶工艺还不成熟，又或许是因为品质更好的"六茶山"还没有兴起。当然，也不排除他没有喝到真正好的普洱茶。

崇祯十六年（1643），方以智《物理小识》也有论及："普洱茶，蒸之成团，狗西蕃市之，最能化物，与六安同。"[2] 他不但提到"蒸之成团"的工艺，还点明了普洱茶具有与六安茶相似的消食功效。这句话后来也被不少清代文献采用，可见古往今来，大家对普洱茶的消食功效是有共识的。

到了清代，普洱茶进入了历史上第一个辉煌时期，不但成了贡茶，而且产业十分兴盛。普洱茶的产地也不再局限于普洱山，而是渐以滇东南地区兴起的"六茶山"为代表。"六茶山"即今所谓"古六大茶山"，包括攸乐、革登、倚邦、莽芝（莽枝）、蛮崗（蛮砖）、慢撒（漫撒）六座茶山[3]，慢撒的位置和现在的易武比较接近。六大茶山中，除攸乐在景洪市境内外，其余的位置都在西双版纳的勐腊县，这些地方至今仍是普洱茶的重要产区。雍正七年（1729），清政府"改土归流"，成立流官政府普洱府，将原属车里宣慰司的"六茶山"也划归其中，并在思茅设立总茶店垄断茶利，六茶山也成为清代贡茶的采办地。

---

[1] 谢肇淛《滇略》，卷3。
[2] 方以智《物理小识》，卷6。有的版本"普洱茶"作"普雨茶"。
[3] 参见雍正《云南通志》卷27、檀萃《滇海虞衡志》卷11、嘉庆《滇系》卷4、道光《云南通志稿》卷70等。"六茶山"亦有倚邦、架布、嶍崆、蛮砖、革登、易武之说（参见阮福《普洱茶记》《思茅厅采访》等），及蛮砖、倚邦、易武、莽芝、慢撒、攸乐之说（参见道光《普洱府志》卷8等）。

性温，味香

清代的普洱茶是什么味道呢？文献中反复提及的是四个字——"性温味香"[1]。

性温：从中医的角度来说，食物分寒、凉、平、温、热五性。现在的人们习惯笼统地说茶性寒凉，实际并非如此。很多好茶非但不寒凉，而且性质温热。不少古书在评价某款茶好时，也会用到"性温"的评语，甚至会专门指出别处的茶都性寒，独此茶性温，比如清代武夷茶就有类似的评价。

其实，食物的性质寒热还是比较好判断的，就是看人喝下去身体的感觉，俗称"体感"。以茶而言，性温的茶喝下去会觉得身体（特别是腹部、后背）暖暖的，全身毛孔打开，微微出汗，很舒服的感觉；而性寒的茶则可能会有胃部不适，小腹、后背、手脚发凉，乃至打寒噤、拉肚子等不良反应。这和喝茶时的水温没有必然联系，寒凉的茶即使高温饮下体感也是一样寒凉，而温热的茶，其效果和喝热水绝不可同日而语。不过，在当今的产业背景下，性温的茶，特别是性温的普洱茶生茶，相对不那么容易取得。没喝到，不宜断言没有。

姑且以"寒热"的话语体系来说。茶性的寒热和原料、制作工艺都有关系，不可简单以茶类划分，一刀切地说什么"红茶暖、绿茶寒"之类的。就实践而言，我喝过寒凉的熟普、老白茶、高火乌龙茶，也喝过温热的生普、新白茶、绿茶，还得就茶论茶。当然，人不是机器，同样一款茶，每个人的体感反应不尽相同，同一个人在不同身体状态下的反应也不同。这和个人的体质、身体敏感性、具体时段的身体状况等都有关系，不可一概而论。不过，若是从健康的角度来说，我们还是更推荐大家去饮用"性温"的茶，这样的茶一般比较不刺激，其品质也相对会高一些。

味香：好茶一定是香在水中、香水相融的，所以古人会说"味香"，而不是简单的"气香"。乾隆年间的医书《本草纲目拾遗》记载了当时多款名茶的

[1] 参见康熙《云南通志》卷12、《佩文斋广群芳谱》卷18、康熙《元江府志·物产》（转引自朱自振《中国茶叶历史资料续辑》第75页）、《本草纲目拾遗》卷6、乾隆《大清一统志》卷377、《嘉庆重修一统志》卷486等。

药用价值，讲到普洱茶时也用了"性温味香"，可见普洱茶的这个品质特征也得到了医家的认可。据载，当时普洱茶大的一团大约5斤重，做成像人头的式样，名曰"人头茶"。换算到现在，差不多就是3公斤重一团。人头茶每年入贡，民间不易得，当时便有一种山寨品，名曰"川茶"，出自四川、云南的交界处。不过，"川茶"的品质不佳："其饼不坚，色亦黄，不如普洱清香独绝也。"[1]压饼的工艺差，饼太松，茶的色泽也发黄，不如真正的普洱茶清香独绝。《本草纲目拾遗》用的是"清香"，可见当时的普洱茶更多的是饮用新茶，不会像现在一样特别去讲陈化。普洱茶陈化出来的香气，应该不宜用"清香独绝"来形容。

孤证不立。到了清光绪年间，那时候茶叶的国际贸易已经不是中国一家独大了，印度茶崭露头角，可以用机器工业化生产。不只有印度，日本茶也开始走向工业化。在西学东渐的背景下，就有过外国茶跟中国茶、新式机器茶跟中国传统茶有什么区别的讨论。当时有人说，机器做出来的茶口味浓厚，就跟云南的普洱茶一样，但是"色味虽浓而馨香远逊"[2]，意思是机器茶颜色、滋味都挺浓没错，就是香气比普洱茶差远了。不但如此，一直到新中国成立前夕，1949年出版的《新纂云南通志》也形容普洱茶"芳香油清芬自然，不假薰作，为他茶所不及"[3]。人们用"馨香""清芬"等词来形容普洱茶的香气，应是偏向新茶的清香，而不是茶放了很多年的陈香。

这其实就很清楚了，现在一讲到普洱茶，动不动就要几年陈，要喝老茶，甚至有些普洱茶的商家就直接告诉消费者新的生茶不能喝、很伤胃，让人把茶买回去放个15年再喝，说15年以后更值钱。这里就有个漏洞了，谁知道这茶买得对不对？放到15年之后发现不好怎么办？15年的时间挺长，保存的过程会不会出状况？这些都是未知数。所以，普洱茶屡被批评为营销、炒作、金融产品、贩卖未来，也跟这些商业运作有关。

---

[1] 赵学敏《本草纲目拾遗》，卷6。
[2] 朱寿朋《东华续录》，光绪130。
[3] 民国《新纂云南通志》，卷62。

大树，小树，台地

那么，新的生茶到底能不能喝呢？如果是实打实的大茶树，茶园管理没有大的问题，而且是正常日晒干燥之后蒸压出来的茶，基本上当年喝就没有问题。换句话说，以现在普洱茶市场不怎么友善的环境来看，这种可以喝，而且喝了还很舒服的新的生茶，要求确实是比较高的，但也并非不可得。

现在喝普洱茶的人，大概会按照茶树的状态把普洱茶分成几个类型：

第一种是大树茶。顾名思义，大树茶就是用树龄比较高、体型比较大的茶树原料制成的茶。大茶树一般需要爬到树上才能采到鲜叶，不是台地茶那种机器割一割、速度很快的方式。有人会直接称"古树"，但古树的概念比较模糊，我们一般会避免使用。真正的大树茶，新茶的刺激其实是比较小的，毛茶刚做好时可能会带有些许青味，但放上一阵，或者经过高压蒸汽蒸压之后会好很多。树龄比较大、没有过度矮化或过度采摘的大茶树，在得当的制作工艺之下，成茶内质丰厚，汤感饱满重实，香气清纯内敛，茶气下行，韵味十足，很符合清代普洱茶"性温味香"的品质描述。这样的茶可以让人的精神状态趋于安定，应该是茶氨酸等带来的效果，喝完之后往往会微微出汗，很舒服。当然，并不是说非得要喝新茶，放上两三年、适度转化之后的大树茶也是相当好的，存放得当的话，陈化多年亦别有一番风味。

之所以不愿意称"古树"，主要还是茶树的年龄不易判定，搞不好就变成了智商税。相比于树龄、故事这些不易求证的东西，茶树的形态却是肉眼可见、清晰可证的。早年我们做普洱茶时会用最笨的方法——选好地块、茶树，盯着采、亲自做，做好之后立即拿走。虽然效率不太高，却有笨鸟先飞之功。而如果在没有掌握一定的可靠样本、建立专属味觉库的情况下就盲目相信转卖多手的信息，很可能喝茶喝了很多年，还都在"楚门的世界"里徘徊。

一般来说，在其他条件不变的前提下，大树茶比小树茶品质高，没有被矮化的树所出产的茶叶比人为矮化了的树品质高。不过，这只是非常笼统的通则，绝不可一概而论。我曾经不止一次做过同一地块、差不多大的不同茶树的对比，每株单独采制、分开压饼，发现实际情况远比所谓的"规律"要复杂太

临沧永德大雪山的大茶树（禹斌供图）

多。即使在同一地块，相邻的两棵差不多大的树也可以一株清香独绝、一株苦涩难耐，一株气足韵长、一株寒凉堵胃。有时候我们开玩笑，说就好像不同的人有不同的人生一样，每一棵树也有它们独特的"树生"。不一样的"树生"造就不一样的"树性"，所产茶叶品质也就各个不同。当然，也像同一地域的人会有共同点一般，同一山头的茶树也会有共通的特点，好的会形成独特的"山头气"，引人流连。

既然同一地块、相邻的大树都可能有不小的差异，不同地块、不同山头，乃至不同片区的茶树，就更不能机械性地比较了。我曾经遇到过那种拿临沧的大茶树来嘲笑易武的茶树小，从而觉得易武不如临沧的观点，还是有些哭笑不得。两地的茶树品种本有差异，况且易武多石头山，茶树扎根相对困难，生长更慢、体型也小，不像临沧的水土、气候更有利于茶树孕育高大的树型。茶还是要比内涵、比品质表现，如陆羽所说——"茶之否臧，存于口诀"，得就茶论茶，不能"以貌取树"。

第二种是"生态茶"，或者说"生态小树"。生态茶指的是近几十年内用种子种植、地域相对生态、栽培方式相对原始、茶树之间的间隔大，且不怎么进行人为管理的茶树所出产的茶叶。生态小树再过若干年也可以长成大茶树，主干粗壮、开枝散叶，必须上树采茶。树龄大一些的生态茶，虽然茶气、韵味比不上大树茶，但新茶的汤感鲜爽醇和，只要冲泡时坐杯时间不要太长，出来的茶汤表现还是不错的。在市场上，这类树龄稍大的生态茶很多已经被包装成大树茶销售了。

有一年，我在三联做了一款布朗山的生态茶。一位用户喝了打电话来找我，问这个"古树茶"是哪个寨子的。如果不明说的话，那款茶确实有点古树茶的感觉，也比市面上很多"古树茶"品质更高。后来我直接告诉那位朋友，建议他把此茶当成生态茶的标准线，如果有"古树茶"表现不如它的话，就可以直接靠边站了。这也是练习品茶味觉的一种方法，找个标准样、拉条标准线，再用这个标准去审视市场上的茶，心里就比较有底了。

第三种是"台地茶"。台地茶用的大部分是后期选育出来的无性系品种，如云抗10号之类。其茶园种植方式也比较紧密，一垄一垄的很整齐，讲究人为管理、科学化管理，要定期施肥、修剪、用药。这样能把茶树的单位产能最大化，高产、便宜，也几乎是要多少有多少。台地茶是普洱茶中量最大的，也基本处于鄙视链的底端。新的台地茶给人的感觉确实不大友善。如果不用特定的冲泡手法（如降温、快速出汤等）以回避其短板，台地茶往往苦涩、刺激，香气滋味仅止于口腔，有些喝了还容易产生上头、胃痛等不良体感。放上15年之后可能会好些，但往往是刺激性去掉了，内质也跟着空空如也。台地茶作为20世纪80年代的产物，时代背景昭然。当时为了发展经济，参考了国内外各个高产茶区所做成的改良，也确实拉抬了一波地方经济。现在市面上的普洱茶，新茶刺激性强、要放上十几年才能喝的，大部分都是这类台地茶，或者刚种下去没多久的小树茶。

同一个寨子、差不多树龄的台地茶和小树茶

有的学者反对过分看重树龄，谓大树茶一般生长在生态更好的地方，其品质优良是多方面因素综合作用的结果，不只是因为树龄高。诚然如此。不过，通过多次对比试验，在控制变量的情况下，大树茶的品质依然大概率会胜过小树茶，至少在我能力所及的范畴中，尚属不争的事实。当然，大茶树的资源毕竟相对稀缺，需要专业判断和高价支出，对于一般消费者来说，只要保证健康，避开那些寸草不生的小树、台地茶园所出产的茶叶，面对自己喜欢喝的茶，也就不必要过分纠结它的出身了。

大班章

沿袭了唐代的"银生城界诸山"、明清的车里宣慰司、清雍正以后的普洱府地界，当代的云南茶仍以西双版纳为最具代表性的产地。而西双版纳之中，西边的勐海县和东边的勐腊县又是两种不同的风格。勐海茶多雄浑刚猛，醇厚带劲，唯新茶滋味稍显苦涩，不易为口味清淡的茶客所接受；勐腊茶则香高水柔，细腻温润，苦涩度较低，新老茶客咸宜。勐海茶中，以布朗山系（乡）最具代表性，而布朗山中又以老班章为胜。勐腊茶囊括古六大茶山之五，以易武为最具代表性，易武的许多寨子都颇受欢迎。人们习惯用"班章王、易武后"来总结两地的代表性山场，可谓贴切到位。两地风格不同，却是各领风骚，缺一都不能成就当代普洱茶的辉煌。

当然，西双版纳还有很多优质山头，绝不限于班章和易武。很多好山场因为处在西双版纳州这个普洱茶高地，虽然也是品质优异、特色鲜明，反而不及临沧市、普洱市的某些山头名声响亮。老班章的地位稳固，长期居于普洱茶的C位，故而现在也开始宣传"大班章"茶区——把老班章以外的新班章、老曼峨、坝卡竜、坝卡囡等寨子的茶叶通通归于"班章"，期待通过老班章的名气（且忽略周边茶品质的落差）带动起周边茶价。当然，这也和"武夷正岩""狮峰龙井"的定义扩界是一样的逻辑，具体的名词可以一代代泛化，然核心产地本身是永远没办法扩界的。

越陈越香？

讲了这么多新茶，最后不得不提一提老茶。之所以不一开始就讲老茶，主要还是在于逻辑顺序——不是所有的茶叶都值得放老，必须先明确了新茶，才能讨论放老的问题。

一般来说，成品茶的"转化"，也有人称"后发酵"，先不管"转化""氧化"或"发酵"的精准定义为何，可以肯定的是这是一个茶质衰退的过程。而所谓"越陈越香"、越转化口感越显醇和，则可能是茶叶内不同物质衰退的速度不同，刚好在某个时间节点上出现较新茶更为协调的口感。然而，只要仓储环境不变，物质衰退（或者说"转化"）的状态还在持续进行着。岁月是把杀猪刀，茶的转化也有最佳赏味期，能"转化"出别具风味的协调口感，同样也能"转化"出色衰爱弛的那一天——只是因茶的体质和仓储环境不同，转化的空间不同罢了。

为了保证"转化"的空间，茶的体质就显得格外重要了。换句话说，茶叶的内含物质必须足够丰厚，才能经得起"衰退"的考验。内含物质丰厚的茶（不拘茶类），口感上是饱满的，滋味醇厚，耐泡度佳，体感上是舒适的，茶气下行，发热通透。要达到这样的品质，茶叶必须本身底子够硬，且制作工艺得当（良好的工艺可以将茶叶丰厚的内质激发出来，又不至于逼茶太过，损伤本元）。相反，茶叶底子不好，或是好茶给做坏了，则会显得内质单薄，不管它有多么漂亮的干茶、匀齐的叶底，或是多么袭人的香气、清亮的汤色，抑或是多么厉害的出身、动人的故事，只要其滋味平淡，缺乏饱满度，且品饮体验仅止于口腔、鼻腔，没有喉韵与良好体感，就不可能是一泡经得起陈放的好茶。

这里需要说明的是，滋味的厚薄不同于浓淡。浓淡只是风味不同，无关乎茶质，而厚薄、饱满度则与茶质有所关联。举个生活中的例子：泡面汤，可谓味浓刺激，但那汤是没有厚度的，也没什么营养；而自家精心熬制的补汤，虽然每家的味道不同，浓淡不一，但汤感都是稠稠的、厚厚的，也很营养。当然，一味以茶汤厚薄来判断茶质可能会出现偏差，因为厚薄也是可以通过制作工艺来调整的，就好像在科技发达的今天，人们也可以通过某些技术手段来速成又厚又稠的"补汤"。

除了茶底和制作工艺，仓储环境对于一款茶能否经得起陈放也起到了关键性的作用。茶叶是一种疏松多孔性物质，其结构如吸水的海绵一般，对气味和水分有相当的吸附能力。在陈化过程中，外界干预——如水分、气味、微生物、光照等——的特点与强弱决定了茶叶的转化途径与转化速度。一般来说，干净且单纯的仓储环境有利于转化出纯正的气味，而过于湿热的环境则微生物作用旺盛，稍一不慎就容易引起霉变，不仅口感异杂，过度饮用也危害健康。仓储失败的好茶，或许还有可能通过后续的技术处理，或者改变工艺、变换茶类的方式（如生普堆成熟普）尝试进行补救，但若是遇到为了追求陈年口感而

茶树生长的原始林

故意"做仓"的茶（即所谓"做旧茶"），则大抵是难救的，避开为好。当然，也不是真老茶就一定更好，我们也遇到过做仓（技术仓）茶比真老茶更好的情况。有些高端的做仓茶选用的原料也是不错的，成本不低，而有些真老茶之所以留存下来，具有一定的偶然因素，当年也未必就很好。还是那句话，得就茶论茶。

或许是受老茶风潮的影响，近年来，有些个人乃至机构不断屯购大量茶叶作投资。然而，一方面由于投资人未必有足够的鉴别能力；另一方面又因为投资茶叶必须有量才有效益，而真正的好茶又偏偏是没有量的，我所接触到的一些投资茶，经不起陈放的为多。不过，资本的操作力量惊人，也许过不了几年，市场上批量化打着"老茶"旗号的不仅仅是普洱、白茶、铁观音，还有老岩茶、老绿茶、老红茶、老花茶等了。到时候，"越陈越香"的理论少不得是要拿来再贩卖一通的。同时，为了凸显现今屯下的"中青年"老茶的含金量，在贩卖"越陈越香"之余，还要营销"早些年更老的老茶都是无意间或无奈下滞留的中低端茶，只有××年左右开始，才有有识之士开始优选茶叶专门放老"的说法了。

普洱茶的门道很多，关键还是在于会不会喝、有没有独立于大市场之外的味觉体系。像我们到产地去选原料的时候，一般会非常谨慎。这不是拿着有色眼镜在看所有人，而是每个人对大树、小树的认知可能有些出入，对特定产地范围的界定也有差异，标准不尽相同。以前空闲时间比较充足时，可以到产区走山头练味觉、收茶样，仔细对比各山头之间的风格差异，虽然不敢说十分精准，但还是可以总结出来一些规律的。即便如此，还是经常会有拿不准的时候。特别是茶产业日新月异，感官标准也需要年年校正，面对拿不准的茶，也是要求保守，避免大意失荆州。

其实普洱茶能讲的内容还有很多，但是受限于时空环境，很难有茶样来面对面交流。依托于同一款茶样，边喝边交流可能会更精准一些。此外，普洱茶本身具备较强的解油腻、消食功能，喝普洱茶之前最好是避免空腹，肚子里垫一些东西。虽然大树茶不怎么刺激，但大部分还是有消食功能的。这个也是品鉴普洱茶之前要注意的。

炭
藍

兩品共在此不雜

徑五寸深三寸

夏季闷热的环境对人类，尤其是对我来说，肯定是非常痛苦的。我还是偏好北方这种干燥爽朗的气候，就算热也要干热。但是，闷热的天气对制作东方美人茶却是极好的。人不喜欢闷热的天气不要紧，虫子喜欢就好。为什么？因为东方美人茶的主角不是人，人的技术再怎么好，也做不出东方美人，而是要倚仗一种名为"小绿叶蝉"的虫子。小绿叶蝉每年大约在芒种时节开始进入盛期，东方美人的茶季也随之开始。

小绿叶蝉

我曾不止一次听人绘声绘色地讲述东方美人与小绿叶蝉的故事，他们口中的小绿叶"蚕"，好似比叶子小不了多少、软软地粘在叶面上扭啊扭的蚕宝宝，仿佛茶叶要随时被啃出一圈圈黑洞才足以做出五彩斑斓的东方美人似的。实际上，

小绿叶蝉

　　小绿叶蝉的体型非常小，大概就一个芝麻粒大，它通体浅绿色，一双大而圆的白色假眼贴在不成比例的修小身材上，很是可爱。小绿叶蝉对各种风吹草动都很敏感，走进一片有小绿叶蝉的茶园，往茶树丛轻轻拨弄，它们就开始躁动，迅速飞散开来，不容易拍照。有些朋友担心东方美人茶会不会喝出虫子来，大概率是不会的。因为采茶的时候，以小绿叶蝉敏感的神经，早就都飞走了。

　　一直以来，茶园的虫害都是让茶农很头痛的事情。按照老观念，虫害会让茶树受损、减产，为了防治虫害就不得不打药。有些地方的茶园，因为人的思想意识、劳动力等各方面因素的限制，在茶园管理方面仍比较依赖用药。不过还好，现在用的大多是毒性比较低、比较好降解的生物农药。但是，要做东方美人的茶园，为了要提供一个适合小绿叶蝉生存的环境，基本上是禁用农药的。不但不能打虫，而且不能除草。不能打虫可以理解，为什么还不能除草呢？因为不只茶树，茶树邻近的草丛也是小绿叶蝉的栖息地。换句话说，能够做出好的东方美人茶的茶园，生态环境的要求一般比较高一些，虽然达不到全野放，但是在农药的管控方面是比较严格的。这也是商家会宣传喝东方美人茶比较安全的原因之一。

膨风

　　说起东方美人，大多数人脑海中浮现的第一印象估计是中国台湾。现在的台湾茶大多标榜高山，动辄海拔2300米、2500米，营造出一种海拔越高越好的市场概念。有一次参加茶会，有位茶友拿出一泡东方美人，用很精致的小瓷瓶装着，里面只有4克茶。大概那时东方美人在大陆不太多见，在他拿出瓶子那一刹那，可以感受到他内心的悸动，小眼神放着光芒。按照那位茶友的说法，这是台湾海拔2000米、正春茶的东方美人，如何如何好，关键是十分昂贵。听到这里，大概可以下结论了，要么是他人傻钱多被骗了，要么就是他觉得现场的人好忽悠。怎么说呢？海拔2000米的昼夜温差很大，而正春之际的高山还冷，不管是从海拔还是季节来说，都不太可能闷热，已经超出小绿叶蝉的生命所能承受的范围了。

　　东方美人茶的发源地在台湾的新竹、苗栗一带。新竹、苗栗的茶园大多是中低海拔的丘陵地，山场条件一般，能做出东方美人，也是有个比较神奇的传说。据说有一年台湾的气候诡异，造成茶园里面的小绿叶蝉肆虐，把不少茶树的嫩芽嫩叶给霍霍掉了。而新竹、苗栗的居民大部分是客家人，比较勤俭持家，看到茶园这样非常不舍，内心淌血。好吧，死马当活马医了，还是采下来做，没想到这批被小绿叶蝉光顾过的茶青还真被他搞定了，做成的茶非但不难喝，还有一股神奇的香气，反而成为市场上的稀缺品，卖得高价而归。这个老茶农当然很高兴，回去跟左邻右舍炫耀。邻居以为他在吹牛，所以东方美人又有个别名叫作"膨风茶"（或"椪风茶"），膨风（pòn hōn）是闽南语"吹牛"的意思。在农业社会，这类无心插柳的故事不胜枚举，虽然不可尽信，但也无法否定其作为一个偶然存在的可能性。至于后来什么英国女王很喜欢，赐名东方美人的说法，大家参考就好，倒未必真实。

　　为了打入国际的红茶市场，台湾茶经历过"绿转红"的阶段，这类东方美人风格的茶，有可能就出现于工艺转变的过渡期。兴许研制初期的膨风茶粗枝大叶，只是在常规茶的基础上多了些许特殊的"蜒仔香"（或曰"香槟香"），并没有当今美人茶的香气如此优雅细腻，甚至还不乏夏暑茶自带的苦涩和粗糙感。随着时代发展，东方美人茶无可取代的香气吸引了一拨粉丝，且越做越精细，已然位列精品茶行列，价格不菲。

生　态

聊东方美人的话题，最怕的就是碰到杠精。上面那则故事讲到一个关键——小绿叶蝉肆虐，有些不知其二的人就会说了，如果是生态平衡的地方，怎么会小绿叶蝉肆虐呢？肯定是生态遭到破坏了、生态失衡了。会得出这种结论，很可能是关起门来冥想的结果。实际上，小绿叶蝉是生物链底端的昆虫，既然在底端，本身数量就比较大一些，而它也有不少天敌，例如园艺界大名鼎鼎的红蜘蛛，或者比较陌生的大赤螨这类的，就是它的天敌。而红蜘蛛、大赤螨还有天敌鸟类，形成一个完整的生态链。因此，小绿叶蝉这种物种在闷热的天气大量出现且异常活跃，只能说是生物的天性使然。而如果是人工管理特别到位，地上的草除得一干二净，甚至用点化学农药，哪怕是做了生物防控为产业服务、以高产为目的的茶园，反而不容易有这么大量的小绿叶蝉。当然，后者的生态或许是更加失衡的。

可以把茶树啃秃的茶尺蠖

小绿叶蝉对茶园的危害，其实不会像蝗虫过境那样，一群成千上万的蝗虫把太阳都遮住了，到哪儿，哪儿就全毁、颗粒无收。小绿叶蝉吃茶是采用"刺吸式"——像蚊子吸血一样，用注射针头似的嘴巴刺吸茶芽，以吸取茶芽维管束中的汁液。这和茶尺蠖那种"咀嚼式"——像蚕宝宝吃桑叶一样真的把茶叶吃下去——还是不一样的。如果茶叶上面有虫眼，那应该不是小绿叶蝉的作品。

茶树的嫩芽嫩叶被小绿叶蝉刺吸受伤了，会慢慢发黄、长不大，这种状态按照台湾人的说法叫作"着蜒"。台湾人俗称小绿叶蝉为"蜒仔"，因而，被小绿叶蝉光顾过的鲜叶做出来的茶所带有的特殊香气，就被叫作"蜒仔香"，或曰"蜒香"。大约蜒仔香的指称比较抽象，人们也会用"香槟香"来形容这种香气，说它有类似香槟酒的香气。

蜒仔香

"蜒仔香"很难用言语来形容，勉强为之，有点像是水果轻微发酵的香气。不是那种水果发酵之后的熟烂异味，而是类似果酒的清香。香槟就是葡萄酒，用"香槟香"来形容的确有一定的相似度。不过香槟酒也有不同的风味，不可一概而论。好的东方美人往往是如花似蜜，同时伴随典型的"蜒仔香"。清晰且有层次感的花香、蜜香与果香交织成美妙的协奏曲，温情、细腻、含蓄而又不失灵动，再配合着甜美而轻盈的茶汤，真有点像台湾女生一般，其独特的风韵确实有一定的不可替代性。

蜒仔香是怎么来的呢？茶树被小绿叶蝉刺吸之后，会散发出一类概称HIPVs的挥发物来向外呼救，传递包括害虫的身份、位置等信息，说白了就是植物对外求援的信号。这种信号一方面会驱赶害虫；另一方面会诱发食物链的机制，对周围的茶树、昆虫、天敌等生理或行为产生牵引，使之重回一个相对平衡稳定的生态环境，进而对茶树产生自我保护的作用。换句话说，茶树自身也有调节当地小环境、生态结构的能力，这也是大自然的神奇之处。另外，也有研究指出，小绿叶蝉的"反吐物"中含有某些特殊蛋白，可以诱发茶树产生某种酵素或次级代谢物来增强自身的抗逆性。在这个过程中，茶叶的芳樟醇和

杀青之前的东方美人

氧化物为主的芳香物质含量就增加了。东方美人茶这种特殊的香气，就在这一
系列大自然的造化中悄悄展开的。所以，制作东方美人，必须要尊重自然。

东方美人蜒仔香的高低取决于茶树受到"虫害"的程度。一般来说，只
要虫害程度能达到45%，就算非常难得的原料了。这里面就有很多不确定因
素。首先是天气的考验，得让小绿叶蝉可以大量繁殖、愿意出来大快朵颐。
有时候天气闷热是闷热，但是一阵大雨下来，又会让小绿叶蝉的数量大减，
这些都是不可控的。其次，要做出好的东方美人，注定要以牺牲产量来作为
代价，减产是不可避免的。着蜒度越高，美人茶的品质就越好，但同时茶园
也减产得越厉害。总的来说，要出一批好的东方美人茶，目前还只能依靠大
自然的恩典。

东方美人的特殊香气吸引了市场的关注，但这种香气是以牺牲产量为代价
换来的。好的东方美人茶很难出产量、无法满足大生产的需求，且品质越好、
产量越少。那么，在科技发达的今日，能否用其他的科学手段规避掉"虫害"
这一道手续？这样既不用减产，又能做出特殊的蜒仔香。台湾的科研单位也想
到了，曾经有个项目就是研究怎么让茶树在没有小绿叶蝉骚扰的情况下也能出

现类似小绿叶蝉刺吸过的芳香物质，他们试过很多方法来刺激茶树，但最终都失败了。

那不要小绿叶蝉了，其他的虫子行不行？如果只是追求特殊气味的话也可以，只是做出来的味道没这么好。例如害虫"蓟马"，被蓟马光顾过的茶青，据说做起来就闷闷的，品质很糟糕。所以，要做好的东方美人茶，还真离不开小绿叶蝉，这基本已经形成共识，也是常识了。

地缘依附性

前文探讨了这么多，怎么好像不怎么涉及发源地台湾？台湾是东方美人茶的发源地没错，但是东方美人茶的地缘依附程度并不高。它品质的重点是有没有小绿叶蝉、有多少小绿叶蝉，而不是种在什么地方。

举个例子来说，像武夷岩茶，若离开了武夷山的坑涧地形，做出来的茶就很难有岩韵。这就是地缘依附性比较强的品类，只要离开了特殊的小山场、气候，茶的独特韵味就出不来。但是，东方美人不一样，东方美人离不开的是小绿叶蝉。有小绿叶蝉就能做，不管在什么地方。如果真要说依附性，它大概讲究的是"小绿叶蝉依附性"。假设哪天台湾没有小绿叶蝉了，那自然就没法再生产东方美人。不过，从现在的产业环境来看，不管品质如何，甚至不管有没有蜒仔香，只要包装带上"台湾"两个字，价格就会比较高。现在福建、云南，甚至东南亚的泰国等地都有不少东方美人茶，有些地方的品质其实不一定比台湾的差。当然，这或许也是一些茶商致富的秘密所在吧。

不过，东方美人虽然不算地缘依附性很强的茶类，但不同产区的东方美人也是有一定的差异。像台湾的东方美人，它在汤感的细腻、轻盈、柔美上还是比较有优势的；而东南亚的东方美人品质相对就会弱一些，可能是热带地区本来就不是茶树生长的黄金带，在原料上不占优势；至于大陆的东方美人，以福建的风格和台湾最为接近，品质也高。可能因为两地的风土有一定的相似性，也可能是两地的交流更为密切，每年台湾从福建进口的东方美人也不少。

既然东方美人是有小绿叶蝉就能做，不必纠结在什么地方，那茶树品种

嫩采的青心大冇茶青

呢？茶树品种是有影响的。首先是看小绿叶蝉愿不愿意吃，有些茶树品种天然地不招小绿叶蝉喜爱。台湾做东方美人的传统品种是"青心大冇"，台湾人俗称"大胖"。青心大冇是一种高香品种，容易做香。除了青心大冇，金萱也相当不错，小绿叶蝉也爱吃。金萱做成的东方美人内质会相对厚重一些。台湾茶的品种本身就比较香，做成乌龙茶会给人一种小清新、软妹子的感觉，用台湾品种做成的美人茶，基底本身就比较香甜轻盈，与特殊的蜒仔香搭配起来比较协调。如果换成福建品种例如铁观音、毛蟹之类的，让小绿叶蝉刺吸之后也能做美人茶，同样有特殊的香气，但整体的协调感和表现力就不如台湾的青心大冇、金萱品种来得有竞争力。不过，也不排除是我们习惯了原产地台湾的口味，有点认知固化了。

不可替代性

我曾连续几年做东方美人茶的产品，用的也是台湾品种青心大冇和金萱。茶叶的原料一般在端午节前后完成初制，我的工作主要是拼配。为什么要拼配，做纯料的茶不好吗？主要是因为好的原料太少了。我在厂里试原料时，也会遇到一些蜒仔香明显、茶汤很细腻绵柔的，虽然说不上极品，但是也十分难得了。随口一问，才30斤，产量实在太少。好的东方美人、着蜒度高的原料，本身就是牺牲产量换来的。加上小绿叶蝉喜欢嫩芽嫩叶，东方美人的采摘就比一般乌龙茶要更嫩些，嫩采不压秤，又更不容易出产量，要满足一批产品的数量就只能拼配了。拼配还有一个好处，就是利用不同原料的特性，把茶的层次感做得更鲜明一些，提升品质的同时也适度控制成本，提升产品的性价比。

近年来，福建三明的大田县形成了小有规模的美人茶产业，成茶品质优良，好的产品不输台湾。然而，不知道是不是因为美人茶发源于台湾、不在某些审评专家的专业范围之内，福建美人茶的评审却有些一言难尽。2021年9月，三明市政府举办了首届中国美人茶大赛，收到来自福建、广东、广西、云南、台湾等多地的近200个茶样，评审结果却令人咋舌：绝大部分以青心大冇品种制作的美人茶纷纷落榜！这些落榜的青心大冇不仅仅是福建的美人茶，就连来自台湾，已在台湾的优质东方美人茶评鉴比赛中名列前茅的茶也同样落马[1]——它们都是青心大冇的品种，具有相当"传统"的美人茶风味。

实际上，很多比赛的第一届都会产生这样或那样的问题，毕竟摸着石头过河，也不是谁都能保证第一次就做得很好。不过，这次比赛折射出一个其实还算普遍的问题，那就是很多人，包括不少所谓专家似乎并不懂得怎样去品鉴类似东方美人这类相对小众的茶，而只是单纯拿花香红茶或者重发酵乌龙茶的标准来套。东方美人茶的特色和不可替代性在哪里？在小绿叶蝉，更在它独特的蜒仔香。如果没有了蜒仔香，东方美人茶还剩下什么？大概不过是普通红茶或重发酵乌龙茶的香甜而已。而且它还有天然的劣势——美人茶的产季在夏天，而夏天并不是生产高品质乌龙或红茶的好时节。

问题就出在这里了。现在市场上的绝大部分"东方美人"，往往难有清晰的蜒仔香，而不少消费者所热爱的所谓"香槟香"，其实就是普通红茶的花蜜香而已。美其名曰东方美人，实则声闻过情。

为什么会产生这样的现象呢？这和评审、市场认知肯定有一定的关联，同

[1] 最后官方公布的获奖名单，铜奖以上的15个得奖茶中，只有一款是青心大冇品种的。

时还有一个重要原因，那就是蜓仔香的难得。东方美人茶受到天气的影响实在太大，就我这几年的连续观察福建大田的美人茶来看，有一年的茶香气偏向花香，蜜香相对来说弱一些。有些品尝过的朋友反馈，觉得香气太过妖艳，有脂粉气。其实这也是台湾品种的特点之一，或者说台湾的水土就出这类香香甜甜的物产，很难做到磅礴大气。而最近两三年福建的美人茶，可能是经过多年推广，整体价格有所提升，茶也越做越精致，不时能遇到精品，香气幽雅许多。虽然整体风格还是香香甜甜的，但香气更含蓄、更幽雅，显得茶汤香甜的滋味多了几分内涵，秀气而不妖娆。

其实，这也是做茶与中式审美的互动，总喜欢讲究协调度、均衡感。哪怕是东方美人这一类以特殊香气见长的茶，在保证香气的基础上，仍要设法使其表现出来的香气，与入口的滋味能够对应得上。茶的香气就是这样，双刃剑，很多时候多一分则妖、少一分则村儿。

美人茶的生态茶园

橹

子

宇野明霞先生铭

很多地方说夏茶不值钱。大部分夏茶是不值钱，但东方美人肯定是个例外。如果我们不看东方美人这朵奇葩，都已经到端午节了，还能出好茶吗？当然有，而且还是春茶。采茶做茶的时节，顺应农时、节气的变化理所应当，但也得看具体在什么地方，特殊案例特殊处理，不能直愣愣地画一条线，越界则斩。尤其是农作物，要依照自然的客观环境来看，没有这么绝对的。

高海拔

能够到端午节还敢称"春茶"的，大概也是比较极端的情况了。到底有多极端呢？中国农业出版社的教材《茶树栽培学》写到，茶树种植的垂直范围最低可以低于海平面，最高可以高到2300米，以2300米为茶树种植的最高海拔，它用的例子是印度尼西亚的爪哇岛[1]，实际上就忽略了台湾。目前台湾高山茶的最高海拔大概可以到2700米左右。台湾人很"丧心病狂"地把茶种到海拔2700米的高山，也算是诸多茶区中的异类了。

在台湾众多高海拔的茶当中，最出名的大概是大禹岭茶。大禹岭的海拔最高可以到2600多米，茶叶的品质非常好。它曾经也是海拔最高的乌龙茶园，但现在已经走入历史了。原因是这些高山茶园的林地一部分是跟政府租用的，租期50年，到期不再续租，另一部分是茶农非法开垦的，政府收回茶园退耕还林，同时也把茶农自行开垦的茶园废了，茶树全部砍掉。现在提起海拔2600米以上的大禹岭茶，或者中部横贯公路（中横）105K的大禹岭茶，它曾经是很好没错，但是现在没有了。

那么，现在台湾最高海拔的茶园在哪里呢？在梨山华岗有一部分茶园，或者说最高的茶树能到海拔2700米。这一带的茶叶如果做得好的话，会出独特的山头气，幽香冷韵，很是迷人。但如果做得太轻，喝起来像绿茶，风味会大打折扣。即使是台湾高山茶，也应把茶叶做熟，汤色应该是金黄油润，而近些年市场流行茶色绿白的乌龙茶，却是对肠胃有一定的刺激性。其实华岗、福寿山这几个山头都很近的。福寿山曾经是蒋介石的行宫，海拔差不多2400米，环境非常好，种出来的茶算是台湾高山茶的标杆了。这一带的茶叶如果加工得当，会出新鲜梨子皮的香气。华岗的茶园海拔从2300米一直到2700米左右，茶也相当好。这些海拔2300米以上的茶，本身就自带一股冷韵，是其他地方的茶很难做到的。有原料的天然优势，当然价格也是比较高的。一直到端午节才采摘的春茶，就是华岗这一带高海拔的茶。

因为海拔太高，整体气温偏低，春天自然来得比其他地方晚。到端午节才采春茶，其实是可以理解的。台湾的高山茶，春茶是一路从山下往山上采，而冬茶刚好相反，是从山上往山下采的。因为高海拔地区的冬天来得也比别处早，而真正高海拔、2000米以上的茶区，气温太低了，也不一定有冬茶，通常在秋天就把茶采掉了。如果有海拔2300米的正冬茶，就有可能是秋天采的，只是以冬

---

[1] 参见骆耀平主编《茶树栽培学（第5版）》，第27页。

采摘台湾茶（何信逸供图）

茶之名流通而已。台湾乌龙冬茶的价格是最高的，其次是春茶，再次秋茶，最差的是夏茶。春茶、冬茶也叫作正水茶，夏茶是二水茶，秋茶是二水茶。

实际上，台湾乌龙中要称得上高山茶的，海拔1000米以上就已经足够了。海拔超过2000米的茶价格高、产量少，并没有那么普遍。当地也会把海拔2000米以上的称作"高冷茶"，以区别于海拔1000—2000米之间的高山茶。台湾人之所以喜欢把茶往高海拔种，主要是因为台湾的纬度偏低，年均温度太高，而且阳光太过充足，在又热、光照又强的地方种茶，茶叶有香气但是浓强度太高，简单来说就是茶的滋味容易苦涩、刺激，在加工方面就必须往重的去做，所以传统的冻顶乌龙茶汤偏红一些。这种红汤与焙火的关系不大，主要是茶园海拔低、天气热，做茶的环境温度偏高造成的。

大概1980、1990年前后，台湾人开始大量往高山上种茶，海拔越高、气温越低，可以有效回避低海拔茶容易苦涩的短板。而且高山上云雾缭绕的环境避免阳光直射茶树，能给茶园带来漫射光的环境。茶树喜欢漫射光的生长环境，在这种高海拔又冷、又有云雾漫射光的地方，长出来的茶品质自然好，而成长速度慢，茶氨酸带来的滋味感明显，茶喝起来就比较不苦涩，滋味鲜爽、清甜。

茶区为名

前文提到的山头，例如大禹岭、华岗、福寿山、梨山等，都在台湾的中部，也就是台中、南投的山区。台湾茶一般是以地名为品名，像海拔比较低的冻顶乌龙、松柏长青茶，也都是地名。冻顶是冻顶山（坪），松柏长青茶的松柏是松柏岭。这跟福建、广东的乌龙茶不同，像武夷岩茶的肉桂、水仙，安溪的铁观音，或者凤凰单丛的蜜兰香、鸭屎香等等，都是品种，或者说带有品种的色彩。当然他们也会讲产地，例如牛栏坑肉桂、安溪铁观音，品种前面再加一个产地名，用来强调特定品种在特定地区所表现出来的特殊品质。这一点在台湾的高山茶就比较少见。

台湾高山茶品类的划分，比较少提到茶树的品种。一方面是台湾高海拔种的，大部分是青心乌龙，品种比较单一。虽然有其他品种，如金萱、翠玉等，但毕竟是少量，且价值不高，基本可以忽略不计。另一方面是高海拔的茶有一种现象，即海拔越高、品种特征越趋同，对一般喝茶的人来说，喝起来的差异不大，也没有必要过多地强调。因此讲到台湾的高山茶，一般就不说品种了，直接讲产地如梨山茶、阿里山茶、杉林溪茶。

如果按照市面上包装的使用量来看，估计梨山茶、阿里山茶算是比较大的。像梨山、阿里山都算是比较大的茶区，包括好几个山头。用"梨山茶"包装的，除了正梨山的之外，还有像新佳阳、翠峰、清境农场、奥万大、庐山、雾社等。新佳阳、翠峰的海拔相对高一些；清境农场一带是云南傣族聚居地，海拔大约1700米；奥万大是赏枫景点，海拔大约1400米；庐山是台湾著名的温泉区，雾社是台湾少数民族抗日"雾社事件"的所在地，庐山、雾社的海拔大概1200米，虽不高但终年云雾缭绕——这些地方的茶大多用"梨山茶"的包装。但是海拔高低相差很大，山场环境不尽相同，茶的香气滋味表现也有一定

台湾比赛茶（何信逸供图）

的落差。正梨山的茶虽然发酵轻，但是如果制作得当的话，花果香很清幽，汤水的胶质感强，滋味清甜绵柔，又不失底蕴，这是其他几个同样叫作梨山茶的产区难以达到的。

阿里山一样。阿里山是山脉，也是一个乡，在台湾的嘉义，纬度要再偏南一些。阿里山最有名的是登山小火车，很多游客喜欢坐小火车到阿里山海拔2000多米的观日平台看日出，但是又经常让人乘兴而来、败兴而归。不是因为日出的景太普通，而是常常看不到，雾气太大。阿里山这个地方就是这样，雾大，海拔不必很高就常常有大雾了，起雾的时间还很长。阿里山同样有几个比较好的山头，如达邦、樟树湖、奋起湖、石棹等。其中石棹的成名比较早，海拔也不高，大概1100米、1200米左右。特色还是雾大，往往一过了中午就开始起雾，大概下午两三点钟雾气就很浓了。

石棹有名的茶叫作"阿里山珠露茶"。珠露茶的特色是反复包揉，把茶叶包揉得很紧、圆结如珠，山场环境也是雾气、露水很重，所以叫作珠露茶。珠露茶的特点是花香浓郁，早期阿里山做茶的发酵度也偏高一些，花香是发酵出来的花香，不是后来消青铁观音那种比较刺激的花香。石棹再往里面走可以到樟树湖，樟树湖也是阿里山茶当中比较好的山场，茶也会适度发酵，除了花香之外，会带有一些木质调的香气。总体来说，阿里山茶的属于香气比较浓郁、飘逸的风格，但是茶汤比起高海拔的梨山，会显得不那么细腻。

另外一个是南投的杉林溪，和冻顶乌龙的发源地鹿谷在同一条线上。鹿谷乡的海拔比较低，鹿谷的冻顶乌龙海拔最高也就800米左右。顺着鹿谷乡的主路一直往上走，经过溪头，然后是杉林溪。杉林溪也是一个比较大的概念，茶的价格比鹿谷好。有些鹿谷茶做青做得比较生的，会直接当杉林溪茶销售。往杉林溪的山路也是弯弯曲曲的，其中比较出名的是"十二生肖弯"，以十二生肖命名的十二道弯，从老鼠弯一直爬坡到猪弯。十二生肖弯中种茶比较多的是羊弯，大部分的杉林溪茶都产自羊弯这边。杉林溪最高且能出些产量的山场是"龙凤峡"，海拔大概1800米。当然再往上还有个别的小产区，名气就不太大了。

杉林溪有很多杉木，不知道是杉木的影响还是自然的山场环境使然，典型的杉林溪茶在适度发酵的情况下，会出现一股类似杉木的香气。它不同于老丛的木质香，而是比较清新的，像是杉木林、森林的木质香，闻着让人很安定，茶汤也是比较厚重的。有一年冬天我去美国加州的红杉城，晚上住在山里面，围着火炉喝一泡杉林溪。那茶汤的味道和屋外林子里的杉木味高度重合，伴随着冬天那种清冷又新鲜的空气的味道，感觉非常好。不过，这种带有杉木香气的杉林溪现在不容易喝到了，可能是制茶工艺也在改变，茶的发酵偏轻，做出来的大多是花香，带有点"山头喤"的风格。

"山头喤"

山头气台湾话叫作"山头喤"。要做出有山头气的茶发酵一般要比较轻。只要海拔到了一定的高度，气温够低、昼夜温差够大，做青时下手轻一些，基本都能体现。山头气也是台湾人喝高山茶比较追捧的气味之一。做得好的，或者说纯粹的山头气是比较难得的。质言之，山头气其实就是山场所赋予的气息，也可以理解成海拔、地域赋予茶的独特的风土密码，可以让人产生愉悦感，这也是台湾高山茶的核心竞争力所在。但是，放到商业行为上，有些茶商会把没做干净的青气说成是山头气，实际上两者之间是有质的差别的。当然，它们也有可能混杂在一起出现。

山头气和青气并存的茶，往往带有刺激性。这种风格的茶主要表现茶青的原味，制作过程中会尽量减少工艺的干预，所以，有些带有山头气的台湾高山茶反而让很多大陆的茶友没法接受。我曾经用一泡山场很正、山头气比较明显的奇莱山茶做测试（奇莱山的海拔超过2000米，属于典型的高冷茶），很多喝了这款茶的朋友的评价是——香是香，滋味也不错，就是茶汤的厚重感差了些，而且带有青味。甚至有几位朋友喝了会感到微微发冷，总体来说并不非常友好。不过，关乎体感，不同的人会有不同的体验，还是得看个人体质。这个现象也反映出，很多台湾高山茶为了保留茶青的原味，做出所谓的山头气，而忽视了乌龙茶做青工艺中比较精髓的发酵环节，做出来的茶带有刺激性，香则香矣，却让人不敢多喝，似乎有点得不偿失。

包　揉

台湾茶除了做青之外，还有一个很重要的工序——包揉。闽南乌龙、台湾乌龙在杀青之后，将茶叶用布包起来揉捻，称作"包揉"。包揉不太有存在感，很容易为人所忽略。有些朋友可能会奇怪，包揉有什么特别的？安溪铁观音也

包揉定型

包揉，包揉不就是给茶塑形而已吗？其实台湾茶的包揉跟安溪茶不一样。安溪茶的包揉一般是三烘三揉，最多半天时间就完成了，而台湾茶的包揉要反复做，包揉不下三十次，过程中要加热烘六七次，做出来的干茶外形才会紧结、圆结如珠。有一次我在南靖做台式乌龙，光是包揉的工序就做了整整一天。上午8点开工，一直到晚上10点才出毛茶。长时间的包揉就品质而言是必要的，可以让茶叶持续发酵（氧化），即使做青有些许不足，也可以在这么长时间的包揉工序中一点一点消解掉，所以有些制茶师会说"做青不足揉捻补"。长时间的包揉工序，对于台湾高山茶这类做青较轻的茶来说，能起到的正面作用确实挺大的。

既然包揉有这么多好处，为什么现在的台湾高山茶多数喝起来还这么刺激呢？回到生产层面来看，长时间的包揉是需要成本的，时间成本、人力成本。台湾的人工很贵，现在高山茶的包揉很多都用"压茶机"替代了。量大、节省人工，还能加快速度。压茶机在台湾俗称"豆腐机"，压出来的茶块方方正正的，像豆腐块一样。这种机器在福建安溪已经被当地政府禁用了。如果按传统的包揉方法来做、慢慢做，不但人工成本增加，从生产管理上来看，也势必要耽误到隔天新茶青进厂的工作安排，空间上往往周转不开。

不过，压茶机也未必不能使用，如果控制得当的话，压出来的茶外观也挺好看的，一粒一粒的十分匀整，品质并不差，怕的是拿压茶机来粗制滥造。当然，台湾茶的包揉绝不是简单的塑形而已，还有让茶叶后熟的功能，这一点是很多台湾的制茶人容易忽略掉的。或许，这也是近年部分台湾高山茶品质衰退的原因之一吧。

壹拾

夏至

6月21日或22日夏至。

"夏，假也。至，极也。万物于此皆假大而至极也。"

夏至是一年之中昼最长的日子，万物的生长也旺盛至极。然而，"芒种夏至是水节"，芒种、夏至于江南的生活而言却不怎么美好，因为——梅雨季！

小时候读贺铸的《青玉案》："试问闲愁都几许？一川烟草，满城风絮，梅子黄时雨。"老师说这句话写尽了闲愁：那愁就像日子一样，一天天过下去，自然运转，永不停歇，而且愈演愈烈。先是像早春三月烟雨笼罩的青草，风吹便长，除之又生，无穷无尽；再又如中春四月风中的柳絮，飘飘荡荡，无处不在，挥之不去；最后便似暮春初夏五月、青梅黄熟之际连绵的阴雨，淅淅沥沥，淅淅沥沥，淅淅沥沥。

那时候年轻没感觉，只觉得梅雨季又怎样，有什么可愁的，如今长大了才深知其苦。除湿机要开整天，不然各种衣物包括茶叶都可能有危险；没放冰箱的绿茶这时候必有不少已经过了最佳赏味期了；下雨天不方便出门锻炼，衣服还总是晒不干；连绵的阴雨，必是深重的寒湿，持续引发偏头痛，严重影响工作；这时候要是再赶上出差，爬个茶山经常变落汤鸡不说，在路边等半天都打不到车，湿着全身回家……这些单看似乎都不是事儿，可每件加起来，连续一个多月每天不断重复，真真是重量级别的"闲愁"啊！

当然，日子过得如何，端看人的态度。也有人不愁梅雨，反加利用的。

徐士铉《竹枝词》曰："阴晴不定是黄梅，暑气熏蒸润绿苔。瓷瓮竞装天雨水，烹茶时候客初来。"早年江浙地区，人们会在梅雨季准备大缸、大瓮收蓄雨水，以供烹茶之需。这种水被称为"梅水"。文献记载，梅水烹茶可以"涤肠胃宿垢"，且"甘滑胜山泉"，为嗜茶者所珍。

古早的空气质量比现在高，加上连绵的雨水，就算有些杂质也被冲刷干净了。山泉不易得，"梅水"却是就近取材，量大质优。《红楼梦》里，妙玉请贾母吃茶，用的是"旧年蠲的雨水"。不知道这"旧年蠲的雨水"，是否就是"梅水"呢？

拾
壹

小
暑

7月7日前后小暑。

暑，热也。小暑："就热之中分为大小，月初为小，月中为大，
今则热气犹小也。"

小暑时节最宜饮茶。晁补之曰："一碗分来百越春，玉溪小暑
却宜人。"春天已过，饮一碗春茶感受春意，顺便还可以消暑，可
不就诗兴大发？

然而，这种诗兴或许只属于不事生产的饮茶人。夏天是茶园里
杂草丛生、虫害横行的季节。除了少部分环境相对原始的荒野茶地
之外，大部分茶园每到夏天都会面临一项繁重的工作——除草。

古代以人工除草为主，称之为"开畲"。文献记载，宋代北苑
贡茶的产区，即福建建瓯的凤凰山一带，每年农历六月都要开畲：
在白天太阳最大的时候，农人用锄头翻土，挖去草根，再将挖起的
杂草铺在根部以滋养茶树。公家的茶园只在六月开畲一次，私人茶

园主则用力更勤，"夏半、初秋各用工一次"，也因此，私人茶园的茶树生长得更为茂盛。

如果要生产健康的好茶，人工除草几乎是必然的选择。但是人工除草的成本很高，故而现在有少部分地区，特别是那些茶价偏低的茶园，往往倾向于用除草剂来除草。毕竟除草剂便宜又高效，几块钱一袋，多买点喷就是了。然而，那样的茶叶出来到底好不好，我想大家心里都是有一杆秤的。

小暑前后走茶山，是查看茶园是否使用除草剂的好时节。一般来说，除草剂分"触杀型"和"内吸传导型"两种，被毒死的草也大致对应两种死法："触杀型"除草剂只对接触到的植株部位发生作用，通俗地说，就是喷到哪儿枯到哪儿，没被喷到的地方没事。那样被杀死的草往往茎叶枯死了，根还是活的，有的会像僵尸一样站着，拔起来查看便知。"内吸传导型"除草剂可以被杂草的茎叶或根部吸收而进入草的体内，继而传遍整个植株。后者既可以喷在草身上，又可以喷到土里，中毒的草儿往往全身发黑，倒地而亡。

茶园里的杂草种类繁多，而每一种除草剂都有对付不了的草类，故而喷过除草剂的茶园也可能有杂草生长，只不过草的种类会相对单一。但也不排除有不止喷洒一种除草剂者，那样的话草儿就会"团灭"。

真正的好茶，它的好生态都在茶汤里。只要喷过除草剂，就一定会影响成茶品质。爱茶人也不必过分担心。一般来说，避开那些价格极低或品质很一般的茶，还是有助于避雷的。

提籃

深九寸許
徑七寸許

梅莊禪師銘
篆書

蜜桃乌龙：果味茶还真是绕不开香精？

前文提到春茶的极端值高山乌龙。高山上的春天来得晚，如果放到山下、海拔比较低的地方，早就是非常炎热的夏天了。夏天虽然不是茶的季节，却是水蜜桃的产季。小暑大概在7月初，是吃水蜜桃的季节。一到6月中旬，各大电商平台开始大力推广水蜜桃，有无锡的阳山水蜜桃，也有宁波的奉化水蜜桃等，俨然成为新一代的网红农产品。水蜜桃香香甜甜的奶香，在闷热的夏天里是十分解暑的。

白桃乌龙

水蜜桃跟茶有什么关系呢？本来应该是没有关系的。自从日本的白桃乌龙开始，好像桃子味的乌龙茶有小规模流行的趋势，但日本原装进口的白桃乌龙并不便宜。除了日本的白桃乌龙茶，

玉露水蜜桃

市场上也出现号称来自台湾的蜜桃乌龙茶[1]，而近一两年还有不少蜜桃乌龙的袋泡茶上市销售，价格不像日本进口的那么高冷，电商网站一份19.8元包邮、39.9元包邮的都有，来势汹汹，选择还挺多。

日本的白桃乌龙是带有桃子干的，包装刚拆开就有一股浓浓的桃子味飘出来，味道的还原度颇高，一闻就知道是桃子。泡茶的时候是茶叶连同桃干一起冲泡，泡出来的滋味也是挺有蜜桃味的。这种味觉还原度这么高的水果茶怎么做出来的呢？如果仔细阅读下产品的配料表，会发现里面赫然出现一种东西——"白桃香精"。没错，就是食用香精，原来还原度这么高的桃子香不是桃干带来的，而是香精。

[1] 有些台湾乌龙茶在陈放多年之后会转化出天然的蜜桃香，那种不是香精茶。像我个人就有一款20世纪80年代初的冻顶乌龙，近些年开始转化出清晰的蜜桃香。不过它不是单纯的蜜桃香，而是水蜜桃香、奶香、脂粉香交融在一起的复合型香气，也是浓郁芬芳。

就我所了解到的，市面上常见的蜜桃味乌龙茶，不管它叫白桃乌龙也好，叫蜜桃乌龙也罢，大部分都是用香精喷出来的。也只有用香精来做，做出来的茶才没有争议。香精的好处就是凝聚共识，也会让产品在市场上的流通更加顺畅，消费者买的是蜜桃味的乌龙茶，入口百分之百是蜜桃的味道，对产品的标准化是有帮助的。从销售上来讲，也避免了客人消费之后出现味觉上的差异，又造成公司售后的负担。

复合型香气

那么，香精茶又有什么道道呢？

来自大自然的、天然的香气，一般都是复合型的香气。就我们身边唾手可得的食材，蔬菜、水果之类的而言，新鲜的、未足够成熟的都还好，如果经过一段时间的熟化或者加工，它所能反映出来的香气就丰富了。如果拿来做茶的话，例如做茉莉花茶、桂花红茶、蜜桃乌龙等等，外来的香气一开始往往不会跟茶融合得太好，甚至会出现不太兼容的现象。换句话说，这些外来的香气和茶香最初会有一个竞争的过程。茉莉花茶的成品固然茉莉花香鲜明，但窨制初期、头一两个窨次，茉莉花香其实是很淡的。而茶叶在窨制过程中接触到花的水汽、热气，茶叶还会持续氧化、后熟，出来的味道也不是那么清纯。花和茶的状态无时无刻不在改变，要一直反复窨制，做到第四、第五，甚至第六窨，茉莉香才会稳定下来，才能做到没有争议。这就是大自然的香气，大自然的香气成分是很多元的，跟调出来的香精不一样。

这么说可能有点抽象，举个例子。十多年前我还在学校的时候，有一次校庆的学生市集，几个比较要好的同学申请了一个摊位做茶饮，做的是奶茶。奶茶的加工比较简单，红茶煮一煮，煮好了跟牛奶一兑，稍微加热一下就成了。但是这种煮法太健康了，不太符合学生的口味。红茶已经用最好的红茶煮了，牛奶也用当天买的鲜奶，怎么还不行呢？就算加糖了味道也不对，总觉得差了一点，不好喝。后来有个食品科学专业的同学拿出一个精油瓶大小的东西，往煮奶茶的大锅里滴了两滴。哎！对了，做出大学生爱喝的味道来了！那一瓶东西是什么？说穿了，就是红茶香精，是可以合法使用的食品添加剂。后来我们一提起这件事，都拿来开玩笑，说真才实学最终还是少不了这两滴香精。现在想想还挺符合社会现实的。

香　精

那么，作为食品添加剂的香精是什么东西呢？人工香精一般是用酒精、合成香料、色素做出来的，通过风味轮这类工具把气味拆解，再用相应的芳香原料，或者说化学原料重新调配，调出几可乱真的合成香料。这种人工合成的香精很厉害的，比如市场上蜜桃乌龙用的蜜桃香精，香气真的比水蜜桃还水蜜桃，还原度逼近120%，而且味道非常稳定，几乎可以做到经久不变、历久弥新了。

像蜜桃乌龙、桂花乌龙这类的茶，属于花果调味的茶，它们表现出来的味道是外来的，不算是茶的本味，有些生产厂家用香精来做其实是可以理解的。那原味茶呢？原味茶也有用香精做的，例如金萱。金萱是适制乌龙茶的一个品种，香气偏向奶香，不少专做金萱茶的企业也用奶香来宣传。但是，金萱的奶香是那么容易做出来的吗？其实不然。茶叶就是这样，芳香物质太多了，在不同的阶段都有不同的排列组合、此消彼长，香气都不一样，做茶的时候要做到刚刚好是十分浓郁的奶香，还是不太容易的。要做不出来怎么办呢？可以借助点牛奶香精之力，原理跟做蜜桃乌龙这类的调味茶是一样的。其实在市场上用这些食品添加剂的太多了，做红茶，红茶味不足怎么办？不怕，有红茶香精。做出来的茶没有回甘怎么办？不怕，有甘味剂、有甘草酸钠这类的添加剂。当然，会使用到这些香精、添加剂的，大部分是比较低端，甚至劣质的茶。

大家对香精的印象可能是香气比较冲、比较刺鼻的，实际上，好的香精并不让人难受，香气刺鼻的可能是劣质香精，或者版本比较旧的。现在的食品工业日新月异，很可能过个两年就有不小的变化。为了做产品蜜桃乌龙，我曾经去了解过香精的蜜桃乌龙茶怎么做的。它们对原料和加工过程同样十分讲究，尤其是香精的档次要高，做出来的香气才温柔可人。

首先，要用酒精高倍数稀释蜜桃香精。酒精挥发快，不容易因为太湿造成加工过程的风险。将稀释过的香精均匀喷洒到茶叶上面后，要找块干净的布把茶叶包起来，让茶叶在布包里面吸收香精的香气，时长约莫一两天、两三天，让茶叶吸收好香气基本就大功告成了。后面看茶叶的干燥度，判断是否需要进一步低温干燥。喷香精还有一点要注意的，就是香精必须高倍数稀释，不是为了要让茶香多喷一点就好，香精浓度太高一样会让茶闻起来太冲、刺鼻。而有些香精是矿物提炼的，喷多了对茶叶也会多少造成一些伤害，例如轻度腐蚀等。市面上有些蜜桃乌龙是带桃干的，桃干是等到茶叶吸收完香精之后才加入匀堆，打成三角包。这种蜜桃乌龙的蜜桃香实际上是香精带来的，桃干的香气还没有香精的明显。

还有另一种做法是部分的茶叶喷香精，喷完之后跟没有喷到香精的茶叶匀堆。例如这批茶有300斤，其中100斤拿来喷香精，让茶带有比较明显的香味，同时又不想要让香味太过耀眼，过于光彩夺目就容易被发现了。所以，这100斤喷完香精的茶要跟另外200斤没有喷香精的茶混合、匀堆，稍微勾兑一下再低温烘干，这样出来香气就柔和许多了。有些茶叶专家会教导消费者用闻干茶的方式判断是不是香精茶，如果干茶远远闻，就香到让人无法忍受的，大概率就用了香精。但是，如果碰上这类勾兑做法的茶，直接闻干茶的方法就不一定管用了。而这种做法并不限于像蜜桃乌龙这类调味茶，市场上很多档次比较低的原味茶，也未必不能这么处理。

现在市场上那么多高香的茶，例如凤凰单丛，都是香精做出来的茶吗？那倒未必。茶叶本身就具备芳香物质，通过不同的加工方法来制作，自然就能体现不同的香气。又因为品种差异，有些品种本来就比较香、比较容易做出高扬的香气来，可以是花香、蜜香、果香、奶香等等，香气是茶叶自带的，并非后期添加进去的。如前文所述，来自大自然的芳香物质往往不会是单一的，而是多元的、复合的。所以我们喝正常的茶，在不同的冲泡时间、不同的水温、不同的时间段来喝，它的香气都会有所差异，有时候差异还会大到让人怀疑人生。

同样的道理放在鲜花、鲜果窨制的茶也是一样的，不同的条件下来喝，都会有不同的表现。而如果是香精做出来的茶就稳定得多，可能自然存放上三年五年，香精所带来的香气还是差不了太多。主要原因还是在于香精是人工合成的，其表现是单一的，不像自然界的香气是丰富多变的。

蜜桃香

2018年夏天，我们在北京做了一个尝试，选了几个不同产地的桃子来窨茶。方法跟清代武夷山人给茶增香的方法差不多。前面"武夷岩茶"那章提到，晚清武夷茶最有名的叫作"奇种"。而奇种之所以奇，就是因为它带有特殊的香气。当时的武夷奇种，香气像木瓜的茶，名字就叫作木瓜，香气像梅花的茶，名字就叫雪梅。正宗的奇种都是茶树自带的品种香。然而，奇种的价格很高。主要还是因为带特殊香气的原料太少，物以稀为贵，后来就有人灵机一动，把茶与不同的花果放在一起，用以增香。茶叶和木瓜放一起，带有木瓜香，就当作奇种"木瓜"来销售，茶叶和梅花放在一起，带有梅花香，就当作奇种"雪梅"来销售，以此类推。这是文献上有记载的。

我们做蜜桃乌龙，最开始也是拿茶叶跟水蜜桃一起焙。水蜜桃的香气固然诱人，但是太不经碰了，稍微有点磕碰就要流汤，且磕碰到的地方熟得快，很快就烂掉了。因为水蜜桃的特性，就必须考虑到它逐渐熟成后的香气变化。几经测试，最后发现浙江奉化的玉露水蜜桃比较合适。为什么说它合适呢？论香，它不是最香的水蜜桃品种，但是它有个好处，稍微有点熟，甚至熟烂之后，还是带有比较正常的香气，不太出现馊味，这于窨茶而言就非常重要了。其实当地的老品种桃子香气也非常好，不但浓郁，而且颇有层次感，也是熟透了依然不易发馊，只不过它们承受远程运输、抵抗腐败的能力相对玉露、良方等新品种来说要弱一些。

窨制过程中，水蜜桃和茶坯必须放在一起，茶叶会开始吸收水蜜桃的水汽和香气，水蜜桃会自然越来越熟。而茶叶吸收水分和一定的热量之后，也会再轻微发酵，所以茶叶和水蜜桃两者的状态都在改变。要在最合适的时候把它

浙江奉化的水蜜桃园

们分离，文火烘干，留下桃子的香气。奉化的水蜜桃香气比较稳定，熟了不容易发馊。但有些地方的桃子就不行，新鲜的时候香，熟成之后气味就不那么好了。不好的气味一出来，立刻就影响到茶叶的整体品质。有食品专家说，如果桃子熟透了，甚至有点过熟了的时候香气还很清纯，是因为水源比较好。我没有验证过足够的样本，不过奉化当地的水源确实是不错的。

　　用新鲜水蜜桃窨制出来的蜜桃乌龙，茶香和水蜜桃的香气有一定程度的融合。但毕竟不是香精做出来的，再加上各种条件的限制，实际上很难像茉莉花茶那样做到七窨、八窨，把茶的香气完全盖住。按水蜜桃的季节推算，大概只能做到三至四次窨制，能让茶汤带有水蜜桃的香气，但是香气会偏成熟一些，而且刚刚出汤、茶汤还热的时候不一定能直接闻到蜜桃香，反而是茶汤喝入口后才有点水蜜桃的味道，香气也要等茶汤稍凉一些才比较明显。这大概也是新鲜水蜜桃窨制出来的结果，跟人工香精那种直愣愣的香气不一样。

其实，用鲜果窨茶的限制比较多，成本相对高昂，在消费市场上并不占优势。而适当使用食品添加剂，或者食用香精并不违法，且香精的调香技术也日新月异，就像现在的医美技术越来越自然一样。人工香精用在廉价茶上，的确可以有效提升品质、带动销售，如日本的白桃乌龙一般，纵有香精，消费者依然趋之若鹜。总而言之，香精茶到了消费端，只要标示清楚，就看消费者怎么选择而已。我对标识清晰的香精茶的态度还是比较中立的。

拾贰

大暑

"小暑大暑，上蒸下煮。"大暑是一年中最热的节气，也是莲花盛开的时节。

相传，元代著名画家倪瓒发明了莲花茶：趁着清晨太阳刚出来时，在半含的莲花花蕾中塞满茶叶，用麻丝系上。经一日一夜之后，第二天早上摘花取茶，再将茶叶用纸包裹晒干。反复三次而成。其实，莲花茶应该是明代的产物，说倪瓒大概是托名。尽管如此，这仍不失为一桩夏日雅趣。

莲花茶的"莲花"也包含睡莲。《浮生六记》载，沈复的妻子芸娘也做莲花茶。芸娘会把茶叶放入小纱囊之中，也是置于花心。她并不用绳子系花，而是选取"晚含而晓放"的睡莲，待其自然开

合。睡莲有一定的药用功效，古书云其"佩之多好眠""清香爽脆，消暑解醒"，既助眠，又消暑，还解酒。睡莲中，我偏爱香水睡莲，可以生吃，可以泡茶，还可以炖汤、浸酒，真是像芸娘一样，上得厅堂，下得厨房。

大暑还有件乐事，那就是观赏萤火虫。不过萤火虫对于环境的敏感度很高，现在不少地方已经不容易看见了。据说，夏天有萤火虫的茶园，生态是极好的。洞庭碧螺春的茶园夏天就有萤火虫。除了好生态，大约也是因着太湖的水汽滋养。

大暑："一候腐草为萤，二候土润溽暑，三候大雨时行。"期待大暑的萤火虫可以成为人们生活的日常，而永远不要只是古书中的符号。

立秋

8月8日前后立秋。

立秋者，秋之建始。

西晋杜育《荈赋》曰："月惟初秋，农功少休。结偶同旅，是采是求。"大约是因着春日农耕繁忙，当时人们采茶不是在春天，而选择初秋、待农事稍歇之际。不知是否因为早期茶树人工栽培得少，多在山林之间野放生长，故而要结伴前行。

在杜育的笔下，魏晋人采茶似乎是一场很惬意的郊游。立秋，组织一场秋游结伴去山里采野茶，好像也是不错的选择哦！

然而，对于重穆这种从事茶行业，且做全品类茶的人而言，立秋是没办法"农功少休"的。我因为在高校工作，夏天倒可勉强"农功少休"，故而每次放暑假我都不希望重穆出差。然而，从立秋

起一连数日，必然见不着他的人影——做茉莉花茶去了。

立秋是窨制茉莉花茶的好时节。立秋之后，风向会转为凉爽干燥的北风，昼夜温差加大。可能白天还是一样热，但晚上已经渐渐转凉了。白天热，则茉莉花更香、品质更好，晚上干燥凉爽，又有利于把控加工的环节。若是在立秋晚上的气温降下来之后窨制茉莉花茶，成茶的品质便更有保障了。

茉莉花茶的第六、第七窨是花香鲜灵度的关键。抓住立秋之后的好天气，努力成就一泡好茶，虽不能"农功少休"，但也是香气满满。

銅爐

可長製

徑五寸五分高四寸二分

茉莉花茶：就是茶坏了，才拿去窨花？

小暑过后是大暑，然后就立秋了，大暑到立秋这段时间就更热了。热大多不利于茶叶品质提高，从热的地方出来的茶，一般多酚类物质含量比例高，茶汤的表现较为浓强刺激。例如海南、广西及印度、斯里兰卡等地，由于天气热、年均温偏高，茶青做成红茶还好，如果做绿茶，本地人可能还习惯，到了外地，茶汤的刺激感可能就让人难以接受了。

比如广西，和别的地方相比，广西种茶可能体现不出优势。如果种茉莉花做茉莉花茶呢？那就厉害了。广西南宁的横州（原横县）就有号称十万亩的茉莉花田，也是全国最大的茉莉花茶加工地。现在做茉莉花茶的知名企业，如张一元、吴裕泰等，有很大一部分的花茶都在广西横州加工的，横州有原料的绝对优势。当然，广西横州并不只有茉莉花，还有南山白毛茶，但比起茉莉花茶，南山白毛茶就有点默默无闻了。

芳香化浊

国内的茉莉花茶有两个主产地，一个是发源地福建福州，另一个是广西的横州。以茉莉花茶的"发源地"来称呼福州可能是有些争议的，有些人认为江苏苏州、四川犍为等地都有茉莉花茶，时间可能还比福州早。我个人其实不太纠结这些，茉莉花茶的起源其实很早，但是一直作为一种文人的小众雅趣存在。前面"玫瑰红茶"那章就梳理过了，明代花茶就很多，当时不只茉莉花，很多有香气的花如桂花、兰花、梅花、蔷薇、木香、珠兰等，都被拿来这么玩过。

福州大概是茉莉花茶较早成规模生产的地方。[1]说起福州的茉莉花茶，还是要从神迹开始。福建地区的地方信仰多彩多姿，例如海神妈祖，妈祖的信仰在闽台地区一直是很兴盛的。又如闽南的清水祖师、保生大帝等等，都被认为是保佑一方平安的神明。而福州的茉莉花茶则与临水娘娘陈靖姑有关。据说陈靖姑出身官宦人家，有慧根，十几岁的时候受到观音度化，学习医术，尤其是安胎之术。过去妇女生产是比较危险的，陈靖姑就专门用高超的医术来帮助妇女安胎救产，很受当地老百姓的尊重。有一年蟒蛇精作乱，陈靖姑跟蟒蛇精斗法，在福建古田斩杀蛇精。还有一年福州大旱，当时深通道法的陈靖姑已经身怀六甲，依然不顾自身安危替地方百姓祈雨，最终奉献出她宝贵的生命，升天为神。在她死后，当地仍有一些她的神迹出现，尤其是在帮助妇女度过难产这方面。

据说还有一年福州闹瘟疫，一发不可收拾，当地人没办法，只能祈求神迹出现，这时候临水娘娘化身一位老婆婆，教当地人用茉莉花窨茶、喝茉莉花茶来防止瘟疫，慢慢的瘟疫就退散了。这个传说听起来有点不可思议，中国的茶

---

[1] 20世纪50年代，林馥泉先生曾在查访史料无获的情况下，拜会经营花茶五十年以上的刘崇妙和黄汉水两位先生，访谈中得到一些茉莉花茶的片段口述历史：花茶的制造史大约可以追溯到咸丰初年（1852）。当时的北平烟庄为提高鼻烟的香气，曾在福州的长乐县（今长乐区）利用茉莉花熏制鼻烟，烟味特别优良。之后茶商起而仿效，遂有花茶问世。茉莉花传入福州，初植于北门战坂一带，后因长乐一带因植花供窨茶之用，获利颇丰，供不应求，于是福州农民争相种植。且因福州交通便利，又是省会，地方安靖，茶商多喜设庄，由各地运茶来此窨花，福州遂成为花茶著名产地（参见林馥泉《乌龙茶及包种茶制造学》，第12页）。

福州茉莉岛

要听这类民间故事听也听不完。但我们从中医的角度来看，像茉莉花这类带有香气的，多少都有点走窜的药性，所以中医认为茉莉花有芳香化浊的功能，甚至有些医书会提到茉莉花可以"平肝解郁，理气止痛"[1]。所谓的平肝解郁，估计就是遇到难事心情郁闷了，来杯好的茉莉花茶，这种天然的、优雅的花香能让人心情舒畅。

这里必须强调，好的茉莉花茶才能多少解除些郁闷，并非只要是茉莉花茶都能见效。现在市面上的茉莉花茶，有些花香浓烈到可以直插脑门，茶汤苦涩浓强又刺激，这种茉莉花茶估计让人越喝越郁闷，不如拿几朵新鲜的茉莉花放在房间里舒服。此外，这种用来"化浊"的香，要来自大自然的香，像前文提到的人工香精的香，一般也是没有药理作用的，吃多了还可能造成生理负担。就好比中医说"咸能软坚"，这并不代表做菜时多搁点盐巴就好，做菜用来调味的盐大部分是精制盐，或是经过科技手段再处理过的盐。虽然同样是"盐"，与入药用的粗盐、青盐还是不一样的。如果用错了盐，还反过来质疑疗效，岂不荒谬？

[1] 王一仁《分类饮片新参·下编》，第121页。

又编故事

从前文的讨论，大概可以知道市场上的茉莉花茶是什么情况了——大多数是属于后一种情况，亦即香气直插脑门、茶汤苦涩刺激。这种茉莉花茶充斥市场，也难怪茉莉花茶一直沉在鄙视链底端不易翻身。关于茉莉花茶的发源，坊间流传着一类故事：茉莉花茶其实是过期的、放坏掉的绿茶做的，因为茶是南方特产，往北方运输要跋山涉水、历尽艰险，运输时间太过漫长，往往到了目的地茶就坏掉了，影响销售，常常让人血本无归。于是，聪狯的茶商想到一个办法，就是拿茉莉花来熏茶，用以遮掩茶的陈味，没想到做出一个特色产品，茉莉花茶就此诞生。至今这种说法，貌似还是茉莉花茶起源的主流说法之一。

这与普洱茶"陈化"的故事是一样的道理。首先，如果是好茶的话，肯定是一路上加速运输，为了避免茶在运输过程中出意外，也会特别小心做好货物的防护，诸如用石灰保鲜、控制茶叶含水量等。这种古老的办法至今依然存在，在龙井茶叫作"收灰"，目的就是给茶叶保鲜、稳定茶性，延长香气滋味的赏味期限。其次，茉莉花跟茶一样也是南方的物产，适合南方的气候，无法在北方的室外过冬，所以北方的茉莉花多种在盆里，冬天要挪进室内保暖，不能像福建、广西一带洋洋洒洒几十亩、几百亩地种。北方的茉莉花很难规模化种植，如果要用茉莉花窨没放好的茶，那得要多少茉莉花？所以，这类传说就有点想当然了，且这种茶放坏了才用花香掩盖陈味的论调说得越多，就越显得茉莉花茶的身价低廉，越不值钱。

不过，这也不能怪说故事的人，谁让市场上不少茉莉花茶都粗制滥造呢？

炼香

其实，茉莉花茶的工艺是非常讲究的，而且制作工期很长，如果是完完整整做好七窨，大概要七七四十九天。怎么做茶搞到像炼丹一样？我所理解的茉莉花茶工艺就是像炼丹一样，每一步都得做到位。首先，第一窨一定要窨透，窨透几乎是做茉莉花茶的共识，只是每位制茶师所理解的窨透不尽相同。所谓

政和石屯茉莉花田

"窨透"，就是下花量要足够，用大量的茉莉花把茶"洗"一遍，目的是把茶坯的个性洗掉，接着用高温把茶坯自带的个性、滋味进一步掏空，这时候的花香会与茶的个性同归于尽。这就好比一个瓶子，本来装满了水，如果要装果汁喝，就必须要把水倒干净，若只倒掉半瓶水就急忙装果汁的话，装进来的果汁也是不纯的果汁，喝了不爽，可以这么理解。

第一窨清洗茶坯之后，第二窨、第三窨才开始会有一点点茉莉花的香气，但是很淡、若有似无，要一直到第五、第六窨，茉莉花香才趋于清晰、稳定。为什么会这样呢？主要是烘干（复火）的温度偏高，会把多余的香气给烘掉。所谓"多余的香气"，即沸点较低、带有茉莉花青气、不够纯正的香气。而真正窨到茶叶骨子里的茉莉花香，则会在高温烘干的环境下更加稳定，跟茶叶的内含物质产生融合，让花香沉到茶汤里面，其实这就是"炼香"的过程。[1]也是因为高温烘干，致使茶叶退火的时间比较长，大概需要七天才能把前一窨次的火气退掉，再进行下次的窨花工作。如此反复操作七次，到适合包装的时候，差不多是七七四十九天。这是我认为比较理想，也是可以做出好的茉莉花

---

[1] "炼香说"及相关工艺，观察自福州茉莉花茶制茶师翁文峰先生。

采摘带着花萼的茉莉花苞

制作茉莉花膏

茶的工序。

其实做茶的原理是相通的，有些茶尤其是乌龙茶会强调反复焙火，然而并不是所有的茶都适合反复焙火。首先要底子够硬、内含物质足够丰富，因为焙一次火相当于损失一次内质。茉莉花茶的烘干（复火）也是一样的道理，要做七个窨次、经历七次炼香，普通的茶坯很难扛住这样的折腾。换句话说，一次的窨制、高温烘干相当于是一次的回潮再复火，如果是体质羸弱的茶坯，在一次次复火的过程中，内质早就消耗殆尽，喝起来可能带有茉莉花的香味，但已毫无汤感可言，更不要说作为一泡茶最基本的回甘了。

秋　花

理想是丰满的，现实却又十分骨感。

不知道每年新茉莉花茶大概都什么时候上市？我收到最早的茶样是5月份，也就是茉莉花春天开花时就做出来的，很多厂家也抓紧这波花季窨茶好攻占市场。然而，茉莉花偏好热的天气，越热越香，如果昼夜温差大就更好了。一般好的茉莉花产自三伏天，三伏天的花叫作"伏花"。三伏天大概在7月上旬到8月下旬的四十多天，节气上是从小暑到处暑，跨了夏、秋两季。

春天因为整体气温还不够高，茉莉花的香气没有夏天、秋天的足，窨出来的茶虽然有香，但总觉得缺了些鲜灵度，总体来说不如夏花、秋花的品质好。第二批上市的茉莉花茶是夏花，"夏花"指的是立秋之前的花，按照节气来看，立秋之后就算秋天了。夏花差不多是6月中下旬开始，有些老师认为夏花最好，因为天气够热！但从全局来看，夏天是热没错，但也容易下雨，雨水一多花香就大打折扣了。其次，夏天的昼夜温差不大，时常刮南风，南风往往夹带着水汽，水汽一大不管是做什么茶都不容易好。但是，强调夏花有一点好处，就是茉莉花茶可以较早完工，8月初就能上市了，比起5月份上市的那批花茶还要顶着跟当季名优绿茶竞争的风险，8月上市的花茶品质佳，也巧妙地填补了市场空缺！

大概立秋前后，阳历8月初，昼夜温差逐渐增大，该下雨的也都下过雨了，天气开始转向干燥，风向也从湿润的南风转向比较干燥的北风了，这时候才真正进入茉莉花好花的季节。广西横州的花也是秋花最贵，香气高，鲜灵度也好。茉莉秋花的鲜灵度是其他季节难以媲美的，所以有些厂家会提早开工，先做个五窨、六窨，等秋花上来了再完成第七、第八窨，目的就是为了提升茶的鲜灵度。一般来说，花茶六窨以前讲究的是打底，只要工艺不太差，六窨以前喝起来差不了太多，第七、第八窨才是关键，要怎么控制下花量、要怎么掌握窨制的时间，如果把握得当，花茶的最终品质会有飞越性的提升。不过，如果务求面面俱到，选用7月底接近立秋的好花开始做，实打实地七次窨制，历时接近五十天，出来的茶固然好，但是市场的份额已经被占得差不多了，从商业的角度来说反而是不讨好的。

窨　制

为什么茉莉花茶会这么复杂呢？因为茉莉花是"气质型"的香花。气质型香花的香精油物质以苷类的形态存于花中，随着花蕾的成熟、开放，在酶的催化之下，不断形成和挥发。其香气更具时效性，花不开不香，花全开了亦不香，或者说香气也不好了，香气最为浓郁、清纯的是花的短暂开放过程之中。所以，用气质型的茉莉花来窨茶就必须掌握花的特性，一定要算准它开花的时间，尤其它在初开时的"头香"最好，时间掌握必须恰到好处，窨出来的茶品质才高。

另有一种是"体质型"香花，其芳香物质以游离态存在于花瓣之中，随着花朵的开放，其香气散发逐渐减少。体质型香花的香气更为持久，即使花朵已经开放，哪怕是烘干了，只要花瓣还在，其花香亦可保持。诸花之中，如玫瑰、白兰、桂花等，都是体质型香花。对于体质型香花，窨制起来就相对没有那么折腾了。它们还可以做拌花茶，或者直接烘干、冲泡当饮料也是可以的。

采花：茉莉花一般是中午开始采花，采带着花萼的花苞，一直采到下午三四点左右。这个时间段热，采下来的花比较香，且茉莉花经过太阳暴晒，含水量也相对比较低，香气较纯正浓郁，不会水水的。

伺花：花采回来进厂之后，再按照一定的厚度堆起来"伺花"。"伺"有等待的意思，要等什么呢？等花开。——通过摊花、堆花的反复交替过程，促进新鲜娇嫩的茉莉花蕾匀齐地达到生理成熟而开放吐香，整个过程中对待茉莉花要十分轻柔。在相对枯燥的制茶术语中居然用到了一个"伺"字，花之娇贵可见一斑。花开的时间关系到客观环境，亦即当天的温度、湿度等客观条件。有一年我在福州做花茶，大概晚上8点半左右就开花了，隔年到政和，茉莉花又等到10点多才开，每次的情况不太一样。

筛花：花即将绽放时要先筛花，把一些不合格的、开不了的花筛掉。这些不合格的花如果不筛掉，最后会影响到整体的香气，容易因此坏了一锅粥。很多开不了的花，是因为采花时没带着绿色的花萼采，没有花萼就无法开花。

窨花：筛花之后正式进入窨花环节。窨花是指将茶与花拌和、静置，其间茉莉吐香、香气被茶叶吸收的过程。窨花的重点是让茶和花交融在一起，有些地方直接在地上打窨堆，有些则用窨花槽，一层花、一层茶依次堆叠起来。不管用什么工具，其原理是相通的。如果用显微镜来观察茶叶，会发现茶叶从里到外像海绵一样，专有名词叫作"疏松多孔性物质"，对外来的气味有比较强的吸附能力。在茉莉花开的过程中，茶叶很自然地吸收了茉莉花的香气。茶叶的吸附性能因制作工艺与老嫩程度不同而有所差异。按照教科书的说法，以烘青绿茶的吸香能力和保香效果最佳，而细嫩的茶坯孔径小、孔隙短，吸附能力与吸香效果亦优于粗老的茶坯。不过在实践上，也有采用其他茶类的茶坯，像我们就做过白毫银针（白茶工艺）茶坯的茉莉花茶，窨制效果也还不错。

通花：花在开放过程中会产生水汽和热量，窨花时堆温会逐渐上升，当温度高于40℃时，鲜花就会熟烂变质，影响花茶品质。为了防止堆温过高，就需要"通花"。通花是指在窨花过程中均匀翻搅茶堆进行降温、给氧、散发窨堆水分的环节。通花的目的是为了通氧散热，一方面让花有充足的氧气继续开放；另一方面是窨花的窨堆会产生热，差不多是洗澡水的温度，通花也避免窨制过程中窨堆产生闷浊异味或是把茶给闷坏了。根据花和茶的状态以及实际的温度、湿度等具体情况，通花的时间节点和次数会有所调整，一般来说，大概三到四个小时左右需要通花一次。比如，假使晚上9点开始窨花，大概半夜1点就需要通花一次。通花的时机须根据实际情况来判断，过犹不及，不敢大意。当然，在这个过程中，负责任的制茶师是没办法安心睡觉的。

起花：次日清晨，茉莉花开放得差不多了，花的状态有点人老珠黄，香气不是那么清纯可爱了，这时候要果断"起花"。起花就是把茶和花筛分开来，准备烘干。筛子不能筛干净的部分，往往还需要人工再剔拣。福建、广西这一带的茉莉花茶，可以喝出花香，却不怎么能看见茉莉花瓣，就是经历了起花这个工序。

烘干（复火）：刚完成窨花的茶坯是湿润的，用手抓是抓不碎的，此时凑近细嗅茶的气味，会发现有花香、有青味，也有一些杂味。而采用偏高的温度烘干，除了烘掉多余的水分之外，也可以把茶坯残留的青味、杂味一并除去。

从采花、伺花，经过筛花、窨花、通花，到最后起花、烘干（复火），这样算是一个完整的窨次。比较合理的方式是将焙干的茶叶放置一周后，再选晴天进行下一次窨制，如此茶叶于静置之中得以充分冷却及去除干燥时的火味，使前一次窨花的香气得以充分保持。

前文提到的高温炼香的做法，做出来的茶是香沉汤中，茉莉花香的风格会比较优雅、内敛，比较适合平常喝茶的人来欣赏。另一种是用大概80℃左右的温度烘干，让更多的花香保留下来，一次一次的窨制就产生类似叠加的作用，出来的茉莉花香会更加高扬，甚至高锐，比较适合偏好喝花香的人品鉴，这种做法在广西横州比较常见。

余　论

除了窨花之外，还有另一个工序叫作"提花"。常见的"七窨一提""九窨一提"等，"提"指的就是提花。提花是在窨花结束之后，加上一些高品质的茉莉鲜花跟茶混在一起，几个小时之后再把鲜花筛掉，以增加一些茶叶的表香、提升鲜灵度，同时又保证茶叶的含水量达标，之后就不再复火烘干了。不过现在做提花的不多，因为提花是一把双刃剑，虽然能有效提升香气的鲜灵

白兰花

度，但也势必增加茶叶的含水量。如果控制得不够精准，可能半年内香气不错，但过了半年，茶叶反而容易出现陈味。因为提花的水分是鲜花带来的，是由外而内的，容易埋下些许隐患。现在做茶大多以"烘提"替代传统的提花，烘提就是烘干时刻意保留大约6%的水分在茶坯里，使花香内外兼具，也可以达到类似提花的效果。

茉莉花茶也可以加入白兰花[1]"窨底"，这种做法在广西比较常见。白兰花香高价廉，价格大概只有茉莉花的几分之一，又是体质型香花，不像茉莉那么折腾。它用来辅助茉莉花提香，就像做菜的味精一样，微量可以提鲜，但加多令人腻烦。一般来说，使用白兰的比例大概是100斤茶兑3两白兰花，用量非常少。如果白兰花运用得当，与茉莉花香融为一体，也是非常协调的。反观有些强调用纯茉莉窨出来的茶，如果窨制过程没处理好，反而容易显得香气飘

[1] 白兰花指木兰科含笑属的白兰（学名：*Michelia alba* DC.），不是木兰科玉兰属的玉兰，也不是茜草科栀子属的栀子。此花在各地名称不一，我曾经做过不精准的统计：云南叫缅桂花；四川叫黄桷兰、黄角兰、黄果兰或黄葛兰；福建、广东、台湾、两湖、两广叫玉兰、白玉兰；北京、天津叫把儿兰或瓣儿兰；南京、上海叫栀子；其他地方，则有玉兰、白兰、栀子等名混用的情况。

飘的、没底，有些加了点白兰花打底的，倒还让茉莉花的香气更加稳重些。当然，这些都得看窨花工艺的掌握，不能说用了白兰花调香就不上档次，或者反过来说不加白兰就不到位。

这里就涉及两个名词了。一个是"透兰"，透兰的"兰"指的就是白兰花，即白兰花的香气太过抢戏，与茉莉花香不兼容。透兰的茶在市场上很常见，大多香到过于浓烈刺激，甚至被怀疑加了香精。另一个是"透素"，透素的意思是除了花香，茶汤中还夹有茶坯的味道，比如，假使茶坯为绿茶的话，有些绿茶茶坯的豆香、板栗香，甚至青气跟茉莉花香同时出现，又互不退让，透素的茶喝起来也是很尴尬的。那有没有可能透兰、透素同时出现？也有，档次越低的茶，往往出现的概率越高。

茉莉花茶的产地很多，不过最具代表性的还是福建和广西，其次是四川。它们的工艺风格不同，茉莉花的味道不同，习惯（或者方便）选用的茶坯也不尽相同。一般来说，喜好花香者会偏爱广西或四川的茉莉花茶，而追求茶与花的协调，或者说喜欢香气内敛的风格的，可能更适合福建的茉莉花茶。当然，广西的花便宜、产业链成熟，现在也有不少外地花茶去广西窨制，再拉回来销售的。广西本地也有不少福建人开的茶厂，出产的花茶又带有些福建的滤镜。

其实台湾也有茉莉花茶，而且台湾的茉莉花茶还主要是用传统的单瓣茉莉窨制的，只是市场小、非主流，市面上可见的品质往往一言难尽。单瓣茉莉的香气清雅，和双瓣茉莉偏浓烈的风格还不太一样。现在福建也有单瓣茉莉，只是量非常少。就茉莉花的品种香而言，我个人还是比较偏爱单瓣茉莉一些。两种花香的差别不但反映在窨茶上，就是用来制作茉莉花膏，出来的效果也很不一样。

南宋刘克庄有诗云："一卉能熏一室香，炎天犹觉玉肌凉。野人不敢烦天女，自折琼枝置枕旁。"[1]描绘的大概就是单瓣茉莉吧。

---

[1]　陈景沂《全芳备祖·前集》，卷25。

处暑

8月23日前后处暑。

处暑："处，止也。暑气至此而止矣。"

到了处暑，溽热的暑气渐渐消退。特别是在北方地区，已经能够感受到丝丝凉意了。当然了，南方的大部分地区依然很热。

处暑时节有个重要的节日——中元节。民间俗称中元节为"鬼节"，有着许多传说与禁忌。实则就传统而言，中元节的主要活动还是祭祖、祭祀土地神。秋天是收获的季节，处暑"禾乃登"，自然不能忘记孝敬祖先、感恩大地。

人死之后也喝茶吗？

《搜神记》载：有个武官叫夏侯恺，因病亡故。他的同宗、名唤"苟奴"者有阴阳眼，能看见鬼神。夏侯恺死后，苟奴看见夏侯恺穿着单衣，戴着平顶头巾，到生前常待的西壁大床入坐，凑近人找茶喝。

《异苑》载：剡县（今浙江嵊州）陈务的妻子年轻守寡，与两个儿子相依为命。宅中有一座古坟，陈务妻每天喝茶前必先以茶水祭祀，两个儿子觉得没必要，想把坟挖去，她也不许。后来，陈务妻夜里梦见一个人，说自己已过世三百多年了，感谢她招待好茶并保护坟墓。第二天早上，一家人在庭院中"获钱十万"。

以上两则都出自六朝时期的文献，是中国历史上较早出现的与茶相关的鬼故事。夏侯恺大约生前也爱喝茶，后人戏称他"死了都要喝"。而浙江嵊州产茶历史悠久，后世许多"馈茗获报"的故事都能看到陈务妻的影子。故事虽来自志怪小说，但也可反映一定的社会现实状况。

上古时期，人们主要用酒来祭祀。酒乃粮食之精，古代粮食珍贵，用上好的粮食酿的酒来祭祀，可谓诚意满满。魏晋茶饮流行，又兼佛教兴盛，用茶祭祀渐成风俗。比如南朝齐武帝萧赜，他是第一个下诏要后人用茶来祭祀自己的帝王。

处暑中元，一杯清茶，感恩天地，缅怀先祖，敬畏所有无形的力量。这样的仪式感，也未尝不是一种美好吧。

拾
伍

白
露

9月7日前后白露。

白露："秋属金，金色白，阴气渐重，露凝而白也。"

白露是秋茶开始的时节。白露之后，重穆将进入一段密集的忙碌期，在各个产地无缝接轨地出差，一直忙到霜降以后。

一年到头辗转于各个茶产区，这听起来是一件很有意思，甚至有点风雅的事情，但若是真正落到头上，现实还是相对骨感的。同样的产区，第一次去时新鲜，第二次也还可以，第三次是查漏补缺，第四、第五、第六次就真的不好说了……更何况，去产区不是游山玩水，要干活的。特别是做乌龙茶，还要一连熬上数夜！

早几年，我也可以全程跟着熬整夜；后来慢慢的只能熬半程；再后来，除非茶青原料很特别或精神状态非常好，不然我就不怎么熬了……年龄见长，精力下降，熬一夜并不是多睡两夜就可以补回

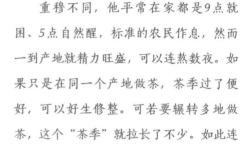

来的。况且手上的工作堆积如山，也未必有多睡两夜的资本。

重穆不同，他平常在家都是9点就困、5点自然醒，标准的农民作息，然而一到产地就精力旺盛，可以连熬数夜。如果只是在同一个产地做茶，茶季过了便好，可以好生修整。可若要辗转多地做茶，这个"茶季"就拉长了不少。如此连轴转，还是很耗心力的。我们在北京读书那会儿，重穆还是清瘦清瘦的，工作之后渐次有些发福。有老同学问起，他每每脱口而出："过劳肥！"

白露的天气，有点像古人所云："大抵早温、昼热、晚凉、夜寒，一日而四时之气备。"这正适合安茶的精制。老安茶的工艺已不得而知了，现在的安茶一般在谷雨前后采摘，春茶初制完成后，储存在干燥、阴凉、通风处，等到白露之后便开始"承露"。

现在祁门的芦溪每年白露都有"承露"的活动，早秋的乡间，夜色凉如水，露水莹如珠，光是看星星，都看不够的。

焙
鉤

桂、皖黑茶：这些茶为什么都一个味道？

茉莉花茶在分类上属于"再加工茶"，再加工的意思是茶叶已经做好了，但是因为某种风味上的需求，需要再添加一些外来的味道，再加工一次。而黑茶属于"后发酵茶"。发酵就发酵，为什么还要加一个"后"呢？其实它与再加工有异曲同工之妙，就是茶叶经过了一次完整的制作，已经可以喝了，但是为了改变它的某种风味，再找个"黄道吉日"来加工，例如湿水渥堆，或者通过自然的日润夜露、发花、陈化等方式，让它的风味、茶性有所转变，出来就是后发酵的黑茶。

有些黑茶的发酵工艺会选在白露之后进行，其一是白露之后的天气稳定，没那么湿热了，这时候发酵会比较好掌握，控制得比较精准。其二是秋冬季节不像春夏两季要忙着采茶、做茶，时间是跟着茶树状态走的，比较紧迫，等到茶青做成毛茶之后，时间上就比较宽裕了。毛茶做好之后，一般会稍微放几个月，也可能一放就放好几年，等到白露之后天气合适，人也不那么忙的时候，再来进行后发酵。如祁门安茶、六安篮茶有个"夜露"的工序，就是选在白露之后，晚上有露水的天气进行。不过像现在做熟普、六堡茶，或者是茯砖的发花，都有专业的发酵车间，可以用设备控制车间的温度、湿度，不必受限于天时，也不一定非得要等到秋冬季节才能做后发酵。

两个极端

黑茶的种类很多，大家一听到黑茶，判断大概会比较两极化。一种认为黑茶就是粗枝大叶的边销茶，档次较低，不太适合清饮，大多是边区牧民用来煮奶茶的粗茶。有一次，我的同事想研发一款他小时候喝的奶茶产品。同事是青海人，小时候喝的奶茶是咸口的，他知道我这儿有黑茶，便跟我要了点黑茶过去测试。两天之后，他问我还有没有其他的黑茶，说味道不对。为什么不对呢？我给的是十年陈的老茯砖，还是等级比较高、采摘比较细嫩的。他也不知道为什么不对，几番交流后，懂了！原来他是要煮奶茶的，而且是边区风味的奶茶。那肯定要用粗枝大叶的、价格相对亲民的黑砖煮起来味道才对。这是一种情况。

另一个极端是认为黑茶太贵了，简直喝不起！如果把这类人群与刚才说的、认为黑茶廉价的群体放在一起，大概会吵个没完。为什么？因为黑茶，尤其是不少所谓的"老黑茶"，在市场上的价格是非常高的。我就曾经碰过一个案例：有个卖黑茶的，标签是"专营川藏地区寺院老黑茶"，自称手上的黑茶都是藏区寺庙里面存的，存了多少年不知道，至少有三四十年。优点是存得很好、很干净，而且"难得"，随便拿出来一块茶砖便要卖上八千一万的。说了这么多，其实它就是早期国营茶厂的康砖，用料也比较一般。不过，如果加上故事再对应到价格，估计就可以当文物卖了吧，偏偏这类"文物"在广东的仓库里可能还有很大的存量。质言之，现在的黑茶市场有不少类似这样的案例，甚至以偏概全了，让很多人误认为黑茶的价格特别高，喝不起。

为什么老黑茶的价格可以炒到这么高呢？所谓人有人设，茶有茶设，黑

老生普

茶的茶设大概就是越老越好、越老越值钱。实际上，所有茶的品质都是抛物线式的，只是根据原料的档次不同、加工方式以及后期的仓储不同，它的抛物线也不尽相同。抛物线的意思是茶在一定的时间内可能越放越好，例如五年、十年、十五年，但是过了品质的上升期，到了峰顶之后，就会开始下降。茶叶的内含物质经过长时间的氧化，慢慢地就降低了，所以很多老黑茶喝起来汤感甜甜的、很温和、没什么刺激性，但是好像也没有太多内含物质了，这很有可能就是过了高峰期、进入衰退期的茶了。

当然，好的老黑茶其魅力也是无可比拟的。总的来说，一个茶类如果持续风靡并且长期持有一批忠实的拥护者，其中真正的好货一定是有足够的竞争力的。只不过市场大，又相对比较乱，好的老黑茶也有点像古董一样，需要相应的鉴别能力和获取渠道。

安　茶

有些地方的黑茶十分关注白露节气，例如安徽的祁门安茶、六安篮茶。其

箬叶

实二者差不多，都是毛茶做好后等到白露前后进行后发酵，再把茶叶垫上箬叶、装进竹篓中存放，风味十分接近。如果要说两者的差异，大概主要是产地不同——祁门安茶来自安徽南部的徽州地区，现在的黄山市祁门县，而六安篮茶来自安徽西部的大别山地区，以六安市金寨县为主。

关于安茶的原产地，祁门和六安两地也是有争议的。民国时期，祁门曾有不少经营安茶的老字号，当时比较有名的是"三顺"和"四春"，"三顺"是孙义顺、正义顺、先义顺，"四春"是同春、德春、映春、芝春。尽管安茶的工艺有断代，但仍然有迹可循。他们的争议点在于早年祁门安茶的茶票上大多介绍茶叶来自六安，因此，六安的地方人士就抓住这条线索，认为安茶是源自六安。

现在比较通行的说法还是认为安茶只是借名六安，真实的产地是祁门。不过，这种观点只是以民国的时间维度来看的，若把时间线拉长，往前推到明清时期，可能也未必没有解释的空间。像我们前面在"蒙顶黄芽""六安瓜片"的章节都介绍过，在明代万历年间，许次纾《茶疏》就曾记载六安地区将茶叶装入竹筒之中的做法；而清初四僧之一的弘仁（渐江）也曾写信给友人说自己想喝"六安小筻"，六安小筻听起来很像是产自六安、用竹筻盛装的茶叶。唯这些文字所对应的史实，因时间久远，我们已经很难考证到那时候茶叶的具体情况了。

承　露

祁门安茶属于黑茶类，在祁门芦溪这一带生产。现在黑茶比较著名的可能是熟普、当代六堡这类渥堆发酵过的茶，但其实黑茶的种类很多，做法也相对多元。如祁门安茶的工艺特色就是"承露"，或者说"夜露"，即春天采茶、炒茶，做成毛茶，秋天再拿出来吸收露水后发酵。黑茶的初制和绿茶的工艺比较接近，不过有些地方在杀青、揉捻完成之后，会趁着茶还有水分的时候闷堆，让茶继续通过湿热反应把内含的刺激性物质给去掉，然后烘干。所以黑茶的毛茶从外观上来看，其实长得跟绿茶差不了太多。比起现在的名优绿茶，大部分黑茶的采摘标准会相对粗老一些，或者说含梗的比例会再高一些。

毛茶初制完成后，一般会先找个库房存放起来，等到白露之后、夜间的露水重了，再拿出来"承露"：先是对茶叶进行高温打火，一般用烘笼进行，其实就是焙火。之后再将茶叶铺到竹垫上，置于室外。晚上，茶叶会吸收一些大自然露水的水汽。为了保证均衡承露，要控制好铺茶厚度，并在过程中适时翻动，至次日清晨收起。茶叶经过"承露"的工序之后，如果要做成散茶的，会直接烘干，如果要装篓的，会用蒸汽把茶蒸软、装篓，篓子里层先垫上三两层箬叶，箬叶里面放茶，茶填充好了之后再用箬叶把茶包起来干燥，打捆陈化。

按照老一辈的习惯，泡安茶时会加入篓子里的箬叶一起品饮。箬叶在黑茶里面的运用很广，湖南安化的千两茶外面就是一层箬叶。据说老箬叶有一些药效，可以润喉、止咳，甚至治哮喘。一泡正常存放、年限不长的祁门安茶，喝起来带有一点点药香、木质香，茶汤是橙黄透亮的，入口的滋味清甜，也挺适口。

风味"复兴"

虽然前文提到的是祁门安茶，实际上也是六安篮茶的做法。就目前市场上可见的产品而言，两者之间的差别并不太大。不过，现阶段祁门安茶的工艺会相对成熟一些。然而，就像用临沧市的原料做熟普和用普洱市的原料做熟普，它们可能会有点差异，但其实在根本上是同一个东西，风味差别并不大，特别是当它选用的还是相对后期的原料的时候。现在祁门安茶比六安篮茶有名，原因之一就是祁门属于古徽州，徽州人文荟萃、商业的基因强大，而六安是革命老区，在当时的时代背景，茶行业的发展，乃至于运销方面，比起祁门可能就不是那么顺畅了，在资料保存上也处于劣势。

不过，安茶的工艺其实是有断代的，一般认为在20世纪三四十年代就中断了。估计是动荡年代，一打仗，要安心做茶、顺畅运销就不容易了。当然，这或许也跟当地人不太喝安茶有关。常理推断，如果本地和周边就有足够的销路，应该能存活下一两家字号，不至于全军覆没。一直到20世纪70年代前后，珠三角、广州佛山或者澳门一带兴起了安茶工艺的"复兴"，可能是安茶停产之后市场上留存下来的都是有点年代的安茶，已经陈化了。

然而，他们"复兴"的做法并非从原料开始好好加工、等到了白露再拿出来承露，而是直接在干茶上面洒水，用湿水渥堆的方法催熟。把茶叶加水打湿了之后，放到箱子或者篓子里封起来，隔几天去均匀翻动一次，适当地通一些氧进去继续发酵，同时让茶叶发酵得更均匀。如此"渥堆"大概持续7—10天，让茶叶在湿热的环境下快速熟化。经过催熟的安茶与自然夜露、自然陈化的安茶滋味是不同的，反而有点像熟普，估计也是珠三角一带比较偏好的味道。更有甚者，还会把茶叶放入冷库，冰冻之后的茶叶再放回室温环境，遇热会自然产生水汽，正好发酵。不过，这类"速成"的方式我们是不太推荐的。那样的茶叶未必经得起陈化，喝起来似乎也不太美好。好在，现在祁门芦溪还有做自然承露、不湿水渥堆的安茶厂家，制成的茶叶也是垫上箬叶、用竹篮盛装，在国内外，特别是东南亚地区还有一定的市场。

手工编制盛装安茶的竹篮（汪珂供图）

槟榔香

讲到黑茶的渥堆发酵，能直接想到的大概还是熟普。一般认为熟普的渥堆发酵是从20世纪70年代开始的，当然现在也有人认为可能更早，这个我们暂时不去纠结。但是，这个说法到了广西梧州，可能就有人表示不服，他们主张梧州的六堡茶早在50年代就有湿水渥堆的技术了，甚至还有人会想当然地认为熟普的渥堆工艺就是学六堡茶的。然而，究竟它们的后发酵工艺有没有相互继承的关系，尚未发现可靠的佐证材料。

一说到六堡茶，往往让人直接对应到"槟榔香"，甚至有大茶企直接以"槟榔香"来作为六堡茶的产品名。究竟槟榔香是什么香呢？有人说是六堡茶茶树品种的味道，有人说是六堡镇的地域香，有人说是茶汤落喉之后的清凉感，也有人说是梧州茶厂特有的木板仓的味道，更有人说是六堡茶毛料在渥堆之后所产生的味道……然而，走遍梧州，除了少数几款茶能稍稍接近我的理解之外，其他的或是木质香，或是老茶转化出的参香，甚或是渥堆所留下来的堆味，这些所谓的"槟榔香"似乎都不太槟榔。

我不吃槟榔，不太能理解嚼槟榔的清凉感。不过，既然说清凉感，应该是比较清新，绝不会是渥堆发酵的味道。我的外公有一片槟榔园，每次回去探望外公时，总能在空气中闻到阵阵的"槟榔香"。尤其是槟榔花开时，那种似花、似木，又带有些清凉感的香气更是明显。因此，我对"槟榔园"的香气还是比较熟悉的。而多年前我所感受到的六堡茶的"槟榔香"，确实就是槟榔园那种清新、清凉又令人舒服的味道。可惜之后再遇见的所谓"六堡茶"，大多与普洱茶熟茶或是其他黑茶没太多差异了。

从我们的经验，要达到典型、浓郁槟榔香的茶叶，有几个必要条件：

首先，原料是产自六堡、纯正的苍梧群体种茶树鲜叶。苍梧群体种是有性

外公的槟榔园

繁殖的茶树品种，不是后期扦插的无性系茶树，更不是后来引进的外地品种。本地的品种是"道地的风味"的重要保证，这一点所有的茶类都是相通的。

其次，要依照传统的六堡茶初制工艺精工细作、自然陈化，不经过后期湿水渥堆、弱化其品种特征的工序。这跟祁门安茶、六安篮茶的要求是一样的。实际上所有纯正的、有独特性的黑茶都是如此。只要经过湿水渥堆，尤其是那种做得特别"到位"的湿水渥堆，就不太需要纠结产地了，因为产地和品种的风味都被工艺给消解掉，只剩下工艺的味道了。

第三，在紧压陈化的状态下，比散放更利于转化出醇厚的汤感及浓郁的槟榔香。

"催熟"

再看看六堡茶的历史。六堡茶虽然是产自广西的中国名茶，但它的成名却是在东南亚，或者说主要的市场在中国香港、澳门和东南亚一带。相传六堡茶有除湿的药效，清末民初，有许多中国人到东南亚务工、采锡矿。东南亚的气候湿热，容易造成水土不服，而六堡茶能除湿，正好用来解决水土不服的毛病。我们从地理上来看，早期六堡茶出口走水路，从广西梧州走西江，西江的下游就是珠江流域了。茶叶一路经过广东肇庆，然后是佛山、广州，直达外海。凭借着水运之便，内陆茶的出口也是十分便利的。这一条水路被称作茶船古道，但是现在已经被水坝给隔断，不能走了。

六堡茶早期是供应海外市场的。一般来说，供应海外市场的茶，品质的要求不会太高，但产量必须要大。那时候的六堡茶还是遵循着古老的黑茶制作技艺，在炒青之后，经初揉、堆放发酵，之后复揉、干燥。也有蒸汽杀青（或曰放入沸水中煮5分钟[1]）之后，将茶填入竹箩内用脚踩踏揉捻、发酵，烘干后，再将茶叶蒸软，置于竹箩之中贩售。撇开制作方式上的细小差异不论，其

---

[1] 参见苏宏汉《苍梧六堡茶叶之调查》，载《广西大学周刊》1934年第6卷第4—5期合刊，第23页。

加工的原理是相对一致的。有一个最关键的要素是——还没有大规模的湿水渥堆。20世纪50年代，为了增产的需求，梧州茶厂开始进行改革，先后从云南、湖南、福建等地引进茶树品种，进行品种"改良"，目的在于提高鲜叶的产量。品种"改良"的同时也伴随着工艺的"改良"，增加了湿水渥堆、紧压发酵的工序，透过湿热作用迫使茶青内含物质转化，以提升茶叶后熟的效率。简单来说，就是"催熟"。

"催熟"的工艺可能与品种"改良"也有关系。以前的品种虽然是群体种，但以本地的品种为主，香气滋味是比较一致的。现在引进这么多外省的品种，做出来的毛茶香气、滋味都不太一样，有时候还会互相拉扯，产量固然提升了，但茶的味道可能会比较奇怪。而湿水渥堆有一个显著的作用，就是可以消灭，或者说弱化不同的品种之间的差异，让这些外来的品种在湿热作用下相互交融，无论来自天南地北，出来的都是一个味道！如此既解决了不同品种之间香气滋味不同的问题，满足了茶叶质量标准化、规格化的产品要求，又完成工业化生产的时代任务，加快了出品，扩大了产量。很聪明吧？当你觉得它很聪明的同时，六堡茶丢掉了香港市场，原因是风味改变了，不再是记忆中的味道了。先引进一堆外来品种改良再改良，制茶工艺也用湿水渥堆发酵的方式来催熟，味道自然不对。

六堡茶在20世纪50年代开始有湿水渥堆、紧压发酵的工艺，但那时候的工艺还相对"保守"：一方面，渥堆发酵是在初制阶段，茶叶杀青、揉捻之后，发酵的时间比较短，大概就十几个小时到一天的时间；另一方面，当时洒水还比较节制，主要是"在焗堆的地板上首先淋水以保持底层茶叶一定的水分，茶叶成堆后再在堆面盖上湿透的草席，再压上木板"[1]。而到了20世纪70年代，六堡茶的后发酵工艺又再次"改良"，改成类似今天熟普的湿水渥堆的发酵工艺，也就是毛茶不经渥堆发酵或渥堆发酵时间很短，待初制完成后再人工喷水、渥堆好几十天的做法。如果一个茶叶品类沦落到都需要这样子做，估计就没有太高的价值了。何以见得？因为湿水渥堆的做法不太在乎原料的品种、产地，反

[1] 何志强《广西梧州茶厂初期回眸》，载《中国茶叶加工》2009年第4期，第45页。

木板仓

正做出来味道都差不多。

历史证明，六堡茶再一次的工艺改革，改成类似今日冷水渥堆发酵的做法之后，进一步失去了东南亚市场。因为这种洒水红汤的茶到处都能做，广西能做，云南能做，东南亚本地也能做，很容易被取代。1981年，广西农学院热作分院开设了一个广西区上产公司茶叶培训班。它印发的《区茶叶干训讲义》里面就反思，说20世纪70年代末以来，六堡茶由于制造方法上的某些变更，品质有所下降，导致在国际市场上被近似六堡茶的普洱茶及泰国、越南、缅甸和印尼等地的青茶所充代。讲义中还警示，说如果六堡茶再不提高质量，恐怕连仅剩的马来西亚市场也难以巩固。当然，这里面还有一个原因，就是20世纪70年代以后东南亚的矿业开始衰落，没有那么多的华人移工，六堡茶的市场也跟着缩小了。

了解了这段变革的历史之后，就不难理解为什么六堡茶典型的槟榔香难以寻找了。茶是农产品，离不开产地、品种、工艺三个要素，只要其中一个稍有改变，成茶的香气、滋味，乃至茶叶的整体气质必然随之发生变化。而在这场六堡茶的"工业革命"或"技术革新"浪潮的推波助澜之下，工艺变了，品种变了，鉴别品质的话语权也随之递移，典型的"槟榔香"似也不复存在。然"槟榔香"三个字却十分幸运地保留了下来，后人不明就里，生搬硬套，将各种六堡茶的滋味统称为"槟榔香"，反让"槟榔香"蒙受深深的误解。

其实市场是明智的，早期的六堡茶有槟榔香，用的是本地的老品种、原始的黑茶加工工艺，不会搞大产量、湿水渥堆催熟等。这种原始工艺做出来的茶经过陈化，出来的就是清新的槟榔香，而不是类似熟普的渥堆味，还是很有特色的。然而，现在有些大厂或商家习惯把堆味叫作槟榔香，或者轻渥堆、堆味不是太重的叫槟榔香，又或者渥堆之后再放到木板仓里退仓，退出来的味道叫槟榔香，我想这些可能都是工艺"改良"之后的"新槟榔香"。

农家茶

上一次在六堡调查时，喝到记忆中的槟榔香，还是挺高兴的，因为实在是太难得了，居然还存在没被湿水渥堆工艺染指过的清晰的槟榔香。事毕，打了辆车到高铁站，路上就跟司机闲聊，他杯子里面泡的就是六堡茶，不过是二十年前他自己收的农家茶。我问他能否让我闻闻茶的香气，他同意了，没想到居然也是原始的槟榔香。

我大概知道是什么原因了。一直以来，六堡茶的话语权就掌握在大茶厂手上，而大厂的茶都是按照标准作业流程，也就是经过湿水渥堆发酵出来的茶。渥堆需要大量的原料才好做，动辄几吨，能够做出标准化的产品。他们认为这样的茶才规范，才值得推广，而把没有经过湿水渥堆的茶统称为农家茶，有点加工不规范、品质良莠不齐的意思。可谁又知道六堡茶原始的槟榔香，就藏在这些不起眼的农家茶里面呢？现在六堡茶的发酵工艺还在持续改良，有些厂家还是希望做出自己独一无二的口感。究竟六堡茶会发展成什么样子，还真不好说。其实，类似的事情我们在产区也看了很多：放着本地的品种不要，一天到晚品种更新、工艺改良，如果能改好倒也罢了，但偏偏很多是不算成功的。产量是提升了没错，产值却没什么成长，还对当地物种、对环境造成了不可逆的伤害。

　　走入苍梧群体种的生态茶园，处处可以感受到浓郁的茶花香气，这种香味有些类似槟榔花，如果再浓郁数倍，便与六堡茶典型的槟榔香十分相似了。走了一趟茶园，细品几款由苍梧群体种做成的六堡茶生茶，果然都带有相同调性的槟榔香，只是随着陈化年份和茶叶形态不同，香气有轻有重罢了。

　　传统六堡茶的渥堆只是将揉捻后尚带有水分的茶叶堆放在一起，使之轻微发酵，与将茶叶大堆洒水、透过湿热反应迫使茶质转变的工序不同，因而保留下苍梧群体种的品种味——槟榔香。采用这样的工序，年份较新的六堡茶或许仍然带有一定的苦涩感，但经过一定时间的陈化，黑茶的后发酵持续进行，慢慢转化出越发醇和的口感。然而，经过了工艺改革之后的再一次湿水渥堆，虽

苍梧群体种

然可以加速其发酵、迅速去除苦涩，让汤感趋转醇和，却牺牲了苍梧群体种所独有的特殊香气。没有了槟榔香的六堡茶，自然不易和别的黑茶类，尤其是熟普产生明显的区分，辨识度也降低了。

也许有人会问，既然时代已经变了，大家不再追求大产量，而是需要精致的好东西了，原来的槟榔香那么好，为什么当地不复兴？或许可以走趟梧州六堡看看，现在恐怕已经没剩多少真正的苍梧群体种茶树了——这里是指种子繁殖的群体种茶树，而非后来从苍梧群体种茶树扦插繁育的所谓"苍梧群体种"。如果树都没了，哪来的槟榔香？还好，值得庆幸的是，经过部分有志之士的努力，终于在2018年制定了新的地方标准，将原来不经过湿水渥堆的农家茶正名为六堡茶的传统工艺，可视为行业发展的一盏明灯。

中国的黑茶种类繁多，除了安徽的祁门安茶、六安篮茶，广西的梧州六堡茶之外，湖南、湖北、四川、云南等地也都有。很多黑茶也正面临着传统生茶和湿水渥堆的熟茶的风味纠葛，并不止六堡茶一家。黑茶的原料有粗老的，也有细嫩的，但风味总体来说还是比较偏向木质香或药香，较少有花香的。

明代人谢肇淛曾把茶分成"文房佳品"和"药笼中物"两类[1]，黑茶大概就属于"药笼中物"，比较偏向功能性而不是审美的。事实上，我们现在看黑茶，也不太单纯从好喝的角度来探讨，大多是更看重它的保健功效，这就比较偏向"药笼中物"的范畴了。

---

[1] 参见谢肇淛《五杂组》，卷11。

秋 分

9月23日前后秋分。

"白露秋分夜，一夜凉一夜。"秋分，天气进一步转凉。

北方的秋天很美，秋高气爽，天朗气清，处处祥和，时时舒心。然而南方就未必了。秋分、寒露时节，"秋老虎"这只不听话的野兽还在伺机而动，时不时就要出来遛一遛。

古时候，江浙一带的人把秋分、寒露时节的闷热叫作"木犀蒸"。"蒸"自然是形容南方那种黏糊糊、如坐蒸笼的湿热，而"木犀"则是指桂花。之所以跟桂花扯上关系，是因为这个湿热期恰好发生在桂花将开之时。古人按照花期早晚给桂花分类，秋分开花的叫早桂，寒露开花的叫晚桂。"将花之时，必有数日鏖热如溽暑，谓之木犀蒸"。

桂花未开之时是难耐的"木犀蒸"，盛开之后则又是另一番光

景了："自是金风催蕊，玉露零香，男女
耆稚，极意纵游，兼旬始歇，号为木犀
市。"男女老少都出动赏桂花，热闹一时，
称为"木犀市"。

　　说起赏桂花，西湖的"满陇桂雨"算
是久负盛名了。明代高濂《遵生八笺》便
录有"满家巷赏桂花"的秋日必打卡项
目。满觉陇是西湖龙井的核心产区，高濂
的赏桂活动自然也少不了喝茶："就龙井
汲水煮茶，更得僧厨山蔬野蕨作供，对仙
友大嚼，令五内芬馥。"甘泉、佳茗、仙
友、美馔，也算是四美具备了。

　　可能是不愿意辜负了这么香美的花
儿，不少盛产桂花的地方秋天都会用桂花
窨茶。譬如龙井，早春有西湖龙井，暮春
有九曲红梅，秋天还有桂花龙井。当然，
除非是个别爱好者的雅趣，上好的龙井茶
原料一般不会拿来做成红茶或者窨花，这
也是大部分绿茶产区的情况。

　　秋分，宜赏桂花。像高濂一般，找
个对脾气的朋友，好茶好菜，放开身段大
嚼，方不辜负这金秋的美景啊！

拾柒

寒露

10月8日前后寒露。

寒露："露气寒冷，将凝结也。"

寒露，降水锐减，浓云消退，温度合宜，天朗气清，正是登高望远的好天气。重阳节有登高的习俗，大约也和寒露这种气象有关。

九月初九，祭祖、登高、辞青、赏菊、插茱萸、饮菊花酒，这些都是必不可少的重阳项目。在这些活动中，茶的位置相对没有那么重要。唐代的皎然和尚很不服气。在1200多年前的一个重阳节，皎然和陆羽一起品茶，写下了著名的《九日与陆处士羽饮茶》："九日山僧院，东篱菊也黄。俗人多泛酒，谁解助茶香？"

其实，寒露正是福建茶香袭人的日子。人们常说"春水秋香"，春天的茶汤感好，秋天的茶香气佳。秋高气爽的日子，无论是制作新茶，还是把春天的毛茶拿出来焙火，都是非常合适的。重阳节，人们哪里还得闲去饮什么菊花酒？不是制茶，就是试茶，抑或斗茶，总归离不开一个茶字。

要让皎然复活，重游故地，不知道还会创作出怎样的佳句？陆羽会不会和他一块儿呢？

瓦爐

串由風爐
自題
陸氏流風
同工異曲
晨高多馬
輔五鶯鶯
鷀高春燉
高五寸
徑一尺
三足

　　节气就是农时，按照一年的自然规律来的。做茶最忙的季节是春天，可能从三四月份，春分、清明前后开始忙，过了谷雨，到立夏，最多忙到端午节，这片土地上的春茶季就完全结束了。当然有些地方也做夏茶，但夏茶总体来说品质不好，做出来的茶价值不高。所以，过了端午节之后，大概就只能因应其他香花、水果的收成，做一些窨制工艺的再加工茶，或者是进行一些黑茶类的后发酵、拼配压饼之类的工作。

　　春茶肯定是茶行业一年之中生产最忙的，然后就是秋茶。秋茶一般在中秋之后，而福建以南的地区到了中秋还算热，虽然昼夜温差大了，中低海拔茶区做出来的茶仍然带有暑气，茶的内质、香气虽然比夏茶强了，总体来说表现还是差强人意。一般要到寒露前后，或者过了寒露气温更低的时候，茶的品质才会有一个大的提升，比较有代表性的是安溪铁观音、漳平水仙等闽南地区的乌龙茶。在中秋节到寒露第一波冷锋到来之际，浦城的丹桂率先感知到温度变化，初冷先开花，此时正是制作桂花乌龙茶的好时机。

两种思路

做窨制茶，茶坯的选择非常重要。首先要了解目的，也就是最终想要让茶达到什么样的效果。一般来说，主要分两种路径：要么是像制作茉莉花茶一样，用茉莉花香把茶本身的香气、性格完全代替掉，或者像有些地方做的桂花茶一样，香气还是以茶自身的香气为主，桂花的香气只是辅助的、若有似无即可。不同的制茶思路会影响到茶坯的选择，乃至于窨花工艺的调整。

如果是第一种，以花香为主的做法，茶坯就要选择个性不甚鲜明的——滋味醇厚，没什么香气，整体风格钝钝的、笨笨的，像郭大侠刚出道那种状态、大智若愚的最好。这种茶的可塑性大，给什么就吸收什么，还经得起折腾。换句话说，茶坯本身不香，且对外来香气的吸附力强、还原度高，自然就不太存在外来香气和茶自身香气相互竞争的过程。但实际上，这种汤感醇厚又没什么个性的茶不太好找，就算找到了也未必适合再拿来加工、做花果茶。要拿来再加工的茶，往往不会选择顶级的好茶来做，所以茶坯到手后，必须先进行调整，大多是进烘箱，用相对比较高的温度先烘焙过，把茶坯自身的杂味、陈味、异味处理掉，也包括茶自身的香气。简单来说，就是一个把茶坯"归零"的过程。有些老师傅调整茶坯下手还挺重的，八九十度的温度一烘就是十几个小时，甚至一整天，要尽可能把茶原有的个性给去除掉，哪怕损失一些茶叶的内质也在所不惜，就看怎么取舍。以这种做法调整的茶坯，刚出来时是没什么香气的，还可能带有些许火气，喝起来暂时空空的，放一个月退火之后，茶汤的厚度可能会有所回升，但香气大多是回不来了，这样调整过的茶坯就有点像前面说的钝钝的、笨笨的那种感觉，然后就可以开始放心窨花了。

另一种是以花香为佐的做法，用花香辅助茶叶原来的香气，使之相辅相成，相得益彰。其实茶叶本身就自带芳香物质，有品种香，有工艺香，有品种结合工艺的香，很多元、很精彩。这么多的茶树品种，有些自带的香气就很迷人了，例如福建的水仙，即武夷岩茶的当家品种水仙，水仙茶种就自带花香，气质上比较接近兰花的那种幽雅的香气，称作"兰底水仙"。水仙种到了永春、漳平这一带，香气就更明显了，当然这个跟工艺也有关系。做得比较轻的香气高扬，当地人也说"兰香"，做青比较重的水仙则会偏向桂花香。卖武夷岩茶的常说"香不过肉桂，醇不过水仙"，好像水仙天生就没什么香气似的，实际上水仙若加工得当，香气是非常美好的。

此外，黄金桂也是著名的高香品种，它的名字听起来就有点像桂花。黄金桂发源在安溪虎邱镇的罗岩村，一般讲到"发源地"都会有个母树的概念，但如果到安溪罗岩去找黄金桂的母树，得到的答案是——黄金桂不是一棵母树，早期是一片母树群、母树园。那些"母树"的树干很粗，围径目测有五六十厘米，后来因为地方上整改的关系，现在只剩下五棵比较大的黄金桂母树被保留下来。黄金桂的特点就是高香，有"未尝先闻透天香"的美誉，如果采摘嫩一些、加工得当的话，还真会带有桂花的香气。后来的一些新品种如黄观音、金观音、黄玫瑰、金牡丹等，都有黄金桂的高香基因。

我们早几年做桂花乌龙，就是选用武夷山的水仙当茶坯，茶汤比较醇和。后来做了新的尝试，茶坯直接改用黄金桂来做。黄金桂本身就自带桂花香，再加上丹桂的加持，出来的桂花香还原度就更高了。回到我们前面提到的两个窨花的目的，一个是把茶的个性完全去除，用外来的香气如花香、果香填补上这个空缺，改造成另外一种风格的茶。另一种就是保留茶坯原来的个性，用外来的香气辅助茶坯的特性，使之更加彰显。用黄金桂来做桂花茶，采用的就是第二种思路，因为窨制桂花茶很难像做茉莉花一样七窨、八窨一气呵成，很多香气还是得借助茶自身的特性，达到里外相辅相成的效果。

桂花品种

在植物分类学上，桂花是木犀科木犀属植物的一个代表种。它也和茶树一样有很多品种，主要分四大品种群：四季桂品种群、银桂品种群、金桂品种群

浦城丹桂

和丹桂品种群。根据植物进化的规律和相关调查研究，四季桂是较为原始的桂花品种群，其次是银桂，再次是金桂，丹桂最晚，属于较进化的品种群。在唐代以前，中国栽培的桂花以花色较淡的银桂为主，宋代开始大量出现关于"黄色"桂花的描述，宋代后期开始出现橙黄、橙红色的丹桂。桂花是热带、亚热带起源的植物，故而较为原始的四季桂留存了其热带植物多季开花的特点，对昼夜温差的要求不高，而后来兴起的秋季开花的银桂、金桂、丹桂则对昼夜温差大和夜间低温有更高的要求，这也是它们适应亚热带气候环境进化的表现。[1]

做桂花乌龙的桂花品种，我偏好选用福建浦城的丹桂。浦城属于南平市，就在武夷山边上，离武夷山景区开车大概一个多小时，很方便。浦城号称"丹桂之乡"，浦城桂花也是中国地理标志产品，其周边的桂花产业算是比较成熟的。有专门做桂花树的，种了一大片丹桂林，有意愿种桂花的人可以到当地挑选，看中了哪棵谈好价钱就能挖走。除了丹桂苗木之外，还有桂花蜜、桂花糕之类的，相关产品还挺丰富。

做窨制工艺的桂花茶只能到当地做，浦城当地的新鲜桂花没有办法打包外送，如果路程一长、新鲜的桂花在包袱里待久了，出来的香气也没那么好了。那么，为什么非得要在浦城呢？秋天的桂花到处都有，它们不香吗？其实，只要是桂花都香。每年10月初我在安溪做铁观音秋茶时，茶山上的桂花都开了，连穿过桂花树而来的风都是香的。但是安溪种的桂花大部分都是乳白色的，当地人称为"年桂"。这种桂花单闻香气特别浓郁，甚至比丹桂都还香，很有迷惑性。但如果轻信桂花的香气，拿这种特别香的"年桂"来窨茶，可就得不偿失了。它的香气确实非常浓郁，但是跟茶放在一起，只经过一次的窨制，就会把茶搞得又涩又难喝，舌面上的涩基本把注意力给吸引了，压根儿让人忘却什么是桂花香。而丹桂就不同了，丹桂是甜味的，虽然香气没有那么浓郁，但也不失绵柔细致，总体偏甜香风格，跟茶也可以融合得比较紧密。

这也类似茉莉花茶，白兰花的香气比茉莉花浓郁得多，但100斤茶最多也就放3两白兰花。尽管许多喝茶人会批评白兰花的香气太过浓艳、不高雅，却也不排除有人就喜欢这类浓艳的香，直接挑战"白兰花不高雅"的审美品位。然而，如果实地参与过茉莉花茶的生产，就会发现白兰花涩口，下多了固然香，却会让茶变得难喝。相较于带有主观色彩的"不高雅"，实打实的"涩口"可能会更具说服力。所以，我们在做窨花茶，选材方面要考虑的除了香气，还有很多其他因素，追求的莫过于均衡、协调。

[1] 参见向其柏、刘玉莲《中国桂花品种图志》，第86—90页。

桂花树

"挨打"

其实，用桂花熏香的茶很多，可能桂花龙井还要更著名一些。桂花龙井一般采用杭州一带干燥的桂花熏制，将桂花干和龙井茶拌和在一起，使之共处一段时间后，再放入石灰缸子里"收灰"，让石灰吸收茶、花交融时产生的多余水分，避免茶叶产生劣变，出现令人不爽的杂味。严格来说，桂花龙井这类以花干制作的茶属于"拌花茶"，只要控制花干和茶叶的含水量在合理的范围里，让茶缓缓吸收花香，就能做出一泡品质不错的桂花龙井茶。而以新鲜桂花窨制的桂花乌龙，茶叶会经历"吸收水分—烘干—再吸收水分—再烘干"的过程，茶叶吸收鲜花水分的同时，也吸进花香，把香吃进骨子里。二者就如"玫瑰花茶"那一章讨论的一般，一个是"熏花"，一个是"窨花"，做出来的花茶风格还是有着较大的差异。

每到桂花季，经常看到朋友圈有人晒桂花茶制作，往往配上踩个椅子、踮着脚尖，很小心地采着一朵一朵小小的桂花的图片，看起来也挺风雅的。不过，如果说真的了解桂花的话，便知如此采花的大概还没有入门，或者说没有真正从事过桂花茶的规模化生产。其实，桂花不是用手采的。桂花本身就小，一朵一朵慢慢采，得采到什么时候？桂花是用打的，拿根长竹竿由下往上打，打着桂花树的枝干，树下铺块干净的布，竹竿一打，满树桂花如雨水般纷纷落下，整棵树上的桂花全落到预先铺好的布上面，接着把布带着桂花拉到一旁进行第一次的手工筛花。将连同桂花一起打下来的枝条、叶子先初步筛掉，就可以收花进厂了。

采花本来是很风雅的事情，怎么搞到用打了呢？太残暴了吧！打花看似残暴，实则满满的慈悲。浦城当地人说桂花是"丫鬟的身躯，小姐的命"，每年都得挨那么几回打，但是该打的时候打，不该打的时候又要小心伺候着。当我们拿着长竹竿打花的时候，正常的、健康的枝叶还是好好的长在树上，好像越打还越精神，反而是一些生病的枝条、不健康的叶子，还有一些桂花树上的害虫会跟着花掉下来，所以就必须在桂花园做一次初筛，确保桂花的纯净度。

第一次的筛花在桂花园里面进行。但是桂花小，一次的筛花是不够的。第一次用的是孔隙比较大的筛子，目的是把这些比较大的残枝弱叶给淘汰掉，桂花进厂以后要换孔隙比较小的筛子，筛掉比桂花还小的粉尘这类的杂物。一般还要筛三至四次，筛干净了之后才可以窨茶。窨茶的原理就跟茉莉花茶一样，在前文提过，这里就不再展开来说。

丹桂带雨

用丹桂窨茶跟茉莉花原理虽然一样，但也有些区别。其一，丹桂花茶不像茉莉花一样可以做七窨、八窨，一做就得做上三四十天。不是因为师傅偷懒不愿意做，而是丹桂的花期特别短，一年只开一次花，花期也就三天。其二，丹桂一般要天气初冷的时候才开，有时中秋节就开花，有时得等到10月中下旬才开花。而浦城当地的天气，10月天气转凉时还容易下雨。浦城的丹桂花开通常是带着雨水来的，被雨水打过的花，做个桂花蜜之类的产品还可以，但是要窨茶就有困难了。雨水花的水汽重，花的香气本就不足，如果把带着水汽的花放到茶里，茶吸收到更多的是水汽而不是花香，最后把茶也给弄坏了。

一般擅长做丹桂花茶的老师傅经验丰富，知道丹桂带雨的特性。有一年在浦城做桂花茶，负责操刀的刘师傅一看到天气阴阴的，有点风，就让工人赶紧去打花，有多少打多少，把第二窨需要的花都打下来备着。结果当天下午四五点就开始飘雨，雨一下便是整夜，隔天的花都成雨水花了。不过，我们在做桂花茶的时候，跟刘师傅总会产生一些路线之争。刘师傅当过国营茶厂的厂长，他本身的专业也是窨花茶，尤其是茉莉花茶。他既是做茶的人，也是喝茶的人，审美品位比较传统一些。像桂花茶这类的窨花茶，他就觉得要以茶香为主、花香为辅，带一点点花香就够了。跟他在商定工艺和成品样本的时候，他总觉得我们的桂花香气太浓了，做传统茶的老师傅受不了太浓的花香。然而，面对花茶的消费市场，最好是做到热水一冲，桂花香就像爆炸一样快速弥漫开来，恨不得多窨几次。可惜，丹桂带雨的特性实在是太过鲜明，很难像茉莉花茶一样做到反复多次窨制。

桂花跟茉莉花还有一个区别——茉莉花属于气质型的香花，而桂花是体质

桂花园初筛

型的香花。体质型的意思是花香在花瓣里面的，开花的时候香，烘干的时候香气还在。用茉莉这类气质型的香花窨茶，要能够精准计算花开的时间、通花的时间。而用桂花这类体质型香花窨茶，时间的掌握相对可以宽松一些，但是也需要定时通花，避免茶在窨制的过程中出现意外。也因为桂花是体质型香花，花瓣本身就带有香味，所以冲泡桂花茶时适度加入一些桂花干，喝起来桂花香也会更鲜明一些。

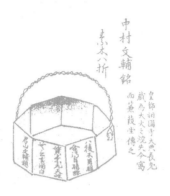

乌檀

24 安溪铁观音：勤劳，反而适得其反？

　　中国幅员辽阔，做秋茶的地方其实很多，但是名气最大的，估计还属安溪铁观音。安溪铁观音俗称"春水秋香"，即春天的茶汤内质比较丰富，而秋天的原料则香气会更有优势。在其他条件不变的前提下，安溪铁观音秋茶的价格还会比春茶略高一些，估计也是"春水秋香"这个名声使然。

　　按闽南地区的习俗，品质好的乌龙茶秋茶一般要到寒露时节、天气正式降温后才会开始采制。当然，这个时间节点并不是要卡死在寒露当天，还得根据每一年的具体状况，特别是寒露前后那几天的天气来定。此外，具体的茶园环境、茶园管理方式，包括茶园主人对茶的理解等也会有影响。一般来说，寒露之前的几天，亦即十一假期的时候，铁观音秋茶就开始采收了。

手工包揉

兰花香

铁观音的香气，当地人会说是"兰花香"。

到底什么是"兰花香"呢？有些人会说，兰花的品种那么多，香气各异，必得说清楚到底是哪个品种的兰花，否则就不科学。中国茶不是咖啡，没必要套用咖啡那套评价模式，恨不得每泡茶都拿个色卡、风味轮去比对。且不说茶叶的香气物质丰富到科学迄今还只探索了很小的一部分，茶香还会在冲泡和品饮的过程不断地变化，极难对标，就是真的对标上了，抓住的也不过是"形"而已。好的中国茶就像中国艺术一样，一旦走具体的、"形"的路线，在根本路径上就出了问题了。

一般来说，品茶里的"兰花香"，指的是中国传统的兰花，即兰科兰属（*Cymbidium*）的中国兰，或曰国兰的香气。中国兰下面有春兰、蕙兰、寒兰、建兰、墨兰等种，每个种下面又有许多小的品种。我们不必刻意对标"兰花香"到底是哪个具体的兰花品种，因为中国兰的香气自有其共性：那是清幽、深邃、袭远、沉静、绵长的花香，凑近闻可能不那么明显，但不经意之间又幽幽传来，满室飘香。一盆在室，感觉整个人都静下来了，屋子的气象都变得清澈、明净了。换句话说，"兰花香"说的是一种花香的风格、气质，而不是具体的味道。不是具体的味道就没必要过分拘泥小的品种，因为一种花总有共通的气质。

许多人倾向于把品茶中最高级的香气归于"兰花香"。的确如此，一款茶如果要出天然的兰花香，必须得有足够高的品质才行。像绿茶里的狮峰龙井、太平猴魁，乌龙茶里的武夷水仙、凤凰单丛芝兰香，乃至一些特定山头的福建白茶、普洱茶生茶，其上等品都可能带有天然的兰花香。兰花香可能不是茶叶唯一的高级香气，但一定是属于高级那档的。不过，这个"兰花香"必须得是天然的兰花香。否则，即使是用芬芳的中国兰窨花，让茶叶饱饱地吸足了兰花香，如果茶的底子不行的话，窨出来的兰花香也是徒有其表——它没有与"兰花香"相匹配的气质！换句话说，窨进去的兰花香不是茶叶从自身内部释放出来的花香，而是靠着已然离开母本（兰花）的香气在苟延残喘。这样的茶也许很香，也许也是清雅可人，做得好的同样不失为一泡好茶，然而，却难以持久绵长地保持清幽、深邃、袭远，具有兰花香气质的花香。

就我个人的实践经验而言，带有天然兰花香的铁观音并不多见，甚至可以说是极其少见。抛开那些名为"清香""兰花香"，实则是臭青味的不合格产品不论，多数铁观音的香气还是以花香、花果香、奶香、栀子花香、桂花香等风格为主。或者也会有复合型的香气，比如花香兼奶香等。其实，类似花香的芳香物质是茶树这一植物的鲜叶所自带的，是天然的香气。如果有机会到茶园考察，在茶园主人允许的情况下，不妨随手采摘几片比较嫩的叶子，可以手拿着，也可以放口袋里、放包里，大概一个小时左右就可以闻到茶叶的气味开始发生变化了。只要原料不是太差的话，茶叶浓浓的青味中会透出一点花香来，随着时间的拉长，花香也越来越浓。这种比较轻盈的花香是茶叶与生俱来的，不需要有太多的人为加工来干涉。

不过这类茶叶自带的花香，很多时候是比较表面，或者说比较浮的，往往难以经受住时间的考验。换句话说就是不稳定、容易被氧化掉。这时候就需要通过一定的加工手法，把茶叶自带的芳香物质进一步激发出来，并且封印在茶叶里头，这也是乌龙茶工艺的精髓所在。经过日光萎凋、凉青、摇青、静置等一系列的手法做出来的茶叶，茶青在漫长的制作过程中开始变化，慢慢地出现跟原叶花香不同的香气。后者虽然同样偏向花香，但这种花香是更加纯净、更加稳定的，是很结实地沉在茶汤里面的。而经过重手法做青出来的茶，茶汤的浓度也会大大提升，形成一种既丰富多变又带有穿透力的滋味感，茶汤的回味也更加持久绵长。这样的表现体现在正宗的铁观音品种上，就会有俗称的"观音韵"了。

观音韵

关于"观音韵"，茶学家张天福先生曾将之描述为一种有"物质基础"的安溪铁观音的品种香、工艺香、地域香完美融合的状态。此句看似语焉不详，实则中肯到位。如果尝试用特别具体的品饮感受来描述"观音韵"，恐怕容易引起误导。我曾经不止一次遇到过这样的情况：当我用自认为相对到位的语言来描述一款茶的美的时候，过不了多久，就会发现类似的语言被人真诚地用来形容一款极其普通，乃至各方面都很不到位的茶。

一般情况下，当我们用"韵"来描述一种事物的美的时候，所表达的是一种具有独特性、不可替代性的整体状态。一方面，这种美是独一无二的，只有在某个特定对象身上才有，在别处没办法有；另一方面，这种美带给人的是整体性的感受，一旦要拘泥于某个具体的细节，便可能盲人摸象，越走越远。在乌龙茶中，安溪铁观音有"观音韵"，武夷岩茶有"岩韵"，台湾高山茶有"高山韵"，凤凰单丛有"丛韵"。这个"韵"一定是只属于那款茶的代表性作品，而不是那款茶的所有作品都会有。更重要的是，别的茶无论多好，也都不可能有。

在中式审美的维度里面，"韵"本身就是一种比较高的境界，很难具体描述它就是什么，顶多说它比较像什么。但是"韵"又不是虚无缥缈的，要能达到韵的境界，肯定不能乱来。以书画来说，如果连笔、墨这些基本的东西都不过关的话，所体现出来的"气"大概是乱的，或者根本谈不上"气"，最后的作品自然称不上有"韵"了。茶亦然，如果基本的制作工艺都一塌糊涂，该做日光萎凋没做，或虽做却草草了事，或做青没做透，或焙火没焙透，又或者焙成一包炭，这类连基础工艺都不过关的茶，就没必要在审美的维度上面纠结，更不用说"韵"了。现在很多人喝岩茶动辄称"岩韵"，实际上能称得上有岩韵的茶少之又少。这一点在安溪还相对好一点，在安溪还比较少听见人开口闭口就"观音韵"的。要出观音韵的茶，不管是从原料、天气，到工艺，甚至是制茶师对茶的理解等，要求相当之高，不是那么容易的。

北安溪

安溪的铁观音产区可以分"内安溪"和"外安溪"，内安溪的品质相对更佳。内安溪还分"南线"和"北线"，或者说"南安溪"和"北安溪"。南安溪有西坪、虎邱、大坪、芦田、龙涓等乡镇，北安溪则是以感德、祥华、剑斗、长卿等几个乡镇为代表。北安溪的总体海拔要比南安溪来得高一些。在过去，南北两线的茶风格是很不一样的，可能是后来越来越市场化，茶的风格也有趋同的现象了。现在有种"安溪不分南北，只分内外"的论调，言下之意是只要是内安溪的茶都好，不分轩轾。这或许是出于产业发展的考量，然而若是考虑到实际情况，还是有些掩耳盗铃之嫌的。

关于内安溪的几个代表性乡镇，曾有人总结为"祥华的香、感德的水、西坪的韵"。

祥华乡大概是目前安溪铁观音产量最大的地方。从安溪县城出发，途经长卿进入祥华，会发现这一带的山开满了茶园，一路从山脚下往上开，一直开到山巅，都是清一色的茶园，不太能看得到相对比较高的其他树木。走进北安溪的茶园，真的让我感受到人类的渺小与伟大。从公路上看着层层叠叠的山峰，由近到远绵延不绝，真挺有气势的，不禁令人感叹人是如此之渺小；再抬头看这些山峰的景色，从山脚到山顶尽是茶园，尤其是这么宏大的画面里居然都只有茶树，清晰可见的大树寥寥无几，又让我觉得人是如此之伟大！试想，从山脚下开垦茶园开到山顶，哪怕是用最原始的方法一把火烧了，再种上茶树，而

北安溪祥华茶园

且要一行一行紧密种植，想想都是爆满的工作量！就算顺利开辟茶园了，在这么陡的山坡上种茶，背着肥料农药一步一步上山去喷，真真是把闽南人勤劳成性、爱拼才会赢的基因发挥到了极致。

　　所谓"祥华的香、感德的水"，祥华的铁观音最大特色就是"香"，香气特别高，茶汤是金黄偏蜜绿色的。祥华、感德这一带的茶发酵都偏轻，做青比起南安溪的西坪一带会保守很多，目的在于留下茶叶的鲜爽和花香。而感德做青多运用空调来辅助，青房内维持比较低的室温，以利精准控制茶青变化。感德茶最大的特点就是"白水"，市场上也叫"白水观音"，不像祥华的茶还带有些许红边、轻微发酵。感德的茶汤色浅，滋味水甜水甜的，鲜爽度比较高。可能是因为做青的方式更保守，茶汤带给人的感觉就像在喝比较好的水一样，汤色是挺清澈透亮的，带有香气，但是滋味又有点若有似无，入口即化，难以具体形容。

　　其实，我对种茶、做茶的态度是比较倾向于自然的。种茶要尊重自然，尽

采摘铁观音

可能地保留原生的林相，保留原始的生态循环，做茶也是尽可能顺应天时，尊重茶青的状态调整工序。就我个人的立场而言，比较欣赏不了所谓带有"人定胜天"开垦风格，或者说极致的科学化管理的茶园。并不是说这种茶园就一定出不了好茶，这类过度人工干预的茶园，同样可以通过精准加工做出不错的茶来，然而，香可以很香，茶汤的滋味也可以清甜，就是少了些自然环境所赋予的韵味。

2020年秋天，我抽空又走了趟北安溪的茶园。依然是满山满谷的茶树，但整片山的状态好像有些进步了。前些年去的时候真有点"一层黄土一层茶"的感觉，一望无际的层层叠叠的黄土和茶，茶园都是梯田，梯田上面除了茶树之外，连棵草都不怎么看得见，光秃秃的。那次重回祥华、感德一带的茶园考察，发现茶园梯田的梯壁开始留了点草，有的茶园茶树间还套种了黄花菜等其他植物，看起来好像恢复了点生机。安溪人这几年在改善茶园环境上的努力，还是很值得肯定的。

清香，浓香，陈香

北安溪的茶有可能是因为客观的山场环境、土壤结构等，较适合用轻发酵的工艺来做，侧重表现茶叶高扬的香气。而南安溪，尤其是西坪一带的茶，则更适合传统、偏重的发酵工艺。西坪的原料，在做青的时候下手重一点，虽然茶汤的鲜爽度不如祥华、感德这一带，但是浓度会有所提升。传统做法的西坪铁观音汤色多为金黄偏橙黄，带有些许收敛性，回甘比较持久，余韵也比较悠长。

市场上有些人会把重焙火、浓香型的铁观音当作传统工艺，而对清香型的铁观音不屑一顾。实际上，"清香"或"浓香"只不过是安溪铁观音的不同风味罢了，和是否传统并无必然的联系。以初制工艺来说，传统做青倾向自然做青，避免空调降温；摇青要摇四到五遍，努力把青做透；而揉捻采用包揉法，不用压茶机，也不摔红边。采用传统初制工艺做出的铁观音，即使后期没有进行焙火，也还属于"传统"的范围。但若是放弃了传统的初制工艺，即使焙了火，也不过是口味重一点的新工艺铁观音而已。我曾遇过"烟熏火燎"且青还没做透的浓香茶，也喝过香韵皆备的清香茶。清香或浓香孰优孰劣，难以定论。关键是要把青做透，把香做到茶叶的骨子里去，香、味融合，香、水合一，在茶好的基础上划分类型才有意义。

现在铁观音老茶也成了一个单独的品类，也有人称之为"陈香型"。不过，乌龙茶是否有存成老茶的价值？只要原料底子没问题，采用传统工艺制作，自然陈放，避免年年复焙，放老了的铁观音也可以喝，有的还很好喝。而且，并非一定要浓香型的茶才能放老，传统工艺的清香型铁观音放老同样也有不错的表现。2018年冬天，三联曾举办过一场安溪铁观音的专场茶会，品尝了十年、二十年、三十年、四十年陈的安溪铁观音。其中存放时间最久的一款茶大约是1978年制作的，就属于传统的清香型茶，也是自然陈放，没有复焙。该茶叶张完整，触感柔韧，除了颜色经岁月氧化而逐年加深之外，耐泡度、茶汤的活性尚不输新茶，茶气十足，韵味亦佳。

其实存老茶并不是新操作的商业概念，而是民俗习惯——老茶有药用价值。安溪当地有个土方子：姜片盐炒老铁治胃痛。胃不舒服时，用生姜片、盐巴和铁观音老茶下锅翻炒，加水熬成汤汁服下，可以缓解胃痛。千懿胃痛的时候我曾用过这个方法，只要姜、青盐、老茶的比例得当，确有疗效。出于好奇，我们还曾把这个方子里的老铁换成差不多年份的老岩茶，发现依然有效。

突变？

西坪南山是铁观音品种的发源地。关于铁观音发源的故事，现在通行的有两个版本：

观音托梦说： 清雍正元年（1723），茶农魏荫受到观音托梦的指引，在西坪尧阳松林头（今松岩村）的打石坑找到一株风格清奇的茶树，于是引种，以压条法种植。又因茶树培植于铁鼎之中，制作时用铁锅炒制，成茶清香异常，色泽如铁，故取名铁观音。

乾隆赐名说： 清乾隆元年（1736），西坪尧阳南岩（今南岩村）人王士让耕读于南山，发现一株特殊的茶树，遂移植培育，成茶气味芬芳。乾隆六年（1741），王士让携茶进京谒见礼部侍郎方苞（或曰方望溪）。方转献内廷，乾隆皇帝饮后觉得此茶甚好，形如观音重如铁，遂赐名铁观音。[1]

搁置关于这两则故事的可靠性的争论，我们暂且回归到历史上来看。据乾隆年间的《安溪县志》记载，在康熙五十七年到雍正元年（1718—1723）的五六年间，安溪的天气异常：

五十七年八月初二日：厉风淫雨，崩坏民居甚多。

五十九年正月：大雨雪。

六十年正月二十七八两日：积雪，四山皆白，三日方消。

雍正元年正月初六日：大雪，平地积深尺余，山头数日不化。[2]

---

[1] 1937年出版的《安溪茶业之调查》介绍铁观音品种时，只记录了观音托梦说，未提及乾隆赐名说。且书中将铁观音的发现时间定位在1887年前后（1937年的"五十年前"），与现在通行的说法不同。（第36页）

[2] 乾隆《安溪县志》，卷10。

安溪位处闽南地区，按常理来说是比较热的，冬天基本不会下雪。当时的《县志》也记载，说安溪"气候多燠"，"冬无冰雪，或不御绵"[1]，天气热，冬天有时候还不用穿棉衣。但是康熙五十九年到雍正元年（1720—1723）居然连续出现下大雪的寒冬，雍正元年正月更是厉害，低海拔的地区能够形成数尺深的积雪，高海拔山区更是积雪数日不化。于安溪而言，这简直冷到了顶点！在这种极端气候下能存活的野外生物，大概属于生命力极端旺盛的品种了。

如果换成现代的农业环境，茶树大多用扦插的方式"克隆"，成品固然性状稳定，却往往难以承受突如其来的极端气候或疾病。后来，物种的某些看似无用又善变（不稳定）的基因，在选育的过程中就被"和谐"掉了，以致性状趋同，如果再碰上极端环境的考验，它们面对生存危机的能力也趋同了。如同近些年热议的"香蕉灭绝危机"的话题一般，当植物的自我克隆高到一定程度时，一旦出现某种病菌或病变，通过相应的渠道感染，就容易出现大规模的毁灭性灾难，整个物种的灭绝甚至不再是天方夜谭。好在康熙、雍正那会儿的农业技术相对原始，茶树多以种子繁殖，能够借助生物本能来适应安溪那段冰封岁月。

很巧的是，"观音托梦"说就发生在雍正元年。先不讨论观音是否真的托梦了，铁观音这样的茶树，很有可能就是在如此反常、如此极端的气候条件下"突变"出来的。据说茶树被发现后，经过人为的培育、试制，第一次亮相是在雍正六年（1728），得名"铁观音"也刚好是在那一年。而雍正六年之后的五六年间，安溪再也没有下过大雪，这无疑又给铁观音的传承提供了很好的外部条件。

"验尸"

安溪本地的铁观音品种并不只有一种，常见的有紫芽和绿芽两类，它们的叶形也或多或少有些差异。而种在祥华一带海拔比较高、气温比较低的地区的

[1] 乾隆《安溪县志》，卷4。

铁观音茶树，其植物性状跟南边西坪一带的茶树也有些不同。这或许与植物为了适应不同的环境、自然诱发变异的本能有关。也有可能是不同地方的土壤、光照、水分等客观环境不同，对植株本身也带来不同的刺激，让植株产生一些特有的变化。除了同一品种在不同地方出现些许变异之外，同一株茶树上的叶子，同样会因日照等因素而长得不同，并不是同一棵树上出来的叶子都长得一模一样。

曾经有位喝茶的朋友，每喝完一泡茶总要很仔细地检查叶底，评论茶的优劣得失，我们私下里戏称这叫作"验尸"。实际上，"验尸"固然可以看出一些茶的信息，却往往是最末流的方法。品茶，最重要的还是从茶的香气、滋味、回味，乃至茶气、韵味来掌握它的特点。面对悬而不决的问题时，才会去仔细检查叶底。更多的时候，"验尸"不过是对于前面品鉴环节得出的结论的"验算"而已。然而，验算终究不能代替解题本身。除非是身经百战的老"法医"，不然随便验尸还真容易让人越来越糊涂。毕竟，叶底的状态未必能传达出茶的真实情况。况且产区的情况复杂，农业技术又是日新月异，如果只是就着叶底的特征来鉴茶找茶，基本上消费者想要什么样的，产区就能做出来什么样的。

某一次，这位仁兄喝茶之后，一如既往地开杯验尸。他一看叶底，便笃定地说："这茶不对，这茶不是单号茶，拼配了！"这句话一出口反而露了馅儿。为什么呢？从实际生产的角度来说，同一棵茶树长出不同形态的叶子并不稀奇，除非有特别的需要，否则不会专门挑出长相相同的叶子加工。铁观音也是这样，虽然是无性繁殖的茶树，同一枝条上也有偏圆的和偏长的叶子。自然造化奇妙得很，看得越多，摸得越多，就越尊重，越不敢言之凿凿。

压条，扦插

按照通行的说法，正宗的铁观音品种有"紫芽、歪尾、枝条斜生、背卷、双角质层"的特点：茶芽呈紫红色，嫩叶叶张暗红色，叶尾微歪；树姿披张，分枝稀疏斜生；叶片展开时微微向后翻，叶缘向背呈波状，叶脉明显，有如

西坪松林头魏家的铁观音母树

"肌肉男"的胸膛纹理；叶片肥厚，有双层角质层，一片叶子可以平行撕成两片。除此之外，观音托梦说魏荫的后代、铁观音制作技艺国家级非遗传承人魏月德老师会再加上两个描述——"圆叶、手指印"。"圆叶"比较好理解，即叶形椭圆，那么什么是"手指印"呢？"手指印"是指铁观音在叶子尾端的叶缘处会有两个对称的小波浪，像被手指捏过一样。或者用庄灿彰的话说，就是叶子平展时两缘会略向后翻。

铁观音是无性繁殖的品种，主要采用扦插、压条的方式克隆。现在茶树育苗大多用扦插法，而压条法比较古老，在西坪当地还有一些早年压条繁殖的茶树。魏月德老师有一个小的品种园，里面控制变量地对比了扦插和压条的铁观音茶树。同样的母本，用压条法繁殖的铁观音更容易出现纯正铁观音"圆叶、背卷"的特征，叶片也相对更肥厚。老魏很推崇压条法，他有个形象的比喻，说压条的铁观音是"喝母乳长大的孩子"。

我曾经连续五年手工试制扦插和压条的铁观音品种，做了不精准的对比。压条繁殖的茶树原料做起来感觉特别爽快，走水非常利落，很快就把茶

压条法繁殖的铁观音茶树芽叶

压条

的青味给脱掉了。第三次摇青之前，茶叶便散发出浓浓的栀子花香，整夜都是芬芳馥郁，沁人心脾，炒出来的茶也特别好。然而，差不多的天气，按照同样的做法，扦插的茶青表现就相对没有那么突出了……不过，压条法虽有诸多优点，奈何其繁殖系数偏低，现在已经没多少人愿意采用压条法来繁殖茶树了。

姑且不论茶树是扦插还是压条繁殖的，总体来说，南安溪西坪、虎邱这一线的茶内质比较丰富，生命力顽强，得用重手法把茶青的内含物质给激发出来。不过，重手法做茶是双刃剑，茶汤的浓度增加了，滋味厚重了，回甘迅猛了，但很可能鲜爽度和外香就没那么漂亮了。茶毕竟是用来喝的，还得看每个人的口感偏好。

崩盘，复苏

说起安溪的铁观音，用一句当地人可能不爱听的话来形容就是："眼看他起高楼，眼看他宴宾客，眼看他楼塌了。"约莫2000年前后，铁观音的市场红红火火，价格也是一路飙涨，成为名噪一时的高价茶。但是现在一讲起铁观音，好像会让人觉得挺卑微的，可能还是它在市场顶点的时候飘了，有点忘了自己是谁。工艺简化再简化，环境破坏再破坏，搞到后来市场崩盘、元气大伤，至今还没怎么缓过来。

我是非常反对为了种茶去大肆开垦、破坏原生植被地貌的，同样我也非常反对为了经济效益，在制作方面怎么简单怎么来。闽南人很勤奋，在铁观音效益好的时候大肆开山种茶，结果把生态给破坏了。安溪人在做茶方面也很厉害，貌似天生就有做茶的基因。虽然现在市场上的铁观音大部分品质仍旧差强人意，刺激性强、对肠胃也不甚友好，但依然不能否认安溪人做青的技术，更不能否认安溪铁观音中真正的好作品。

也许是因为那一段时间市场上喜欢香气飘飘、茶汤寡淡风格的茶，"市有所好，商必从之"，为了迎合市场，"消青"一路的工艺就出来了。消青茶确实是挺香的，给人的第一印象也挺好，就是这类茶喝着喝着，就会发现两年、三年以后，好像开始喝不动它了。不只喝不动它，几乎所有的茶都招架不住了。消青茶的做青不足，如果原料再差一些、自带的刺激性强，喝多了自然造成身体负担。从我个人的角度来看，消青路数的茶，基本是逆着制茶工艺的精神来做的。怎么说呢？我们前面有聊过，所有的制茶工艺都有一个共通的目的，不管是摊晾、做青、杀青、揉捻、焙火，还是后期陈化，都是在满足好喝的前提下把茶叶的刺激性物质给做掉。只有把刺激性物质消解掉，人喝着舒服了，才会长久。

不过话又说回来，安溪人的乌龙茶做青技术确实挺厉害。我们可以检讨他们做青没做透，做出来的香都飘飘的，也许是因为市场的诱导，也许是因为飘香茶对原料的要求相对宽松，也许是因为大师赛、斗茶赛的评审偏好，当然，也不排除是因为很多外地茶混充了安溪茶，安溪人背了黑锅。总之，可以有很多很多的理由，也可以理解。但是抛开这些诡谲的发展路线，会发现安溪人其实是知道传统工艺是怎么做的，只是现在基于各种考量不做了而已。再看看武夷山，现在很多做青做得比较好的岩茶，貌似会带有一些安溪传统制法的影子：做青的手法重而透，偏重香气的表现力。尽管人们会说"工艺不分南北，殊途同归"，但是从风格上仍然可以读出个中差异，从制茶器具上也能窥见一些玄机。安溪人做青是高手，而焙火的功夫——不管是轻焙或重焙，兴许飘香型风格的茶甚嚣日久，与闽北的武夷山差距就比较大了。

当然，正如我们在凤凰单丛那章提到的，哪个产区都不要笑话安溪。安溪铁观音蜚声世界的时候，很多产区还不知道破坏生态、改变工艺、迎合市场为何物呢。现在安溪铁观音的确处于低谷期，但不代表它将永远处于低谷。毕竟它还有生态良好的山场，它的传统工艺并未丢失，而它的代表性好产品——真正好的安溪铁观音——其核心竞争力仍不容小觑。

拾
捌

霜
降

10月23日前后霜降。

霜降："气肃而凝，露结为霜矣。"

霜降是秋天的最后一个节气，也是秋冬气候的转折点。"寒露不算冷，霜降变了天"，到了霜降，北方的大部分地区开始迅速降温，冬意渐渐地浓了。

霜降之后，大多数茶区已不再采制茶叶，只有一些纬度比较低的地方会有霜降茶，甚至冬茶。不过，虽然节气到了霜降，但以多数地方的气温而言，还远远没有到降霜的时候。

下霜之后的茶叶还能吃吗？《本草纲目拾遗》曾经记载过"经霜老茶叶"：将一两经过霜冻的老茶叶磨成粉、五钱生明矾研为细末，做成水法丸，再将药丸放在朱砂里滚上颜色，每服三钱。据说，用热水送服此丸，可以治疗羊癫疯，仅需三服便可痊愈。

当代还有霜冻茶，就是在冬天最冷、下霜的时候，采摘被霜打过的茶树上的鲜叶制茶。就我接触过的而言，有制成红茶的，有制成乌龙茶的，有来自印度的，有产于贵州的，也有台湾的。它们有一个共通的味道，大约是像生搓带霜的菜叶子所散发出来的菜味。不知道古书中的"经霜老茶叶"有几分相像。

其实，冬天是茶树休眠的季节。若不是为了入药的话，或许顺应自然、让茶树好好休息，是合适的选择。

拾玖

立冬

11月7日或8日立冬。

"立，建始也。冬，终也，万物收藏也。"

立冬象征冬天的开始。除了少数极端情况，绝大部分地区的茶树都进入了休息的时节。冬天气温低，茶树容易遭受冻害，有些地方会在茶园搭建塑料大棚增温、控温，这样也有利于取得早生产、高收益的效果。

然而，任何事情都是一体两面，大棚保护了茶树，同时也保护了害虫。曾听一位研究茶树病虫害的专家分享，每到早春撤下大棚

塑料膜的时候，棚里的虫子都"乌压压地"一股脑跑了出来。茶树在顺利越冬的同时，虫儿们也稳稳地度过了一个温暖的冬天，大棚茶园的病虫害问题就这样相伴而生。

冬天冷，自有冷的道理。

小爐

高四寸五分口径二寸五分许

钣冶封為製

25

冻顶乌龙：困在岛内的世界名茶

从早春惊蛰的四川茶开始，一直到立冬，一整年的茶大概也忙得差不多了。寒露的安溪铁观音还算秋茶，寒露前后的闽南地区才刚开始冷，还有茶可以采，一过了寒露，大部分的茶区温度就越来越低了，茶树在采完秋茶之后，也渐渐要进入休养期，往后一般也不会再采茶、做茶了。安溪铁观音的"春水秋香"深入人心，很多喝茶的人会认为秋茶天生就比较香。这个观念也可以放到普洱茶，普洱茶秋茶也叫作"谷花茶"，也有很多人说谷花茶的香气要比春茶来得好。然而，秋茶的香气是不错，好做、有特色，但就内质而言，总体来说还是春茶的内质更强一些。

冬　韵

"春水秋香"的概念放到台湾茶好像就有点行不通了。

如果你喜欢茶的香气，在台湾买茶想要买比较香的，到茶行一坐下来就说："老板，有没有秋茶？我喜欢香的秋茶。"要是运气不好，可能让老板一愣，然后皮笑肉不笑地告诉你："啊！对对对，秋茶比较香。"然后你可能就成为待宰的羔羊了……喝台湾乌龙茶，一般来说夏茶最差，其次是秋茶，这里的秋茶指的是中低海拔的秋茶，因为海拔太高的地方很少有冬茶，温度太低，茶树也长不上来，而品质最好的是春茶和冬茶。台湾的春茶和冬茶风格不太一样，评价也见仁见智，有些人认为春茶的香气好，也有人站队冬茶，认为冬茶的韵味比较足。一般来说，春茶的产量高，冬茶的产量大概只有春茶的三分之一到四分之一，量少，价格也自然会高一些。

为什么在台湾不讲秋茶呢？台湾是海岛型气候，昼夜温差相对不太大，更极端地说是四季如夏。有一年我农历年是在台湾南部过的，印象很深刻，大年初三白天的温度还有27℃，太热了。当然，这里指的是在沿海的平原城市，但台湾就这么点地方，就算放到中低海拔的山里，温度也不至于太低，这就对茶树的生长周期有相当程度的影响了。台湾的寒露、差不多10月初，整体气温都还高，一般要过了10月才会感到有一丝丝凉意。换句话说，就是闽南地区，或者说安溪、永春这一带寒露时节的气候状况，放到台湾差不多得再推迟一个月，也就是立冬前后了。

到了立冬前后，还有知名度比较高的茶吗？前面铺垫了这么多，这款茶肯定要落在台湾了，而且海拔还不能太高——它就是冻顶乌龙。在众台湾茶品类当中，冻顶乌龙算是比较独特且有代表性的。记忆中的冻顶乌龙，干茶是鳝黄色的半球形，冲泡之后是橙黄透亮的汤色，有着果胶质、厚实又不失劲道的汤感，以及富有层次的喉韵。茶汤入口不久，随即散出满鼻腔的花香果味，含蓄又极具存在感的气息渗透着口鼻，为人带来舒爽而酣畅的愉悦感。

我的祖父很喜欢喝冻顶乌龙，他遗留下来不少早年的宜兴紫砂壶。其中有一把绿凹肩因为常年泡冻顶乌龙，已经变成了近乎黑色。我曾经尝试"还原"那把壶，颜色是恢复到了原初的绿色，而茶壶的味道却没怎么变，依然泡什么茶都是一股"冻顶味"。只可惜，当年我祖父喜欢的那种风格的冻顶乌龙现在已经不容易碰到了。

南投竹山八卦茶园（何信逸供图）

冻　顶

很多人一听到"冻顶"，就感觉很冷很冷、海拔很高很高，甚至有些教茶的老师直接把"冻顶"两个字翻译成"长年冰冻的山顶"。大概是台湾的高山茶有名，所以冻顶这个名字自然很容易让人想当然地理解成"冰冻的山顶"吧。实际上，冻顶是指"冻顶山"或者"冻顶坪"，也有人说是"冻顶巷"，属于台湾中部中海拔的茶区。根据通行的说法，冻顶乌龙茶树早期种植于南投县鹿谷乡彰雅村冻顶巷旁的冻顶坪，而最早种植的区域可能涵盖彰雅、永隆、凤凰三个村，茶园海拔总体不超过800米，山间常有云雾缭绕。不过，才800米不到的海拔，纬度又这么低，没事肯定不会下雪结冰，比起大多数的茶产区，也算温暖许多了。

台湾茶的代表品种青心乌龙

　　冻顶乌龙茶的制作工艺源自安溪，属于半球形包种茶。据徐祥英先生的说法，台湾半球形包种茶的制作技艺来自安溪的王泰友、王德两位先生，他们以安溪铁观音的布巾包法结合条形包种制法而成的布球茶制作技术，于1941年至冻顶传授生产。随着冻顶乌龙声名远播，茶叶行情水涨船高，鹿谷乡其他村子的村民也纷纷舍弃原有作物改行从茶，故冻顶茶的产区又往外扩张了不少。当然，现在的冻顶乌龙茶产区还要更广一些，已然超出鹿谷乡的范围许多，甚至不乏生产者收购高山茶区水路细腻、苦涩感低的优质茶青来制作冻顶乌龙茶的。

　　过去，台湾茶总给人一种神秘的感觉，可能是去趟台湾不容易，就算真到了台湾，也是云里雾里的不知道茶园在哪里、该怎么去，自然而然地就对台湾茶有着诸多的想象，可谓是距离产生美。其实台湾这块土地的开发史并不长，真正种茶的历史就更短了。关于冻顶乌龙的起源，一般认为在清咸丰五年（1855）。那一年，鹿谷人林凤池赴福州应试中举，从武夷山带回36株青心乌龙的茶苗，其中12株由林三显在麒麟潭旁、长年受到岚雾润泽的山麓上（冻顶山）繁殖成园，是为今日名茶冻顶乌龙的鼻祖。而冻顶茶开始崭露头角的时间，大概是1951年南投县政府推广制茶产业并举办竞赛，当后续六届的头奖都落在了彰雅村冻顶巷之后，冻顶巷声名远播，鹿谷乡茶才统称为冻顶茶。

1855年是什么概念呢？鸦片战争都打完十几年了，那会儿正是太平天国气焰正炽的时候。1857年英法联军入侵中国，三年之后圆明园被烧，清朝已经进入了风雨飘摇的倒数时刻。而这时候台湾的茶产业才刚要起步，青心乌龙才刚从武夷山移植到台湾。当然，也有另一种说法，认为台湾南投鹿谷这一带种茶的历史应该更早，从乾隆甚至是康熙的时候就有，这种说法就像是政和白茶源自宋徽宗一样，姑且听之就好。即使当地早有茶树生长，只要还未形成独特的采制工艺、产生代表性的名茶，便好比早期云南茶"出银生城界诸山"一般，不过是以普通食物而存在，算不得真正的、历史文化意义上的"茶"。总体来说，台湾茶，或者更具体地说冻顶乌龙茶，是有名不假，但历史并不悠久，积淀也不能算太深厚。

工业化农产品

其实，茶叶的口味跟当地的历史或者文化的积淀没有必然的联系。冻顶乌龙是挺好喝，如果要说它是台湾的历史名茶，应该是说得过去的。但如果把冻顶乌龙放到中华茶史里面来看，那简直就是黄河里面的一粒沙，不那么重要，也没有什么关键性的影响。

像冻顶乌龙这类的茶能够做得好，应该是跟台湾的整体社会氛围有关。一方面，很多人认为台湾被日本殖民统治了五十年，日本人做事有板有眼的，尤其是工业生产方面，对很多的细节也是极尽苛求。也许是这种敬业的态度给台湾的许多行业发展打下基础，总希望能够做到标准化，或者是通过标准作业程序的规范来避免误差。另一方面，台湾的科研单位，如茶叶改良场等，除了品种改良之外，也给台湾的茶叶生产制定出一套规范的加工指导流程，很多生产方面的工作去繁从简，按照指导流程操作就没错了。当然，大陆的科研单位也一直在做类似的工作，只不过大陆茶行业的从业者似乎没有台湾的那么愿意接受指导，这一点在前面"安徽绿茶"的部分曾经探讨过。

再回到台湾。举例来说，台湾茶的采工是很好的，采摘标准很一致，说了一芽三叶就一芽三叶，从不拖泥带水。不是只有采摘，加工流程也相对严谨。

可以补光、控温控湿的日光萎凋房

像我在福建一带做乌龙茶，大致还是比较灵活的。我们做茶讲究一个"看"字，"看"说白了就是感受，用眼睛看，用鼻子闻，用手触摸，用皮肤、用身体来感受茶青和客观的温度湿度等因素的变化，随时调整做茶的工序。当然，在感受之外，现在也会通过温湿度计来辅助。但做青、摇青的时间、杀青的时机等仍旧比较弹性，可以允许些许的误差。

然而，到台湾做茶就未必是这样了。台湾人做茶会比较讲究规范，每一个水筛晾多少斤茶青，一定先过秤再上筛，每一次摇青投多少斤茶青、摇多久，到杀青的时候每一锅投多少量，也统一并筛完成后再进滚筒炒。包括每一锅固定炒多长时间，这些都是定时定量、按部就班操作的。我看台湾有些年轻的师傅炒茶，茶青预先称好重量，锅温到了往锅里投茶青，开始计时，时间到了就出锅，中间不太需要再去理会茶叶在锅里的状态，不像我们炒茶还不时要伸手进去测温度、抓茶叶、闻香气。我在福建做茶反而不太会去称重、不会定时定量，很多时候大差不差、状态到了就行。用政治学的术语来说，台湾人做茶"制度化"的痕迹比较明显，制度定下来了、流程确认了，人照着做就行了，不管是谁来做都不会偏差太多。

问题来了，之前我们在"永春佛手"那章探讨茶叶加工的时候，不是聊过刻舟求剑的状况吗？剑掉进水里了，剑在下沉、船在移动，两个主体同时在产生变化，还有水流、暗流等等的变量存在。如果不考虑这些不确定因素，只是单纯按照标准作业程序来做茶，可以做得好吗？或许可以这样来理解——有个指导程序依循总是比瞎做好，虽然茶不一定能做到非常好，但也不至于太差，对于工业化的农产品而言也够了。为什么用"工业化农产品"来形容现在的台湾茶呢？如果接触到足够多的台湾茶样本，会发现现在的台湾乌龙茶，不管是哪个产区的，不管是多少海拔的，也不用管什么品种，除非少数非常好的，否则喝起来好像都差不多。是带有花香没错，茶水也甜甜的，但就没有什么太深沉的韵味，风格千篇一律，这是现在大部分台湾乌龙茶的通病。

"反工业化"思维

"工业化农产品"式的作业就对冻顶乌龙的品质影响很大了。传统的冻顶乌龙与国内的大多数乌龙茶一样，它的工艺关键在于诱发酶促反应，也就是通行说法的"发酵"，或者说多酚类物质的氧化。换句话说，不同的茶树品种，种在不同地区，受到不同风土的影响之后，通过半发酵的乌龙茶工艺做成专属于当地的风味，这才是乌龙茶品质的关键所在。而半发酵的工艺是怎么做呢？主要还是在日光萎凋、室内萎凋之后，通过摇青、静置的组合，也就是做青环节，再加上客观的自然条件，例如温度、湿度、气压等，才能做成一泡好的传统乌龙茶。茶青是活的，自然条件也是会变化的，很多时候就需要依靠制茶师的经验判断才能做出好茶，而非恪守标准作业程序或者茶叶加工指导流程。但是，在科学化、标准化思维的影响下，用经验、凭感知做茶反而容易被认为不靠谱，最直接的质疑就是"那只是一种感觉"。

当然，如果做一次茶，要制茶师在青房里头一直守着，调动全身的感知能力来感受各种变化，随时准备见招拆招，确实也挺难为人的。关键是茶的价格又不高，自然而然地让很多年轻人不愿意干，毕竟投资报酬率太低了。反而是按照标准作业程序来操作，出来的茶未必不好，人也轻松得多。所以冻顶乌龙发展到后来，它所独有的韵味就不见了，茶的发酵度越来越轻。而冻顶乌龙

台式揉捻机

又是中海拔的茶，本来就不具备高海拔茶的原料优势，高海拔茶因为年均温度低、日夜温差大，又有云雾缭绕漫射光的环境，茶青自带的苦、涩、刺激性自然弱一些，大可不必过于倚仗工艺的介入。但中海拔的冻顶乌龙就不一样了，海拔低、年均温度偏高，茶青自带的刺激性也高，就更需要通过传统的做青工艺来促进茶叶多酚类物质更大程度的转化，做出更丰富的香气滋味来。

名利诱之

大约是1975年之后，台湾茶开始出口转内销。当时的农政单位很积极地辅导台湾的茶产业转型，用了很多方法，例如技术辅导、举办比赛等，把台湾乌龙茶一步一步地推上工业化农产品的发展方向。

技术辅导、举办比赛不好吗？武夷山天心村每年都有斗茶赛，安溪铁观音、祁门红茶，乃至东方美人都举办斗茶赛。看着这么多的斗茶赛，我是感到忧喜参半啊！我们看台湾茶的发展历程便能总结其中得失。前文提过安溪，说安溪过度开垦、抛弃传统工艺等的问题，将之理解成是它的发展太快了，很多地方才刚开始破坏，它已经破坏一轮回来并开始反思补救了。其实台湾的茶行业发展比安溪还快。大家现在对台湾茶的印象不错，觉得加工精细，关键是食品安全有保障，实际上，这也是破坏了一大圈又回来的结果了。没有生过大病，又怎么能够深刻地感受到养生保健的重要性呢？

举办斗茶赛、茶王赛，看起来对产业有着积极的促进作用。重赏之下必有勇夫，鼓励匠人们好好做茶，好好琢磨工艺，努力做出好茶，做出来的茶得奖了，那便是名利双收。得一年大奖，往后的茶就不愁卖了，直接奔向小康生活。然而，这是表层可见的，再往深层次挖掘呢？其实办比赛是统一地茶叶风格，包括加工工艺、种植方式等的最佳方案。要参赛、想得奖，就得按制定好的游戏规则来。

权　威

那么，游戏规则谁来定、怎么定？当时台湾的比赛审评单位就做了一个决定，他们认为冻顶乌龙的品质特征与安溪铁观音太接近了，特色不足，要改头换面走自己的路！那时的铁观音还是比较传统，不像现在大多数飘飘的。比赛的结果就是传统做法的茶统统落马，得大奖的清一色是清香茶，市场也跟着操作一波，开始教育消费者喝茶要喝清香的才好。然而，赛事的发展似乎没有为冻顶乌龙带来更长远的前景，反而在评审喜好的引导、市场流行的冲击之下，愿意以传统工艺制作冻顶茶的师傅越来越少了。不过十年光景，冻顶乌龙茶的传统口味日益难寻，茶人前辈开始反思审评竞赛的得失，转而从赛场之外找寻传统冻顶茶的风味。也有茶人提出"红水乌龙"的新名号，用以区隔清香化的冻顶乌龙茶。然而，回头找补不是那么容易的。台湾到现在还是这样，茶贩子上山收茶，一看到汤色偏红、发酵比较足的茶就不要。茶叶卖不掉，自然就没人愿意做，时间一长也没人会做了。

现在南投鹿谷乡农会举办的乌龙茶比赛，大概是台湾目前比较有指标性的赛事之一，评出来的茶一般会焙火。我有大概几年的时间没有接触鹿谷的比赛茶了，不过按我残存的记忆来看，很多得奖茶的问题还是在于做青。做青不足又上高火，出来的茶不能说不好，就总觉得缺了些底蕴。当然，比赛获奖的茶肯定也有好的，只是在发展趋势方面不太乐观罢了。

有一年我在福建做茶，跟福建一家茶企的师傅聊天，得知他们当地也办斗茶赛，经常请一些名气比较大的专家学者来当评审。这些专家学者一来便问：

"你们是要按照专业的评呢？还是按照市场来评呢？"如此不负责任的言论简直令人汗颜！市场的喜好不就是这些专家学者在斗茶赛的审评台上所引导出来的吗？现在国内的斗茶赛，看来看去都那么几张脸孔，选出来的茶风格也都差不多，这跟台湾茶比赛的发展路径是基本吻合的。只不过，好在大陆的市场比较大，针对各种风格的茶包容性也是比较强的，得奖茶未必真的有那么大的影响力。如果真的像台湾这样发展下去，或许有一天，中华茶叶千姿百态的风味真的就慢慢都被阉割掉，到最后只剩下几张网红脸了。

是非之辨

大部分台湾人喝茶，比较在意的是香气和绵软的口感，对回味、韵味，或者是茶汤的醇厚感、冲击力等其他方面的表现，似乎就相对没有那么关注了，

采茶归去

甚至有些人几乎体会不来。这或许跟台湾茶的生长环境，以及持续三四十年的工艺变革有关——风格越来越小清新，审美越来越偏向轻薄，底蕴也略显不足。这反映到冻顶乌龙，或者鹿谷这一带偏向发酵路子的乌龙茶的发展历程来看，原本应该是以韵味见长的茶，却在小清新的社会氛围里走向香气稚秀，再结合一些稍带文化色彩的故事性论述，把已经失去韵味的茶再重新包装，推向市场。

也许是因为文化的自信，造就了台湾人讲故事的能力，慢慢地，便有人开始倾向用"文化"来填充茶叶底蕴不足的缺陷。跟台湾朋友喝茶，也经常听到一些似是而非的说法，例如："一款茶喝五道就够了，要在茶最美好的时候戛然而止，把最美的瞬间留在你我心中。"实际上可能是茶的内质不足、欠底蕴，香气滋味到了第六泡就开始出现断崖式的下降。又或者套用日本人的"一期一会"，说所有的茶都是因缘聚合，每一次品茶都是一辈子只有一次的际遇，要怀着"难得一面，世当珍惜"的心情来诚心对待每一泡茶，包括包容每一泡茶的缺点。好像被这么一说，品茶者瞬间失去了道德高地，再怎么难喝的茶都得一口闷下去，再怎么可能造成身体负担的茶都得承受下来，不接受就是不道德、不宽容、不珍惜。

钱穆先生曾在给余英时的信中说："窃谓治学，门户之见不可有，而异同是非之辨则不能无。"[1] 放到品茶上也是如此：茶好就是好，有问题就是有问题，喝了刺激性强的茶伤身体，就是伤身体。我可以说这款茶不算满意，但为了不浪费，我喝下去，前提是我对这泡茶的评价自己是清楚的，是理性的，不会因为某些故事或道德绑架，就模糊掉关于一款茶好不好、刺不刺激、会不会伤身体的基本判断，这就是"异同是非之辨"。

尊重自然

这是《岁时茶山记》正文最后一节的内容了，虽然是以冻顶乌龙为题，但实际上是全文的结束语。综观整本书，我和千懿讨论了那么多，其实核心的思

---

[1]　钱穆《钱宾四先生论学书简：1966年11月17日》，载余英时《余英时文集（第5卷）：现代学人与学术》，第61页。

想只有一个——尊重自然。尊重自然的维度很多，从茶地开垦、茶树种植、茶园管理，到茶叶的采摘、制作，到喝茶的状态都应该在一个尊重自然、寻求永续的前提下进行。茶圣陆羽在权贵面前的表现不及常伯熊，然而陆羽活到了七十余岁，常伯熊晚年却患上风症、喝不动茶，还不敢劝人多饮茶，这其实也是不能永续。真正的好茶，一定首先是健康、可持续的，而健康、可持续的茶，也基本都是尊重自然的。

这又令我不禁想到两位皇帝，一位是大家很熟悉的宋徽宗，另一位是唐朝的唐文宗。前面的章节也提过，宋徽宗时候的贡茶，最早的在冬至就做好进贡了。一般来说，茶树发芽要在春天，可能是因为皇帝喜欢，于是地方上的种茶人就用硫黄等来增温给茶树催芽，所以宋徽宗在冬至的时候就能喝到所谓的"春茶"。尽管从文献上我们没有看到宋徽宗很满意、夸耀冬至茶的记载，但是从蔡京的儿子蔡绦等人的记录，不难看出他们是在反思这件事情的。

同样的事情也发生在唐文宗的时候。史载，唐代中晚期，"吴、蜀贡新茶，皆于冬中作法为之"。正常的茶树春天才发芽，然而人们冬天就开始忙活修贡的事情、就能做出"新茶"来了。直到大和七年（833），唐文宗正式下诏"宜于立春后造"[1]，严令禁止地方上这么操作，原因就是"逆其物性"，违反自然。当然，唐文宗是历史评价比较好的一位皇帝，是宋徽宗所望尘莫及的。举这个例子，大家不妨也反思一下，现在做茶叶生意的人，或者某些台面上的专家学者、政府官员在做的事情，他们在引导市场、教育消费者的时候，是比较偏向唐文宗还是宋徽宗？

其实，"自然"对于造就一款好茶来说是相当重要的，是充分必要条件。只有具备了对自然的敬畏，同时把喝茶的人当作真正的人，而不是一个个符号或者一些数字，才有可能做出真正的好茶来。

"无由持一盌，寄与爱茶人"[2]，很多时候，一泡实在的好茶胜过千言万语。

[1] 刘昫等《旧唐书》，卷17下。
[2] 白居易《山泉煎茶有怀》，载《白氏文集》，卷20。

廿

小雪

11 月 22 日或 23 日小雪。

小雪: "雨下而为寒气所薄,故凝而为雪。小者,未盛之辞。"

如果立冬还感受不到冷,小雪就真的开始冷了。其实,小雪虽然叫小雪,但对于江南地区而言,还没有到下雪的时候,下雪一般要等到大雪。《群芳谱》就曾经这么形容: "小雪,气寒而将雪矣,地寒未甚,而雪未大矣。"

立冬还有台湾的冻顶乌龙,到了小雪,一年的制茶工作基本就算是结束了。不过,制茶工作虽然结束了,茶山工作却未结束,茶事更是不能结束。当代,小雪前后繁盛的茶事活动,大约是武夷山

天心村的斗茶赛了。到了小雪时节，最精工细作的岩茶也基本完成焙火了，恰是各家检验一年的成果、比试一番的时节。福建人斗茶，从五代、北宋一直斗到当代。若你去挤过一次斗茶赛，就会觉得刘松年《斗茶图》《茗园赌市图》简直太斯文了，而张择端《清明上河图》也太冷清了。

斗茶赛热闹，也闹腾，可能未必适合喜欢安静的朋友。倘若既不想凑热闹，又不愿独自闷在家里喝茶，或许可以学学明代的高濂："两山种茶颇蕃，仲冬发花，若月笼万树。每每入山，寻茶胜处，对花默共色笑，忽生一种幽香，深可人意。"

茶叶甘香，往往让人忽略了茶花芳美。实际上，茶花之美，也如别的花卉一般，值得专门赏鉴。高濂将"山头玩赏茗花"列入冬日必打卡项目，观罢还会"归折数枝"。洁白的茶花，选取一两枝姿态优美、含苞待放的来插瓶，"颗颗俱开，足可一月清玩"，好不快活。

廿壹

大雪

12月6日或7日大雪。

大雪："大者，盛也，至此而雪盛矣。"

大雪的茶事自然离不开雪。除了"山头玩赏茗花"，"扫雪烹茶玩画"也是高濂的冬日必打卡项目。古人认为，用雪水烹茶可以让茶味更加清冽，并称之曰"半天河水"。高濂形容曰："不受尘垢，幽人啜此，足以破寒。"如果在这个时候，边喝着雪水烹的茶，边展开古人画轴，如《风雪归人》《江天雪棹》《溪山雪竹》《关山雪运》等，特别是真假对参，以观古人模拟笔趣，几乎引发悟道的遐思。

其实，相比于明代，宋人似乎更喜欢雪水烹茶的意境。大约是宋茶尚白，白色的茶配白色的雪，更显意趣吧。比如陶谷、苏东

坡，他们曾以"雪水烹团茶"；又如张镃，他会在十一月仲冬"绘幅楼削雪煎茶"，并以此为赏心乐事；再比如《梦粱录》，有十二月诗人才子"以腊雪煎茶，吟诗咏曲，更唱迭和"之句。甚至连《开元天宝遗事》里面也有逸人王休"每至冬时，取溪冰敲其精莹者煮建茗，共宾客饮之"的记载。唐代福建茶尚未成名，此"煮建茗"可是满满的五代、两宋痕迹啊！

我和重穆也曾尝试过这番古人的意趣。奈何现在气候变暖，南方冬雪不盛。有一年冬天去美国黄石公园，气温大约在−20摄氏度，积雪足有一两米厚。重穆取积雪中段的雪水烹茶，效果却不甚理想。大约是黄石的水不适合中国茶，连着试了几款，泡起来都有点压香，不及纯净水甘芳。

张又新《煎茶水记》将雪水排在了20名，并附注"用雪不可太冷"。其实，雪水在古代本就是一味药材，而且医家分得很清楚，谓："春雪有虫，水亦便败，所以不收之。"入药的雪水正是要取用隆冬的腊雪水、张又新所谓"太冷"者。文献记载，将腊雪水密封阴处，十年不坏，可以清热解毒，若以之煎茶煮粥，则可解热止渴。

希望气候不要持续变暖，环境也会越来越好，让我们的冬天都可以无顾忌地享受雪水烹茶的乐趣。

冬
至

12月21日或22日冬至。

冬至："冬，终也，万物收藏也。至，极也。终藏之气，至此而极也。"

冬至是一年之中夜最长的日子。讲到冬至茶事，就不得不提宋徽宗。宋代人喝茶赶早，这一点被徽宗发挥到了极致。下面的人为了迎合他，在冬至就做出了"新茶"："或以小株用硫黄之类发于荫中，或以茶子浸使生芽。十胯中八分旧者，止微取新香之气而已。"

这种靠着人工催熟茶树和新旧茶叶混杂所达到的"新"，大约

不过是皇帝的新装。靖康元年（1126），金兵南下，宋钦宗即位，权臣蔡京被贬岭南，后客死潭州，蔡京喜爱的第四子蔡绦也被流放。在流放笔记《铁围山丛谈》中，蔡绦忍不住吐槽这个"冬至茶"——"是率人力为之，反不近自然矣！"

北宋的蜡面茶，本来是因点茶后的茶汤表面浓稠如镕蜡而得名，后又因为发芽早而被称为"腊茶"，取先春、腊月之意。国家强盛之时，四国来朝，连朝鲜半岛的高丽人也争相喝腊茶、写腊茶诗，而国破家亡之际，所有的难以言说，又岂止蔡绦一句"反不近自然矣"？

廿叁

小寒

1月6日前后小寒。

小寒："月初，寒尚小，故云。月半则大矣。"

小寒是蜡梅的季节。蜡梅是体质型的香花，不像茉莉那种气质型香花难搞。体质型香花，花瓣自带香气，只要将茶花拌和，茶叶便可自然吸香。冬天寒冷干燥，也不甚担心高温或水汽导致茶坯劣变。看准时机将茶花分离，反复几次，一泡蜡梅花茶便成了。小寒天气，自己在家摘点蜡梅窨茶，边窨边尝，享受这个过程，也是自得其乐。

　　蜡梅中最常见的是狗蝇梅。它的花朵比较小，外轮花瓣呈淡黄色，内轮花瓣有紫纹，被片狭长而尖，如狗牙一般。在南宋范成大的《范村梅谱》中，狗蝇梅还叫狗蝇梅。后来，大约是人们觉得"狗蝇"之名不雅，它渐渐有了新名字——"九英梅"。

　　九英梅的香气比较淡，不太适合窨茶。蜡梅之中，我会比较喜欢素心、檀香、金钟、磬口之类，这几种的香气都不错。蜡梅不是梅花，用蜡梅窨茶，和梅花出来的风格不太一样。于我而言，蜡梅窨出来的茶有点像冰岛老寨的生普，走的是甜香风格，而梅花不同，它可能没那么甜、香气也没那么浓，却自有疏淡清越之美。总的来说，蜡梅、梅花，也是浓妆淡抹，各有所宜。

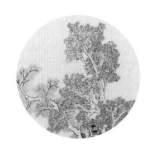

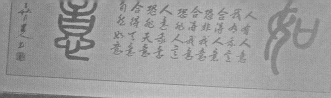

廿
肆

大
寒

1月20日前后大寒。

大寒是二十四节气的收尾，"寒气之逆极，故谓之大寒"。

大寒这么冷，正是龟缩在家的日子，连重穆这样的忙人都有偷闲的时候。当然，他不是纯粹的农人，故而冬天的龟缩只是不用出差而已，活儿还是一样不少干的。大寒时节，我们窝在家里写稿、改稿，煮上一壶浓浓的老茶，可以喝上一整天。搬到南方之后，屋里没有暖气，煮茶也顺便取暖了。

冬天也适合焙茶。产区的茶叶急着销售，自然不能等到冬天再

焙。等你焙出来，过不了两天，茶叶已经是"家家卖弄隔年陈"了。但若只是焙来自己喝，便也无妨。家里置办了一个小焙笼，每到得闲的时候，重穆就喜欢烧点炭火、盖上灰，自己焙点茶样。隆冬焙茶，可谓一炭三烧，焙茶、取暖、添香，各不耽误。

古代农历十二月有"祭床神"习俗：准备好茶、酒、糕点、水果放在卧室，祈祷来年每天都能睡个好觉。传说床神有男女两位，呼为"床公""床婆"。之所以要同时准备茶和酒，是因为两位床神的嗜好不同——床公喜欢喝茶，而床婆喜欢喝酒。祭祀时，茶用来贡献床公，而酒则用来孝敬床婆，谓之"男茶女酒"。

蔡羽《冬日》诗曰："竹边茶灶两年分。"祭祀完床公、床婆，美美地睡上一觉，春天还会远吗？

古籍类

◎（战国）淳于越：《晏子春秋》，《四部丛刊初编》影印江南图书馆藏明活字本。

◎（汉）许慎撰、（清）段玉裁注：《说文解字注》，上海：上海古籍出版社，1981。

◎（东晋）干宝：《搜神记》，《祕册汇函》本。

◎（南朝·宋）刘敬叔：《异苑》，《津逮祕书》本。

◎（南朝·梁）萧子显：《南齐书》，北京：中华书局，1972。

◎（唐）白居易：《白氏文集》，《中华再造善本》影印国家图书馆藏宋刻本。

◎（唐）封演：《封氏闻见记》，《中华再造善本》影印国家图书馆藏明钞本。

◎（唐）韩鄂：《四时纂要》，《续修四库全书》影印明万历十八年朝鲜刊本。

◎（唐）卢仝：《玉川子诗集》，《四部丛刊初编》影印旧钞本。

◎（唐）陆羽：《茶经》，国家图书馆藏宋刻《百川学海》本。

◎（唐）欧阳询：《艺文类聚》，《中华再造善本》影印上海图书馆藏宋刻本。

◎（唐）释皎然：《吴兴昼上人集》，《四部丛刊初编》影印江安傅氏双鉴楼藏景宋写本。

◎（唐）徐坚：《初学记》，美国哈佛大学哈佛燕京图书馆藏明嘉靖十年安国桂坡馆刻本。

◎（唐）杨晔：《膳夫经手录》，《续修四库全书》影印国家图书馆藏清初毛氏汲古阁钞本。

◎（唐）张又新：《煎茶水记》，国家图书馆藏宋刻《百川学海》本。

◎（五代·后晋）刘昫：《旧唐书》，北京：中华书局，1975。

◎（五代·后周）王仁裕：《开元天宝遗事》，美国加利福尼亚大学伯克利分校藏明正德、嘉靖间顾元庆刻本。

◎（北宋）蔡绦：《铁围山丛谈》，《知不足斋丛书》本。

◎（北宋）蔡襄书、（明）宋珏集：《古香斋宝藏蔡帖》，美国哈佛大学哈佛燕京图书馆藏明崇祯刻、清初拓本。

◎（北宋）范镇：《东斋记事》，《守山阁丛书》本。

◎（北宋）范仲淹：《范文正公文集》，《中华再造善本》影印国家图书馆藏北宋刻本。

◎（北宋）洪刍：《香谱》，国家图书馆藏宋刻《百川学海》本。

◎（北宋）李昉：《太平广记》，北京：中华书局，1961。

◎（北宋）李昉：《太平御览》，《四部丛刊三编》影印日本静嘉堂文库藏宋刊本。

◎（北宋）欧阳修：《欧阳文忠公集》，《中华再造善本》影印国家图书馆藏宋庆元二年周必大刻本。

◎（北宋）宋子安：《东溪试茶录》，国家图书馆藏宋刻《百川学海》本。

◎（北宋）苏轼：《苏东坡全集》，西安交通大学图书馆藏清光绪三十四年至宣统元年缪荃孙批校重刊明成化陶斋刻本。

◎（北宋）苏轼撰、（南宋）王十朋纂集：《王状元集百家注分类东坡先生诗》，《中华再造善本》影印国家图书馆藏宋建安黄善夫家塾刻本。

◎（北宋）苏颂：《苏魏公文集》，北京：中华书局，2004。

◎（北宋）唐慎微撰、寇宗奭衍义：《重修政和证类备用本草》，《四部丛刊初编》影印金泰和四年晦明轩刊本。

◎（北宋）吴淑：《事类赋》，《中华再造善本》影印国家图书馆藏宋绍兴十六年两浙东路茶盐司刻本。

◎（北宋）熊蕃撰、（南宋）熊克增补：《宣和北苑贡茶录》，《读画斋丛书》本。

◎（北宋）赵佶：《大观茶论》，清顺治三年宛委山堂《说郛》本。

◎（北宋）赵明诚：《金石录》，《中华再造善本》影印国家图书馆藏宋淳熙龙舒郡斋刻本。

◎（南宋）晁公武：《衢本郡斋读书志》，清嘉庆二十四年汪氏艺芸书舍刻本。

◎（南宋）陈景沂：《全芳备祖》，杭州：浙江古籍出版社，2014。

◎（南宋）陈元靓：《岁时广记》，《十万卷楼丛书》本。

◎（南宋）范成大：《范村梅谱》，《守山阁丛书》本。

◎（南宋）胡仔：《苕溪渔隐丛话》，《四部备要》影印清乾隆耘经楼仿宋刻本。

◎（南宋）林洪：《山家清供》，《夷门广牍》本。

◎（南宋）陆游：《渭南文集》，《中华

◎（南宋）王观国：《学林》，《湖海楼丛书》本。

◎（南宋）吴自牧：《梦粱录》，《中华再造善本》影印北京大学图书馆藏清初钞本。

◎（南宋）佚名：《东坡诗话》，清顺治三年宛委山堂《说郛》本。

◎（南宋）曾慥：《乐府雅词》，《四部丛刊初编》影印旧钞本。

◎（南宋）赵汝砺：《北苑别录》，《读画斋丛书》本。

◎（南宋）周密：《武林旧事》，《知不足斋丛书》本。

◎（南宋）周去非：《岭外代答》，《知不足斋丛书》本。

◎（南宋）庄绰：《鸡肋编》，《中华再造善本》影印国家图书馆藏清初影摹元钞本。

◎（元）倪瓒：《清閟阁遗稿》，国家图书馆藏明万历二十八年倪珵刻本。

◎（元）倪瓒：《清閟阁全集》，国家图书馆藏清康熙五十二年曹培廉城书室刻本。

◎（元）吴澄：《月令七十二候集解》，《学海类编》本。

◎（明）蔡羽：《林屋集》，《中华再造

再造善本》影印国家图书馆藏宋嘉定十三年陆子遹溧阳学官刻本。

善本》影印北京大学图书馆藏明嘉靖八年刻本。

◎（明）陈霆：《两山墨谈》，《续修四库全书》影印天津图书馆藏明嘉靖十八年李檗刻本。

◎（明）程用宾：《茶录》，国家图书馆藏明刻本。

◎（明）方弘静：《千一录》，《续修四库全书》影印北京大学图书馆藏明万历刻本。

◎（明）方以智：《物理小识》，国家图书馆藏清光绪十年宁静堂重刻本。

◎（明）高濂：《雅尚斋遵生八笺》，明万历十九年高濂自刻本。

◎（明）顾元庆：《茶谱》，国家图书馆藏明嘉靖十八年至二十年顾氏大石山房刻本。

◎（明）顾元庆：《云林遗事》，国家图书馆藏明嘉靖十八年至二十年顾氏大石山房刻本。

◎（明）兰陵笑笑生：《新刻金瓶梅词话》，台北故宫博物院藏明万历四十五年刊本。

◎（明）龙膺：《蒙史》，喻政《茶书》乙本。

◎（明）罗廪：《茶解》，喻政《茶书》乙本。

◎（明）冒襄：《岕茶汇钞》，《昭代丛书》本。

◎（明）钱椿年：《制茶新谱》，《中国茶文献集成》影印民国广益书局铅印本。

◎（明）田艺蘅：《煮泉小品》，《宝颜堂秘笈》本。

◎（明）屠隆：《考槃余事》，《宝颜堂秘笈》本。

◎（明）王士性：《广志绎》，《四库全书存目丛书》影印北京图书馆藏清康熙十五年刻本。

◎（明）王象晋：《二如亭群芳谱》，《四库全书存目丛书》影印北京大学图书馆藏明末刻本。

◎（明）谢肇淛：《五杂组》，《续修四库全书》影印明万历四十四年潘膺祉如韦馆刻本。

◎（明）徐𤊻：《武夷茶考》，喻政《茶书》乙本。

◎（明）徐弘祖：《徐霞客游记》，上海：上海古籍出版社，1980。

◎（明）许次纾：《茶疏》，《宝颜堂秘笈》本。

◎（明）姚可成：《食物本草》，国家图书馆藏明崇祯十一年吴门书林翁小麓刻本。

◎（明）佚名：《云林堂饮食制度集》，《续修四库全书》影印国家图书馆藏清初毛氏汲古阁钞本。

◎（明）张岱：《陶庵梦忆》，《续修四库全书》影印清乾隆五十九年王文诰刻本。

◎（明）周嘉胄：《香乘》，国家图书馆藏明崇祯十四年周嘉胄自刻本。

◎（明）朱权：《茶谱》，《艺海汇函》本。

◎（清）曹寅、彭定求：《钦定全唐诗》，清康熙四十四至四十六年扬州诗局刻本。

◎（清）曹霑：《脂砚斋重评石头记》，北京大学图书馆藏清乾隆二十五年钞本。

◎（清）陈淏子：《秘传花镜》，《续修四库全书》影印复旦大学图书馆藏清康熙刻本。

◎（清）陈元龙：《格致镜原》，美国哈佛大学哈佛燕京图书馆藏清雍正十三年刻本。

◎（清）戴延年：《吴语》，《昭代丛书》本。

◎（清）杜文澜：《采香词》，《续修四库全书》影印上海辞书出版社图书馆藏清咸丰曼陀罗华阁刻本。

◎（清）顾禄：《清嘉录》，《续修四库全书》影印华东师范大学图书馆藏清道光十年刻本。

◎（清）郭柏苍：《闽产录异》，长沙：岳麓书社，1986。

◎（清）郭麐：《灵芬馆诗话》，《续修四库全书》影印浙江图书馆藏清嘉庆二十一年孙均刻、二十三年增修本。

◎（清）梁同书：《频罗庵遗集》，《续修四库全书》影印上海辞书出版社图书馆藏清嘉庆二十二年陆贞一刻本。

◎（清）梁章钜：《归田琐记》，《续修四库全书》影印浙江省图书馆藏清道光二十五年北东园刻本。

◎（清）刘源长：《茶史》，《续修四库全书》影印清康熙刘谦吉刻、雍正六年刘乃大补修本。

◎（清）刘靖：《片刻余闲集》，《续修四库全书》影印清乾隆十九年刻本。

◎（清）陆廷灿：《续茶经》，《中国茶文献集成》影印清雍正十三年陆氏寿椿堂刻本。

◎（清）沈复：《浮生六记》，北京：人民文学出版社，1999。

◎（清）董诰：《钦定全唐文》，《续修四库全书》影印清嘉庆十九年武英殿刻本。

◎（清）外方山人：《谈征》，美国哈佛大学图书馆藏清道光三年上苑堂刻本。

◎（清）汪灏：《佩文斋广群芳谱》，

国家图书馆藏清康熙四十七年内府刻本。

◎（清）汪由敦:《松泉集》，清乾隆汪承霈刻本。

◎（清）王应奎:《柳南随笔》，《续修四库全书》影印中国科学院图书馆藏清嘉庆刻借月山房汇钞本。

◎（清）吴伟业:《吴梅村全集》，上海:上海古籍出版社，1990。

◎（清）佚名:《调燮类编》，《海山仙馆丛书》本。

◎（清）俞樾:《茶香室丛钞》，《续修四库全书》影印清光绪二十五年刻春在堂全书本。

◎（清）俞樾:《春在堂随笔》，《续修四库全书》影印清光绪二十五年刻春在堂全书本。

◎（清）袁枚:《随园食单》，美国哈佛大学哈佛燕京图书馆藏清乾隆五十七年小仓山房刻本。

◎（清）张英:《笃素堂文集》，国家图书馆藏清康熙刻本。

◎（清）赵学敏:《本草纲目拾遗》，《续修四库全书》影印湖北省图书馆藏清同治十年吉心堂刻本。

◎（清）周亮工:《闽小纪》，清康熙六年周氏赖古堂刻本。

◎（清）朱寿朋:《东华续录》，《续修四库全书》影印复旦大学图书馆藏清宣统元年上海集成图书公司铅印本。

方志类

◎（东晋）常璩:《华阳国志》，《四部丛刊初编》影印乌程刘氏嘉业堂藏明钱叔宝钞本。

◎（唐）樊绰:《蛮书》，《丛书集成初编》排印《琳琅秘室丛书》本。

◎（唐）李吉甫:《元和郡县图志》，北京:中华书局，1983。

◎（北宋）欧阳忞:《舆地广记》，《中华再造善本》影印国家图书馆藏宋刻递修本。

◎（北宋）朱长文:《吴郡图经续记》，台湾中央图书馆藏宋绍兴四年孙佑苏州刊本。

◎（南宋）谈钥:《[嘉泰]吴兴志》，民国初年南林刘氏嘉业堂刊本。

◎（南宋）王象之:《舆地纪胜》，北京:中华书局，1992。

◎（明）陈能修、郑庆云纂:《[嘉靖]延平府志》，天一阁博物馆藏明嘉靖四年刻本。

◎（明）陈循、彭时纂修:《寰宇通志》，《中华再造善本》影印天津图书馆藏明景泰刻本。

◎（明）何乔远：《闽书》,《四库全书存目丛书》影印福建省图书馆藏明崇祯刻本。

◎（明）李贤、万安纂修：《大明一统志》,《中华再造善本》影印中山大学图书馆藏明天顺五年内府刻本。

◎（明）刘文征纂修：《[天启]滇志》,《续修四库全书》影印北京大学图书馆藏清钞本。

◎（明）聂心汤纂修：《[万历]钱塘县志》,清光绪十九年钱塘丁氏刻《武林掌故丛编》本。

◎（明）夏玉麟修、汪佃纂：《[嘉靖]建宁府志》,天一阁博物馆藏明嘉靖二十年刻本。

◎（明）谢肇淛：《滇略》,国家图书馆藏明刻本。

◎（明）徐献忠：《吴兴掌故集》,《中国方志丛书》影印明嘉靖三十九年刊本。

◎（明）郑颙修、陈文纂：《云南图经志书》,《中华再造善本》影印国家图书馆藏明景泰六年刻本。

◎（明）周季凤纂修：《[正德]云南志》,天一阁博物馆藏明正德五年刻本。

◎（明）邹应龙修、李元阳纂：《[隆庆—万历]云南通志》,国家图书馆藏明万历刻本。

◎（清）董天工：《武夷山志》,《续修四库全书》影印天津图书馆藏清乾隆刻本。

◎（清）鄂尔泰修、靖道谟纂：《[雍正—乾隆]云南通志》,国家图书馆藏清乾隆元年刻本。

◎（清）范承勋修、吴自肃纂：《[康熙]云南通志》,《北京图书馆古籍珍本丛刊》影印清康熙三十年刻本。

◎（清）和珅纂修：《钦定大清一统志》,清乾隆文渊阁《四库全书》本。

◎（清）黄鼎翰：《福鼎县乡土志》,清光绪三十二年铅印本。

◎（清）金友理：《太湖备考》,《中国方志丛书》影印清乾隆十五年艺兰圃刻本。

◎（清）蓝陈略：《武夷山纪要》,国家图书馆藏清康熙刻本。

◎（清）李懋仁纂修：《[雍正]六安州志》,国家图书馆藏清雍正七年刻本。

◎（清）李铭皖修、冯桂芬纂：《[同治—光绪]苏州府志》,《中国方志丛书》影印清光绪九年刻本。

◎（清）穆彰阿、潘锡恩纂修：《嘉庆重修一统志》,《四部丛刊续编》影印清史馆藏进呈写本。

◎（清）阮元修、王崧纂：《[道光]
云南通志稿》，国家图书馆藏清道
光十五年刻本。

◎（清）师范：《滇系》，《中国方志丛
书》影印清光绪十三年云南通志局
刻本。

◎（清）宋如林修、石韫玉纂：《[道
光]苏州府志》，国家图书馆藏清
道光四年刻本。

◎（清）檀萃：《滇海虞衡志》，《问影
楼舆地丛书》本。

◎（清）王复礼：《武夷九曲志》，《四
库全书存目丛书》影印浙江图书馆
藏清康熙五十七年刻本。

◎（清）魏嵰修、裘琏纂：《[康熙]
钱塘县志》，《中国地方志集成》影
印清康熙五十七年刻本。

◎（清）庄成修、沈钟纂：《[乾隆]
安溪县志》，《中国地方志集成》影
印清乾隆二十二年刻本。

◎（清）郑绍谦纂修、李熙龄续修：
《[道光]普洱府志》，国家图书馆
藏清咸丰元年刻本。

◎（民国）曹允源、李根源：《[民国]
吴县志》，《中国地方志集成》影印
民国二十二年苏州文新公司铅印本。

◎（民国）林传甲、林传涛：《大中华
福建省地理志》，民国八年铅印本。

◎（民国）龙云修、周钟岳纂：《[民
国]新纂云南通志》，《中国地方志
集成》影印民国三十八年昆明云南
通志馆铅印本。

◎（民国）罗汝泽修、徐友梧纂：
《[民国]霞浦县志》，《中国地方志
集成》影印民国十八年铅印本。

◎（民国）钱鸿文修、李熙纂：《[民
国]政和县志》，《中国地方志集
成》影印民国八年铅印本。

◎（民国）詹宣猷修、蔡振坚纂：
《[民国]建瓯县志》，《中国方志丛
书》影印民国十八年铅印本。

◎（民国）赵模修、王宝仁纂：《[民
国]建阳县志》，《中国地方志集
成》影印民国十八年铅印本。

◎安徽省地方志编纂委员会：《安徽
省志》，北京：方志出版社，1998。

◎安徽省地方志编纂委员会：《安徽
省志》，合肥：黄山书社，2021。

◎安徽省东至县地方志编纂委员会：
《东至县志》，合肥：安徽人民出版
社，1991。

◎福鼎市地方志编纂委员会：《福鼎
县志》，福州：海风出版社，2003。

◎福鼎县地方志编纂委员会：《福鼎
县志》，北京：中国统计出版社，
1995。

◎苏州市地方志编纂委员会：《苏州市志》，南京：江苏人民出版社，1995。

◎苏州市地方志编纂委员会：《苏州市志1986—2005》，南京：江苏凤凰科学技术出版社，2014。

◎永春县志编纂委员会：《永春县志》，北京：语文出版社，1990。

◎政和县地方志编纂委员会：《政和县志》，北京：中华书局，1994。

民国、现当代论著

◎巴拿马赛会事务局：《中国参与巴拿马太平洋博览会记实》，上海：商务印书馆，1917。

◎陈椽：《安徽茶经》，合肥：安徽人民出版社，1960。

◎陈椽：《安徽茶经》，第2版，合肥：安徽科学技术出版社，1984。

◎陈椽：《茶业通史》，第2版，北京：中国农业出版社，2008。

◎陈愧三（陈椽）：《福建政和白茶之制法及其改进管见》，载《安徽茶讯》1941年第11期，第1—5页。

◎陈寅恪：《金明馆丛稿二编》，北京：生活·读书·新知三联书店，2001。

◎何志强：《广西梧州茶厂初期回

眸》，载《中国茶叶加工》2009年第4期，第44—45页。

◎廖存仁：《闽茶种类及其特征》，载《茶叶研究》1944年第2卷第4、5、6期，第22—37页。

◎林馥泉：《武夷茶叶之生产制造及运销》，永安：福建省农林处农业经济研究室，1943。

◎林馥泉：《乌龙茶及包种茶制造学》，台南：大同书局，1956。

◎林今团：《建阳白茶初考》，载《福建茶叶》1990年第3期，第40—42、48页。

◎骆耀平：《茶树栽培学》，第5版，北京：中国农业出版社，2015。

◎丘光明、邱隆、杨平：《中国科学技术史·度量衡卷》，北京：科学出版社，2001。

◎陕西省考古研究院、西安市文物保护考古研究院、陕西历史博物馆：《蓝田吕氏家族墓园》，北京：文物出版社，2018。

◎苏宏汉：《苍梧六堡茶叶之调查》，载《广西大学周刊》1934年第6卷第4—5期合刊，第23—24页。

◎汪世清、汪聪：《渐江资料集（修订本）》，合肥：安徽人民出版社，1984。

◎ 王一仁:《分类饮片新参》,上海图书馆藏1936年铅印本。

◎ 吴觉农、胡浩川:《祁门红茶复兴计划》,载《农村复兴委员会会报》1933年第7号,第7—28页。

◎ 吴觉农:《中国地方志茶叶历史资料选辑》,北京:农业出版社,1990。

◎ 向其柏、刘玉莲:《中国桂花品种图志》,杭州:浙江科学技术出版社,2008。

◎ 杨绛:《我们仨》,第2版,北京:生活·读书·新知三联书店,2012。

◎ 姚月明:《武夷岩茶·姚月明论文集》,姚月明排印本,2005。

◎ 叶秋:《星村小种》,载《茶叶研究》1944年第2卷第4·5·6期,第49页。

◎ 贻石:《崇安各产茶区概况》,载《茶讯》1939年第1卷第19期,第3—4页。

◎ 余英时:《余英时文集(第5卷):现代学人与学术》,桂林:广西师范大学出版社,2006。

◎ 张天福:《福建乌龙茶》,福州:福建科学技术出版社,1994。

◎ 张天福:《张天福选集》,福州:福建省茶叶学会、福建省农业科学院茶叶研究所,2000。

◎ 中国第二历史档案馆:《政府公报》,上海:上海书店,1988。

◎ 中国社会科学院语言研究所词典编辑室:《现代汉语词典》,第7版,北京:商务印书馆,2016。

◎ 朱自振:《中国茶叶历史资料续辑》,南京:东南大学出版社,1991。

◎ 庄灿彰:《安溪茶业之调查》,《中国茶文献集成》影印1937年铅印本。

◎ [英]罗伯特·福琼著、敖雪岗译:《两访中国茶乡》,南京:江苏人民出版社,2015。

◎ Fortune, Robert. *Three Years' Wanderings in the Northern Provinces of China*. London: John Murray Press, 1847.

◎ Houyuan Lu, Jianping Zhang, Yimin Yang et al. *Earliest tea as evidence for one branch of the Silk Road across the Tibetan Plateau*. Scientific Reports. 2016, 6:18955.

茶壶

炭檛

自题

今在何不详

　　前面说了这么多，有涉及生产的，也有涉及文化的，但不管是生产还是文化，或是茶的品鉴与审美，总之，"好茶"才是中华茶文化的基础。

　　如果放到商业上去讨论，"好茶"自然是十分稀少的，越是来之不易，其商业价值可能就越高。但如果放到生产上来讨论，好茶似乎又不是那么难得了。无非就是几个要素：天时、山场环境、茶树状态以及工艺的把握。如同正文当中所提的，做茶其实不难，首先要顺应天时，天时说白了就是"自然的物性"，做茶就是顺其物性而已。而山场环境，陆羽《茶经》将山场环境分作烂石、砾壤和黄土三个档次。烂石地无疑是最好的，即便放到今日，烂石地所出来的茶青原料，其汤感表现往往比较立体，也容易有特殊的韵味。砾壤次之。而在黄土地种茶，就需要凭借优越的茶园管理和加工技术，出来的茶也还过得去。但前提都是——必须顺其自然物性。而这些茶的共性，是可以打破茶类限制，放诸四海皆准的。

在农业技术日新月异的当下，注重茶园的科学化管理和标准化加工，逐渐成为茶行业的显学。似乎通过科技，便能解决天时、品种、山场和工艺的问题，同时还能增加产量，在茶叶的加工生产推行"工业革命"。然而，中国的茶所奠基下来的文化土壤，包括茶所蕴含的思想、审美，乃至生活方式，又与工业化的生产模式相互龃龉。尽管机械可以适度替代手工，但也仅止于部分替代。换句话说，就是："两个巴掌做出来的东西，有些科技是无法取代的。"两个巴掌关乎人，人是有个性、有温度的，与这片土壤所孕育出来的文化相契合的。

其实，使用大型机械替代人力做茶，早在北宋便已开始。宋代的团茶、研膏茶，很多就是大厂用机械做出来的，然而，这些大厂货并没有在历史上留下太多的记录，它只是作为当时的一个产业存在而已，上不了"文化"的高度，可能比起那些量少而精、制茶师精心制作的茶，在味觉上也逊色不少。所谓"茶之否臧，存于口诀"，一款茶好不好，看的并不是过程，而是它最后所呈现出来的风味，首先它要好喝，其他的才成立。这也是为什么风流名士如苏东坡、黄庭坚、蔡襄等，他们真正推崇的茶，都还是制作精到的茶，而这些茶也非关是贡茶还是民间的茶。

《岁时茶山记》是我在2020年下半年于三联中读平台上所录制的音频栏目，话题涉及诸多茶类，围绕着"我所理解的好茶"展开。中国大概是全世界茶的品类最多的国家，也是自古以来制茶水平、茶的好喝程度最高的国家。中国的茶行业发展至今，虽然是百家争鸣、百花齐放，茶的品类越来越多，但好茶的标准却是亘古不变的，审美和品位也是可以穿越各种声音、各种品类绝世而独立的。所以内容借着节气为线索，希望通过实际的生产和相关的文献，来论证"好茶的标准"。希望能借由这个标准，让喝茶这件事能健康地、活泼泼地成为我们的生活方式。

本来，整个讲稿稍加整理之后，只有11万字，偏重茶叶的生产加工和行业现象、消费思维为主，内容略显单薄。后与千懿探讨，由她来撰写二十四节气的内容，将传统节气与四时茶事相结合，并针对文献、典故等文化部分进行增补，同时将过去《醒茶之音》发表的文章进行提炼，为《岁时茶山记》增加了将近一倍的篇幅，内容也丰富许多。我们希望将文献与茶的实际生产有机结合，回避掉过去涉茶研究"做茶的认为文化虚，研究文化的不懂茶"的短板。

"做茶的认为文化虚"，往往是因为讲文化的一般不事生产，容易做一些不切合实际的论述，难免误导众生。而"研究文化的不懂茶"，可能是茶文化的研究者大多关注茶礼、茶艺、茶修等领域，对茶叶加工的环节不求甚解，也无从辨析工艺或品质之良劣。其实，这是对"文化"的理解流于片面，不知文化与生产实乃密不可分的一体之两面，如此长期发展下去无疑是盲人摸象而不自知。这两种状态，实无助于中国茶的良性发展，亦有失中正之道。还是那句话——好茶才是中华茶文化的基础。

最后，我仍然要不免俗地致谢。图片方面，特别感谢摄影师孙川、郑耀宾，以及龚志成、鲁蓓、叶子和其他的茶区友人提供精美的照片。同时也感谢在我们做茶、做田调这一路上，给我们提供协助的各位师友。

陈重穆　2021年9月于上海